HERBERT LEHMANN

BEITRÄGE ZUR KARSTMORPHOLOGIE

ERDKUNDLICHES WISSEN

SCHRIFTENREIHE FÜR FORSCHUNG UND PRAXIS
HERAUSGEGEBEN VON EMIL MEYNEN
IN VERBINDUNG MIT
GERD KOHLHEPP UND ADOLF LEIDLMAIR

HEFT 86

FRANZ STEINER VERLAG WIESBADEN GMBH
STUTTGART 1987

HERBERT LEHMANN

BEITRÄGE ZUR KARSTMORPHOLOGIE

HERAUSGEGEBEN VON

F. FUCHS
A. GERSTENHAUER
K.-H. PFEFFER

MIT 2 KARTEN, 60 ABBILDUNGEN UND 94 PHOTOS

FRANZ STEINER VERLAG WIESBADEN GMBH
STUTTGART 1987

CIP-Kurztitelaufnahme der Deutschen Bibliothek
Lehmann, Herbert:
Beiträge zur Karstmorphologie / Herbert Lehmann. Hrsg. von F. Fuchs . . . – Stuttgart : Steiner-Verlag-Wiesbaden-GmbH, 1987.
  (Erdkundliches Wissen ; H. 86)
  ISBN 3-515-04897-9
NE: Lehmann, Herbert: [Sammlung]; GT

Jede Verwertung des Werkes außerhalb der Grenzen des Urheberrechtsgesetzes ist unzulässig und strafbar. Dies gilt insbesondere für Übersetzung, Nachdruck, Mikroverfilmung oder vergleichbare Verfahren sowie für die Speicherung in Datenverarbeitungsanlagen. © 1987 by Franz Steiner Verlag Wiesbaden GmbH, Sitz Stuttgart.
Printed in the Fed. Rep. of Germany

VORWORT

Herbert Lehmann hat mit seinen Untersuchungen auf Java dem klimageomorphologischen Aspekt des Karstphänomens zur Geltung verholfen und damit internationale Anerkennung gefunden. Seinen weiteren Forschungen in den Tropen und Subtropen verdankt die Karstmorphologie ganz wesentliche Impulse. Auf seine Anregung hin wurde 1952 auf dem Internationalen Geographenkongreß in Washington eine Internationale Karstkommsission gegründet, der er zwölf Jahre als Chairman vorstand. Diese Kommsission hat fruchtbare Arbeit geleistet, Forschungsziele formuliert und zahlreiche Anregungen für den weiter einzuschlagenden Weg gegeben. Wir hielten es daher für angebracht, die wichtigsten karstmorphologischen Arbeiten Herbert Lehmanns, die noch nichts an Aktualität verloren haben, zusammenzutragen und der wissenschaftlichen Öffentlichkeit gesammelt vorzulegen. Für die Aufnahme in die Schriftenreihe ,,Erdkundliches Wissen" danken wir den Herausgebern herzlich.

INHALTSVERZEICHNIS

1. Karstmorphologie (1962) 9
2. Morphologische Studien in Java (1936) 23
3. Karstentwicklung in den Tropen (1953). 63
4. Der tropische Kegelkarst auf den Großen Antillen (1954) 67
5. Mit H. Krömmelbein, K. Lötschert: Karstmorphologische, geologische und botanische Studien in der Sierra de los Organos auf Cuba (1956) 77
6. Der Einfluß des Klimas auf die morphologische Entwicklung des Karstes (1956). 97
7. Osservazioni sulle grotte e sui sistemi di cavità sotteranee nelle regioni tropicali (1958). 103
8. Vergleichendes Vokabular für den Formenschatz des Karstes (1958) 115
9. Studien über Poljen in den venezianischen Voralpen und im Hochapennin (1959). 117
10. Mit Sunartadirdja, M. A.: Der tropische Karst von Maros und Bone in SW-Celebes, Sulawesi (1960) 149
11. Mit Morandini, G.: Vorschlag für einen vergleichenden Karstatlas auf der Basis freier internationaler Zusammenarbeit, vorgelegt von der Karst-Kommsission der IGU (1960) 173
12. La terminologie classique du Karst sous l'aspect critique de la morphologie climatique moderne (1960) 175
13. Glanz und Elend der morphologischen Terminologie (1964) 181
14. Die Karstlandschaften der Erde in vergleichender Sicht (1967). 193
15. Morphologie der Mitchell-Plain und Pennyroyal-Plain in Indiana und Kentucky (1968). 197
16. Kegelkarst und Tropengrenze (1970). 207
17. Über „Verzauberte Städte in Karbonatgesteinen Südwesteuropas" (1970) 213
18. Karstphänomene im nordmediterranen Raum (1973). 245
19. Veröffentlichungen Herbert Lehmanns aus dem Gebiet der Karstmorphologie 249

Anhang: Internationaler Karstatlas

Blindtal, auch Sacktal genannt, ein „blind" an einem Steilhang endendes Tal im → *Karst*. Es kann als → *Trockental* ausgebildet sein oder perennierend bzw. periodisch Wasser führen. Der Wasserlauf verschwindet in einem → *Ponor* am Fuß des abschließenden Steilhanges. B. sind meist in den Randgebieten des seichten Karstes anzutreffen; sie haben ihren Ursprung gewöhnlich, aber nicht immer, in undurchlässigen Gesteinen. Von den gewöhnlichen Trockentälern unterscheiden sich die B. dadurch, daß die episodische oder perennierende Entwässerung bzw. das Sohlengefälle gegen den Karst hin gerichtet sind.

Blockkarst, Oberfläche des Karstes (→ *Karstphänomen*) mit blockartigem grobem Schutt über kompakten dickbankigen Kalken. Von den Karren- oder Schrattenfeldern unterscheidet sich der B. dadurch, daß die Blöcke aus dem Gesteinsverband gelöst sind.

Bogaz, auch K a r s t g a s s e, schmale, gestreckte Form einer → *Doline* mit mehr oder minder senkrechten Wänden, deren Richtung meist einer latenten Kluft folgt. Sie kann sich durch chemische Korrosion oder durch Einsturz über einem unterirdischen Höhlensystem bilden. Besonders in tropischen Karstgebieten nehmen solche dem Hauptkluftsystem folgende, oft 50 und mehr m tiefe Karstgassen einen starken Anteil am Formenbild. Sie fehlen jedoch auch nicht in den verkarsteten Kalkstöcken der Alpen, wo sie teilweise noch glazial überformt sind.

Deckenkarren sind karrenartige Verkarstungserscheinungen an der Decke und den oberen Wandteilen von Höhlen. Sie werden in allen Größenordnungen und in unterschiedlicher Ausbildung häufig, aber keineswegs in allen Höhlen angetroffen. Von der unregelmäßigen Ziselierung des → *Spongework* über das regelmäßige N e t z w e r k bis zu den zapfen- und backenzahnähnlichen „hängenden Karren" sowie schließlich den seltenen K a r r e n s ä u l e n, die vom Boden zur Decke der Höhle durchlaufen, finden sich viele Formen. Von den Stalaktiten und ähnlichen → *Tropfstein*gebilden sind d i e D. dadurch unterschieden, daß sie aus dem anstehenden Kalk bestehen, also Korrosionsformen sind. Ihre Erklärung erfordert die Annahme einer häufigen Durchströmung des betreffenden Höhlenabschnittes mit Wasser, das noch über aggressive Kohlensäure verfügt; doch unterscheiden sich die D. als reine Korrosionsgebilde deutlich von den zweifellos aus der mechanischen Wirkung zurückgehenden Fließmarken oder → *Scallops* an den unteren Teilen der Höhlenwände. Bei den großen D. bilden, ähnlich wie bei den normalen Karren, latente Schwächezonen, wie Kluftsysteme und Schichtflächen, die Ansatzpunkte der Korrosion. Noch nicht ganz geklärt ist dagegen die Genese der oft regelmäßige Muster bildenden Ziselierung, die an den oberen Wänden vielfach senkrecht zur Fließrichtung verläuft. Möglicherweise handelt es sich hierbei um eine Spritzwirkung des die Höhle nicht ganz bis zur Decke ausfüllenden Wassers, d. h. um die Korrosionsbahnen des von der Decke abfließenden Spritzwassers. Gelegentlich wird eine scharfe Grenze zwischen solchem Netzwerk und den Fließmarken beobachtet (H. LEHMANN). Die D., die sich in Höhlen aller Klimazonen – besonders schön ausgebildet auch in den Tropen – finden, sind noch wenig systematisch erforscht. Nach den bisherigen Beobachtungen schließen sich D. und Stalaktiten im wesentlichen aus.

Lit.: CULLINGFORT, C. H. D., *British Caving*; London 1953. – LEHMANN, H., *Osservazioni sulle grotte e sui sistemi di Cavità sotteranee nelle regioni tropicali*. – *Actes du Deuxième Congrès International de Spéléologie*. Bari-Lecce-Salerno 1950, Castellana-Grotte 1962.

Doline, (dolina, slowen., poln., russ. = Tal) eine schüssel- oder trichterförmige Hohlform im Karst mit angenähert rundem Grundriß, einem Durchmesser von 10 bis über 100 m und entsprechender Tiefe, deren Boden meist mit dem unlöslichen Rückstand der Kalkverwitterung (Terra rossa, eisenreicher Ton) bedeckt ist, unterirdisch entwässert und zuweilen auch einen im Wasserstand stark schwankenden See birgt. Je nach der Entstehung unterscheidet man zwischen A u s l a u g u n g s - oder K o r r o s i o n s f o r m e n, die durch die lösende Wirkung des einer Schluckstelle zufließenden Wassers entstanden sind und E i n s t u r z d o l i n e n. Letztere setzen unterirdische Hohlräume voraus und sind durch mehr oder minder senkrechte Wände gekennzeichnet (S c h a c h t - oder K e s s e l d o l i n e n). Häufig wird eine Korrosionsdoline im Laufe ihrer Entwicklung zur Einsturzdoline. Beim „bedeckten", d. h. von einer zusammenhängenden Bodendecke verhüllten Karst, spricht man auch von E r d t r i c h t e r n oder „E r d f ä l l e n". Die Anzahl und Größe der Dolinen pro Flächeneinheit schwankt außerordentlich. Es gibt Karstgebiete, die nur einige wenige, verhältnismäßig weit verstreute Dolinen aufweisen (z. B. die Apulische Tafel) und andere, bei denen auf den Quadratkilometer Hunderte von größeren und kleineren Dolinen entfallen, so daß man von K e s s e l f e l d e r n gesprochen hat. Häufig ist keinerlei gesetzmäßige Anordnung zu erkennen; in den meisten Karstgebieten wechseln Strecken mit solchen, die sehr arm an D. sind. Hochflächen und Talböden sind weit häufiger von D. durchsetzt als Hänge. Trockentäler und Spaltensysteme bedingen sehr oft eine reihenförmige Anordnung der D. bzw. → *Uvalas*. Im tropischen → *Kegelkarst* ist der Grundriß der D. meist ein unregelmäßiges Vieleck mit konkav nach innen gebogenen Seiten. Es empfiehlt sich, hierfür den auf Jamaica gebräuchlichen Ausdruck C o c k p i t zu verwenden, den DANES in die Literatur eingeführt hat. Die Cockpits zeigen meist eine viel regelmäßigere Anordnung in deutlicher Abhängigkeit von den latenten Kluftsystemen. Bei flach lagernden Kalken in geringer Meereshöhe herrschen auch in den Tropen kreisrunde, mit Wasser erfüllte Dolinenformen vor, die auf Yucatán (Florida) C e n o t e genannt werden. Die gleichen Formen finden sich in den trockenen tropischen Randgebieten Australiens.

Noch nicht restlos geklärt ist die Frage, ob sich echte D. von schüssel- oder trichterförmiger Gestalt im nackten Karst der gemäßigten Breiten bilden können oder ob diese Formen eine ehemalige Bodenbedeckung voraussetzen. Große Teile des Karstes der Mittelmeerländer dürften erst durch anthropogene Einflüsse zu einem nackten Karst umgestaltet worden sein. Die weiten Karstgebiete von Indiana (USA) bieten ein eindringliches Beispiel eines voll entwickelten Dolinenkarstes unter geschlossener Bodenbedeckung. Letztere scheint die flächenhafte Karstkorrosion, die zur Bildung regelmäßig geformter D. führt, zu begünstigen, während im völlig nackten Karst sich gegenwärtig mit Vorliebe kleinere, unregelmäßige Karren- und Kluftdolinen von größerer Steilheit entwickeln. In den Tropen, wo sich der Übergang vom bedeckten zum nackten Karst von Natur aus im Zuge der Kegelkarstentwicklung vollzieht, entwickeln sich die anfänglichen D. zu steilwandigen Cockpits weiter.

Lit.: → *Karstphänomen*.

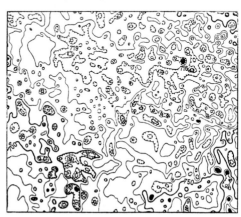

Maßstab 1 : 37 154
Dolinenlandschaft in Indiana (USA) bei Ramsey. Die Hohlformen sind durch einwärts gerichtete Strichelchen an den Höhenlinien gekennzeichnet (Höhenangaben in ft.).

Eishöhlen sind Höhlen, deren Wände und Böden mit Eis ausgekleidet sind. Sie entstehen dort, wo die Temperatur der Höhlenluft eine größere Anzahl von Monaten unter 0 °C und die Temperatur des Sickerwassers nahe dem Gefrierpunkt liegt. Man hat zwischen „statischen" Eis- oder Wetterhöhlen mit nur einem Eingang und Stau kalter Winterluft sowie „dynamischen" Eishöhlen unterschieden; doch läßt sich diese Trennung nach den neuesten Forschungen nicht mehr in dieser Form aufrecht erhalten. Eishöhlen können weit unterhalb der klimatischen Schneegrenze liegen, wie die berühmte Dachstein-Rieseneishöhle, deren Eingang in 1450 m Höhe eine mittlere Jahrestemperatur von 3,7 °C und fünf Monate unter 0 °C aufweist. Das Volumen des permanenten Höhleneises in dieser Höhle, das sich entgegen früheren Annahmen nicht als Relikt der letzten Eiszeit erwiesen hat, wird gegenwärtig auf ca. 13 500 m³ geschätzt. Eine langfristige Erhöhung der mittleren Außentemperatur um 1,5–2 °C würde das Eis zum Verschwinden bringen.

Lit.: PILZ, R., *Die Dachsteinhöhlen (Eishöhle, Mammuthöhle, Kobbenbrüllerhöhle); Wien 1960. – Schauhöhlen in Österreich;* in: Zeitschrift „Die Höhle"; Wien 1958.

Geologische Orgeln, besser **Karstorgeln** sind Korrosionsformen, die sich in verkarstungsfähigen Gesteinen (Kalk, Dolomit, Gips) unter einer Bodendecke, also generell im „bedeckten Karst" ausbilden. Sie bilden röhren- oder trichterförmige, mit Verwitterungsmaterial angefüllte Vertiefungen, die orgelförmig mehr oder weniger regelmäßig angeordnet sind. Steil röhrenförmige, den Orgelpfeifen vergleichbare Gebilde treten dabei seltener auf als zerlappte Wannen, zwischen denen steile Höcker stehen bleiben, die Karrenhöckern gleichen. Karstorgeln entstehen an der Grenzfläche zwischen dem durchfeuchteten, meist lehmigen oder tonigen Boden und dem verkarstungsfähigen Gestein durch Korrosion (Lösung), wobei bestehende oder sich herausbildende Vertiefungen infolge der stärkeren Durchfeuchtung ihres Bodens „nach unten" wachsen.

In den Tropen beobachtet man bis zu 10 und mehr Meter tiefe, röhrenförmige und mit rotem Restlehm angefüllte Orgeln, die wie mit einem Bohrer in das frische Gestein getrieben erscheinen. Beim Dolomit sind die Formen verwaschener, mehr sack- und trichterförmig. G. O. können sich auch an der Grenzfläche zwischen nicht verkarstungsfähigen Gesteinsschichten und Kalk, Dolomit oder Gips ausbilden, wie das namentlich beim Zechsteindolomit in Deutschland (z. B. in den Meerholzer Bergen bei Gelnhausen, wo Zechsteintone über dem Dolomit abgebaut und meterhohe Karsthöcker freigelegt werden) auftritt.

In manchen geolog. Orgeln des Weiß-Jura (Malm) finden sich tertiäre Bohnerze und Reste einer alttertiären Fauna. Das bedeutet jedoch nicht, daß die Orgeln in ihrer heutigen Form gleichaltrig mit dem Füllmaterial sind. Dieses kann vielmehr mit der Weiterbildung der Orgeln nachgesackt sein. Immerhin geben diese Funde einen Hinweis auf die verhältnismäßig lange Bildungszeit der auf der tertiären Landoberfläche angelegten Orgeln.

Gipskarst, Ausbildung von → *Karstphänomenen* in Gips. Vom Karbonatkarst unterscheidet sich der G. vor allem durch das Fehlen von Stalaktiten und Stalagmiten in den Höhlen.

Lit.: BIESE, W., *Entstehung der Gipshöhlen am südl. Harzrand und am Kyffhäuser;* in : Abh. Preuß. Geol. Landesanst., N. F. H. 137; Berlin 1931. HAEFKE, F., *Karsterscheinungen am Südharz;* in: Mitt. Geogr. Ges. Hamburg, 37. MARINELLI, O., *Fenomeni carsici nelle regioni gessose italiane;* in: Memorie Geogr. die G. Dainelli; Firenze 1917.

Höhlen sind unterirdische Hohlräume verschiedener Entstehung von sehr variabler Gestalt und Größe. Bei großer seitlicher Öffnung und geringer Tiefe spricht man von Halbhöhlen oder Balmen. Nach ihrer Genese kann man die Höhlen einteilen in Primärhöhlen, Erosionshöhlen und Korrosions- oder → Karsthöhlen.

Primärhöhlen bilden sich in verschiedenen Gesteinen bei oder kurz nach deren Entstehung, z. B. in vulkanischen Laven infolge Gasansammlung während der flüssigen Phase oder durch Ausfließen der Lava unter der schon erstarrten Decke, ferner bei unterirdischer Sackung locker geschichteter Sedimente während des Stadiums der Diagenese. Auch tektonisch entstandene Höhlen sind zu den Primärhöhlen zu rechnen.

Erosionshöhlen entstehen durch die auskolkende Wirkung des fließenden Wassers oder der Brandung, gleichfalls in verschiedenen Gesteinen. Sie sind meist als Halbhöhlen ausgebildet. Die durch Deflation (Windausblasung) entstandenen Halbhöhlen und die → *Tafoni* sind gleichfalls zu den Erosionshöhlen zu zählen.

Die Korrosions- oder → *Karsthöhlen* bilden sich in löslichen Gesteinen (Kalk, Dolomit, Marmor, Gips) vorwiegend auf Grund unterirdischer → *Karstkorrosion,* wenn auch die Erosionswirkung der Höhlenflüsse sowie Einsturzvorgänge bei ihrer Ausgestaltung eine zusätzliche Rolle spielen. Die größten bekannten Höhlen der Erde, wie die Mammut-Höhle in Kentucky, sind Karsthöhlen.

Die Höhlen, nicht zuletzt auch die Halbhöhlen, spielten in prähistorischer Zeit eine große Rolle als Wohn- und Kulturstätten. In ihnen ist ein reiches vorgeschichtl. Material einschließlich der Höhlenbilder der Vorzeit erhalten. Im Fremdenverkehr spielen die erschlossenen „Schauhöhlen" wirtschaftlich oft bedeutende Rollen (Grotte von Adelsberg-Postojna in Slowenien, Grotte von Castellana, Dordogne- und Pyrenäengebiet, Mammut Cave in Kentucky, USA).

Die in manchen Gebieten heute benutzten Wohnhöhlen sind zu einem großen Teil künstliche Gebilde in einem bei feuchtem Zustand leicht zu bearbeitenden Stein (z. B. in Chatera, Süditalien, in Spanien, der Türkei; Höhlenklöster). Bei vorgeschichtl. Höhlen ist eine künstliche Erweiterung bzw. Ausgestaltung bisher nicht bekannt.

Lit.: → *Höhlenkunde.*

Höhlenkunde oder Speläologie (griech. σπήλαιον = Höhle) ist die Lehre von den Höhlen als Naturphänomen sowie als Lebens- bzw. Wohnraum für Pflanze, Tier und den prähistor. Menschen. Ursprünglich getragen von dem vorwissenschaftlichen Interesse an der geheimnisvollen Welt der Höhlen und der laienhaften Entdeckerfreude ist die H. heute in den Rang einer vom Objekt her bestimmten Sammelwissenschaft aufgestiegen, die in einer äußerst umfangreichen Literatur, in zahlreichen Zeitschriften, speläologischen Gesellschaften und auf internationalen Kongressen vertreten wird. Methodisch läßt sie sich einteilen in die Höhlentopographie, die sich mit der Erkundung, Beschreibung und kartographischen Festlegung der Höhlensysteme beschäftigt; die Höhlenmorphologie (Speläogenese), der Lehre von der Genese der Höhlen und ihrer Formtypen; die Höhlenphysik, die Zustand und Bewegung von Luft und Wasser in den Höhlensystemen erforscht; die Höhlenbiologie, Höhlenpaläontologie und Höhlenarchäologie (Anthropospeläologie). Die letztere befaßt sich mit den prähistor. Höhlenfunden.

Geologie, Geographie – insbesondere Karstmorphologie und Karsthydrographie – sowie Vorgeschichte sind die wichtigsten „Hilfswissenschaften" der H., die der Natur der Sache nach keine eigene Forschungsmethode entwickeln kann. Umgekehrt sind die Ergebnisse der Höhlenforschung für diese Wissenschaften von großer Bedeutung.

Lit.: TRIMMEL, H., *Internationale Bibliographie für Speläologie,* hrsg. v. Landesverband f. Höhlenkunde in Wien u. Niederösterreich; Wien 1954 u. folg. – *Actes de Deuxième Congrès International de Spéléologie Bari – Lecce – Salerno 1958; 1962.* – CUNNINFORD, C. H. D., *British Caving. An introduction to Speleology;* London 1953. – KYRLE, G., *Grundriß der theoretischen Speläologie;* Wien 1932. – TROMBE, F., *Traité de Spéléologie;* Paris 1952. – Zeitschriften: *Die Höhle, Fachorgan des Verbandes österr. Höhlenforscher;* Wien, seit 1950. – *Mitteilungen der Höhlenkommission beim Bundesministerium für Land- und Fostwirtschaft;* Wien (fortlaufend). – *Speläologisches Jahrbuch;* Wien, seit 1920. – *Mitt. d. Dt. Ges. für Karstforschung;* Nürnberg; seit 1950. – *Jahreshefte für Karst- und Höhlenkunde,* hrsg. vom Verband Deutscher Höhlen- u. Karstforscher e. V.; Blaubeuren, seit 1960. – USA: *Cave Science,* Seattle seit 1947. – Italien: *Grotte d'Italia.* – Ceskoslowensky Kras: Prag, seit 1948. – Frankreich: *Annales de Spéléologie, Moulis (Ariège)* seit 1946.

Jama, in Frankreich aven, in England light hole, in Holland Karstpipe und in Deutschland Karstschlot oder Karstbrunnen genannt, ist ein in Karstgebieten auftretender schlotförmiger, meist mehr oder weniger senkrecht bis zu mehreren hundert Metern in die Tiefe führender offener Schacht mit steilen Wänden, dessen unteres Ende in ein Höhlensystem mündet, aber auch durch Einsturztrümmer und Einschwemmungen verstopft sein kann. Von den Kesseldolinen unterscheidet er sich durch seine größere Tiefe und seinen geringeren Querschnitt. J. sind Korrosionsformen wie die Höhlen und knüpfen oft deutlich erkennbar an das Kluftsystem an. Zuweilen ist eine solche Beziehung nicht nachweisbar. Im allgemeinen treten echte J. im Gegensatz zu den Dolinen nur vereinzelt auf, in manchen Karstgebieten fehlen sie ganz und nur im tropischen → Kegelkarst sind sie eine regelmäßige Erscheinung. Von manchen jamaähnlichen Ponoren unterscheiden sie sich dadurch, daß sie nicht periodisch oder dauernd durchflossen werden. Die Entstehung der Jamas ist im einzelnen noch nicht geklärt. Besonders das Auftreten von J. an steilen Hängen, auf Karstkuppen mit einem geringen Einzugsgebiet von Regenwasser oder unter anderen topographischen Bedingungen, die eine Konzentration größerer Wassermassen im Bereich der J. wenigstens für die Gegenwart ausschließen, bereitet einer befriedigenden Erklärung Schwierigkeiten, da schwer einzusehen ist, warum die Korrosion sich hier konzentriert, in der Nachbarschaft aber weit weniger sichtbar ist. Andererseits kommt Einsturz über unterirdischen Korrosionshohlräumen nur zusätzlich als Erklärung in Frage. Vermutlich sind die meisten J. Relikte eines ehemals ganz durchflossenen Höhlen- und Spaltensystems, wobei auch an Korrosion von unten durch aufsteigendes Karstwasser gedacht werden kann. Andererseits zeigen die sog. → geologischen Orgeln Übergänge zu Formen, die blind endenden J. gleichen und sicher durch Korrosion von oben gebildet worden sind, ohne daß man sie mit einem Kluftsystem in Verbindung bringen kann. Das Ganze ist eine offene Frage der selektiven → Karstkorrosion (hier auch Lit.).

Karren, im Alpengebiet (Schweiz) auch Schratten genannt, in Frankreich lapies, sind die morpholog. Kleinformen des → Karstphänomens. Sie bilden sich unabhängig von den morpholog. Großformen des Karstes, treten vergesellschaftet auf und bestimmen die Art der Oberfläche des nackten Karstes. Genetisch sind sie Korrosionsformen, die durch die lösende Wirkung des frei an der Oberfläche abfließenden Regenwassers erzeugt und weitergebildet werden (→ Karstkorrosion). Typologisch können die K. klassifiziert werden nach der Art der Hohlformen (Rillen-, Rinnen-, Mäander-, Napf-, Wannen-, Lochkarren usw.) oder nach den zwischen den Korrosionsformen stehenbleibenden Restformen, die physiognomisch oft stärker ins Auge fallen (Karrengrate, Karrenrücken, Karrenzacken, Karrensteine). Häufig treten diese Formen kombiniert auf: die tiefen Karrenrinnen, die eine Breite bis zu mehreren Dezimetern erreichen können, werden gegliedert durch die senkrecht zu ihrer Richtung verlaufenden Karrenrillen oder Kanellüren; die Wände von Napf- und Wannenkarren können gleichfalls durch Karrenrillen ziseliert und von Lochkarren durchlöchert sein. Eine genetische Einteilung kann unterscheiden zwischen den Regenkarren als den Korrosionsformen des frei abfließenden Regenwassers und den Sikkerwasserkarren, die unter Humuspolstern weiterbilden, sowie den Brandungs- oder Spritzkarren, die von besonders unregelmäßiger, oft schwammartiger Gestalt sind. Dazu kommt die Sondergruppe der → Deckenkarren, die unter besonderen Umständen an den Wänden und der Decke von Höhlen bilden. Eine andere Gruppierung unterscheidet zwischen den freien K., die – soweit es sich um Rinnen- und Rillenkarren handelt – der Richtung des größten Gefälles folgen, Kluftkarren, die an mehr oder weniger offene Klüfte anknüpfen, sowie Schichtfugenkarren, die gleichfalls die strukturellen Schwächezonen des Gesteins abtasten. Die Kluftkarren nehmen dabei eine Sonderstellung ein; als tektonisch vorgezeichnete, korrosiv erweiterte und dadurch wasserhydrographisch wirksam gewordene Klüfte sind sie die Versickerungszonen des Wassers in die Tiefe, also keine gewöhnlichen K. Sie können jedoch wie im Gottesackerplateau (Allgäu) streckenweise das Oberflächenbild des Karstes durch ihre regelmäßige Anordnung völlig beherrschen. Grundform der K. sind die der Abdachung folgenden Rillen- und Rinnenkarren, die eine linienförmige Konzentration der Korrosionswirkung des abfließenden Wassers erkennen lassen, worauf diese bei doch flächenhafter Benetzung zurückzuführen ist und welche Faktoren den Formenrhythmus, das heißt den Abstand der einzelnen Rinnen voneinander bestimmen; dies ist im einzelnen noch nicht hinreichend untersucht. Der Anteil der mechanischen Erosion (Korrasion) bei der Ausgestaltung der Karrenrillen ist verschwindend gering, da es dem reinen Wasser an Schleifmaterial fehlt.

Neuerdings versucht man, die verschiedenen Karrenformen mit den einzelnen, zeitlich etwas auseinanderliegenden Lösungsphasen in Beziehung zu setzen. Mit A. Bögli unterscheidet man im Lösungsprozeß des Kalkes vier Reaktionsphasen, von denen die ersten drei (Ionisierung des festen $CaCO_3$, Reaktion der H-Ionen der im Wasser gelösten Kohlensäure mit den CO_3-Ionen und Umsetzung der im Wasser gelösten Reste von CO_2) sehr schnell hintereinander bzw. praktisch gleichzeitig verlaufen, während die vierte Phase, die Herstellung des Gleichgewichtes zwischen der CO_2-Konzentration im Wasser und in der umgebenden Luft wegen der geringen Diffusionsgeschwindigkeit von einem ins andere Medium eine gewisse Zeit braucht. Die Rillenkarren sollen (nach Bögli) das Formäquivalent der ersten drei Lösungsphasen, die größeren Rinnenkarren und die Kluftkarren die Auswirkung der vierten Phase darstellen. Das plötzliche Aufhören der meist kurzen Rillenkarren selbst bei gleichbleibender Neigung spricht für diese Theorie. Im übrigen wird ein hoher CO_2-Gehalt des Regenwassers, der freilich aus der bodennahen Luftschicht, beziehungsweise den Gesteinsporen in Form von „biologischer" Atmungskohlensäure entnommen werden kann, wie dies quantitative Messungen wahrscheinlich gemacht haben, die Karrenbildung sehr fördern. Das Karrenphänomen ist daher im allgemeinen in den Tropen besonders großartig entwickelt. Unter Humus-

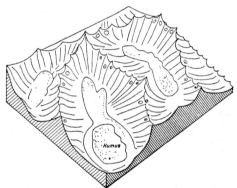

Karrenbildung im Kegelkarst von Kuba

polstern entwickeln sich die Karren weiter, da sich das Sickerwasser mit CO_2 anreichert, doch sind die Formen der Karrenrücken stumpfer. In den gemäßigten Breiten, speziell in den Alpen, hat man eine optimale Höhenzone der Karrenbildung in 1700–2300 m festzustellen geglaubt (C. Rathjens), da hier die Karrenbildung in tieferen Lagen durch die geschlossene Boden- und Vegetationsdecke, in der höheren Frostschutzzone aber durch das Überwiegen der mechanischen Verwitterung eingeengt wird. Im nackten Karst geht die Karrenbildung natürlich bis zum Meeresspiegel herab. Das Alter der Karren ist sehr unterschiedlich. Unter günstigen Umständen genügen wenige Jahrzehnte zur Bildung deutlicher Rillenkarren. In den Tropen kann die gelöste Kalkmenge von 1 m² Oberfläche bei einem einzigen Regenguß die Größenordnung von 1 Gramm und mehr erreichen. – Das Ergebnis der Karrenbildung sind die oft schwer gangbaren Karrenfelder, wie etwa im Gottesackerplateau oder in der Schrattenfluhe im Kanton Luzern vorliegen. Sie sind besonders gut ausgebildet in reinen dickbankigen Massenkalken. Dünnplattige Kalke sind wegen ihrer Neigung zur scherbenförmigen Verwitterung der Karrenbildung nicht günstig, ebenso unreine, mergelige oder kreidige Kalke, ebenso Dolomite, die meist nur undeutliche K. aufweisen.

Eine Konvergenzerscheinung zu der Karrenbildung in löslichen Gesteinen sind die „Karren", die sich in kristallinen Massengesteinen unter tropischen Klimabedingungen ausbilden (→ *Pseudokarst*). Sie unterscheiden sich von den echten K. dadurch, daß es keine reinen Korrosionsformen sind, bei denen mindestens 90 % des Gesteins durch Lösung abgetragen werden. Doch hat sich die Bezeichnung G r a n i t k a r r e n in der Literatur eingebürgert.

Lit.: BÖGLI, A., *Kalklösung und Karrenbildung*; in: Zeitschr. f. Geomorphologie, Supplementband 2; Berlin 1960. − CRAMER, H., *Systematik der Karrenbildung*; in: Pet. Mitt. 1935. − CVIJIĆ, J., *The evolution of Lapies*; in: Geogr. Review, 14, 1924. − LINDNER, H. G., *Das Karrenphänomen*; Pet. Mitt., Erg.-H. 208; Gotha 1930. − RATHJENS, C., *Der Hochkarst im System der klimatischen Morphologie*; in: Erdkunde 1952. − SALOMON, W., *Karrenfelder im warmen Klima*; in: Zentralbl. f. Mineralogie und Geologie, Abt. B, 1926.

Karst. Mit dem Wort Karst bezeichnet man in der wissenschaftl. Literatur ein Gebiet, in dem auf Grund löslicher Gesteine (Kalk, Dolomit, Gips, gelegentlich Salz) ein charakteristischer Formenschatz und eine unterirdische Hydrographie entwickelt sind (→ *Karstphänomen*).

Der Name ist der slowenischen Landschaft Karst (slowen. Kras) im Hinterland von Triest entlehnt. Er bedeutet „steiniger Boden" (serbokratisch Kràsa) und wird entweder von dem illyrischen Wort „Carsus" (SKOK 1934) oder aus einer slawischen Sprachwurzel hergeleitet (SCHÜTZ 1957). Die Erweiterung des Landschaftsnamens zum morpholog. Typenbegriff erfolgte gegen Ende des 19. Jh., als man vor allem von Seiten der Wiener Morphologen-Schule den an sich schon lange bekannten Karsterscheinungen systematische Studien zu widmen begann. Die erste grundlegende Darstellung der Karsterscheinungen stammt von JOVAN CVIJIC (*„Das Karstphänomen"*, in: Pencks Geogr. Abh. 5, 3; Wien 1893), die die Forschung nachhaltig beeinflußt hat. In der nichtgeograph. Lit. wird das Wort „Karst" und „Verkarstung" vielfach im vorwissenschaftl. Sinne auf Gebiete angewandt, die (infolge Entwaldung und Abspülung) einen steinigen, kargen und unfruchtbaren Boden besitzen.

Lit.: LEHMANN, H., *La Terminologie classique du Karst sous l'aspect critique de la Morphologie climatique moderne*; in: Revue de Géographie de Lyon, XXXV, 1, 1960. − SCHÜTZ, J., *Die geograph. Terminologie des Serbokroatischen*. Institut zur Slawistik der deutschen Akademie d. Wiss. Berlin, 10, XI; Berlin 1957. − SKOK, P., *Zum Balkanlatein 4*; in: Zeitschr. roman. Philol. 54; Halle 1934. (Weitere Lit. → *Karstphänomen*.)

Karsthöhlen bilden sich unter bestimmten Voraussetzungen in leicht löslichen Gesteinen wie Kalk, Dolomit und Gips. Sie sind das auffälligste Phänomen der unterirdischen → *Karsthydrographie* und Forschungsgegenstand der → *Höhlenkunde* oder Speläologie. Zu einer Höhlenbildung kommt es an den Stellen gesteigerter chemischer Korrosion. An der weiteren Ausgestaltung der Höhlen wirkt die Erosion des fließenden Wassers sowie der Einsturz von Deckenpartien mit. Welchem dieser Faktoren die größte Arbeitsleistung bei der Bildung der großen Höhlensysteme zuzusprechen ist, bleibt noch umstritten und dürfte auch von Fall zu Fall verschieden sein. Zweifellos steht jedoch die chemische Korrosion am Anfang der Höhlenbildung und ihr Anteil bleibt bei der Weiterentwicklung so entscheidend, daß es gerechtfertigt erscheint, die Karsthöhlen vorwiegend als Korrosionshöhlen anzusehen (→ *Karstkorrosion*). Immerhin sind die Anzeichen mechanischer Wasserarbeit in vielen Höhlen nicht zu übersehen. Fließmarken (→ *Scallops*) an den Wänden, schraubenförmig ausgekolkte Röhren, Strudeltöpfe und andere Formen zeugen von der unterirdischen Erosionsleistung der Höhlenflüsse. Unlöslicher Detritus (Sand, Kies, ja selbst gröberes Geröll) dient dabei als Schleifmaterial; jedoch wird beim Wasserdurchfluß zugleich auch chemische Korrosionsarbeit geleistet. Für die Anlage der Höhlen gelten die Gesetze der Karsthydrographie. Daher ist bei den durchflossenen und den trockenen Höhlen der Boden selten ebensohlig. Nur in den Randgebieten, in denen die Karsthydrographie in den Grenzfall der offenen Höhlenflußentwässerung übergeht, herrscht ein gleichsinniges Gefälle. In der Regel aber wechseln in den Höhlensystemen, soweit sie zugänglich sind, offen durchflossene Strecken mit gänzlich wassererfüllten, sog. „Siphons" und Seen, deren Wasserstand sog. „Druckspiegel" in wechselnder Höhe bildet. Bei „geschlossener" Karsthydrographie bildet ein Höhlensystem jedenfalls ein dreidimensionales System von „Karstgefäßen" (O. LEHMANN), dessen Durchfluß nicht durch das Gefälle allein, sondern weitgehend auch durch den Wasserdruck geregelt wird. Das Merkmal der meisten großen Karsthöhlensysteme ist ein mehr oder minder stockwerkartiger Bau in mehreren „Galerien". Diese sind offenbar das Ergebnis einer Tieferverlegung der Wasserbahnen, wodurch die älteren, höheren Teile des Systems trockenfallen. Die Tieferlegung erfolgt jedoch nicht gleichmäßig, so daß die übereinanderliegenden Galerien kaum mit den Terrassen eines sich phasenförmig einschneidenden Flusses verglichen werden können. Auch ist die Anordnung der Galerien durchaus unregelmäßig, wenn auch meist eine gewisse Bevorzugung tektonischer Leitlinien (Schichtflächen, Kluftsysteme) festgestellt werden kann. Die Einteilung der Höhlen nach ihrer Form entbehrt bisher jeder wissenschaftlichen Grundlage. Man spricht von „Stollen", die nur kriechend durchmessen werden können, „Schächten" mit einer mehr oder minder vertikalen Komponente, „Gängen", „Sälen" und „Domen" je nach Ausdehnung und Höhe. Eine andere Unterscheidung gründet sich auf das Vorhandensein oder Fehlen von Tropfsteingebilden (→ *Tropfsteine*).

Wissenschaftlich umstritten ist vor allem die Frage, in welchem Karststockwerk Höhlen entstehen. Hier stehen sich verschiedene T h e o r i e n gegenüber, die man in zwei große Gruppen zusammenfassen kann. Die Anhänger der „vadosen" Höhlentheorie nehmen die Entstehung der Höhlen ü b e r dem meist einheitlich gedachten Karstwasserspiegel an (CVIJIĆ, SWINNERTON), während die Vertreter der „phreatischen" Theorie eine Höhlengenese u n t e r dem jeweiligen Karstwasserspiegel, also in dem ständig mit Wasser erfüllten hydrographischen „Stockwerk" des Karstes verfechten (DAVIS, GRUND, HARLEN, BRETZ). Hauptargument für die erstgenannte Theorie ist die durch Beobachtungen gestützte Überlegung, daß das Sickerwasser in dem nicht ständig durchflossenen „vadosen" Stockwerk (CVIJIĆ) mehr aggressive Kohlensäure enthalten und mithin stärker korrodierend wirken muß, als das mit Kalk gesättigte Tiefenwaser des Karstes. Die Anhänger der phreatischen Theorie nehmen dagegen eine Wasserbewegung in sehr großen Tiefen an und verweisen auf die dreidimensionale Ausdehnung der mannigfach verzweigten Höhlensysteme, die überall Anzeichen einer das ganze System erfüllenden Druckströmung aufweisen. Die heute zugänglichen Höhlen sind danach gewissermaßen außer Funktion gesetzt und bilden sich nicht mehr weiter. Bohrungen haben in der Tat in größerer Tiefe wassererfüllte Höhlen nachgewiesen. Die beiden Theorien stehen sich freilich nur dann unversöhnlich gegenüber, wenn man einen einheitlichen, in engen Grenzen schwankenden Karstwasserspiegel annimmt und ferner das Schwergewicht auf die Entstehung und nicht auf die Weiterbildung der Höhlen legt.

Die von O. LEHMANN entwickelte und der Karstgrundwassertheorie entgegengestellte karsthydrographische Theorie der geschlossenen Gefäßsysteme läßt die Entstehung und Entwicklung von Höhlen in verschiedenen, sehr unterschiedlichen Niveaus, also auch in sehr großer Tiefe zu. Auch nicht mehr unter ständiger Druckströmung durchflossene Höhlen bilden sich bei gelegentlicher Durchflutung weiter. Ebenso arbeiten Deckeneinstürze sowie die erosive und korrosive Tätigkeit der Höhlenflüsse an der weiteren Ausgestaltung der Höhlen. Ein ungelöstes Problem bleibt jedoch die Existenz von trockenen, seit Jahrhunderttausenden nachweislich nicht mehr durchflossenen „fossilen" Höhlenstockwerken über den periodisch oder (nach Ausweis der Färbeversuche) ständig durchflossenen Stockwerken. Soweit sich diese Stockwerke bestimmten Niveaus zuordnen lassen, was in den wenigen Höhlen möglich ist, muß man eine rasche Tieferverlegung der Wasserbahnen mit einer Zeit relativer Konstanz annehmen. Eine Parallelität mit den oberirdischen Erosionszyklen hat sich in diesen Fällen nicht mit Sicherheit ergeben, hingegen ist eine Beziehung zu den treppenartig angeordneten Karstrandebenen möglich. Insbesondere gilt dies für den Grenzfall der Höhlenflüsse. Daß eine tektonische Hebung eine Tieferverlegung der Wasserbahnen im Karst zur Folge haben kann, ist durch zahlreiche Beispiele belegt. Besonders aufschlußreich hierfür sind die „Fußhöhlen" am Rand tropischer → Poljen, denen ganz ähnliche, heute außer Funktion gesetzte Höhlen in verschiedenen Höhenlagen über der heute als → Ponor aktiven Höhle entsprechen. Die Frage der „Niveaus" ist in diesem Fall (Kuba) bejahend gelöst, doch handelt es sich hier um den Grenzfall einer „offenen" Karsthydrographie.

Höhlen, besonders auch Halbhöhlen bilden sich häufig auf korrosivem Wege an Schichtgrenzen; und zwar nicht nur dann, wenn die liegende Schicht undurchlässig, sondern auch, wenn sie schwerer löslich ist. Ebenso bilden sich Höhlen am Fuß von Steilwänden, wenn diese einer toniglehmigen Ebene entsteigen. In beiden Fällen ist die erhöhte Korrosionstätigkeit durch Wasserstau bedingt. Der Erforschung der Höhlen widmen sich zahlreiche speläologische oder höhlenkundliche Gesellschaften in aller Welt (→ Höhlenkunde).

Lit.: WARWICK, G. T., The Origin of limeston caves; in: British Caving, an introduction to Speleology; London 1953. – Weitere Lit. → Höhlenkunde.

Karsthydrographie, das gesamte Regime der sich größtenteils unterirdisch vollziehenden Entwässerung in verkarstungsfähigen Gesteinen (→ Karstphänomen).

Die Voraussetzung für das Zustandekommen einer echten K. ist nicht die Durchlässigkeit des Gesteins als solche; Löß, Sand, überhaupt alle nicht verfestigten klastischen Gesteine sind durchlässig, ohne eine K. zu entwickeln. Umgekehrt ist auch kompakter Kalkstein undurchlässig. Entscheidend ist vielmehr, daß die in jedem festen Gestein vorhandenen Klüfte in verkarstungsfähigen Gesteinen durch die Wirkung der Karstkorrosion hydrographisch wegsam gemacht werden, so daß ein geschlossenes unterirdisches Entwässerungssystem entsteht. Dessen Natur ist viel umstritten worden. Eine ältere Anschauung rechnete mit der Existenz weitverzweigter unterirdischer Höhlenflüsse als Hauptträger der Karsthydrographie. Tatsächlich lassen sich unterirdische Flüsse viele Kilometer weit verfolgen, wie etwa der Timavo bei Triest. Doch hat sich der Höhlenfluß nur als Grenzfall der hydrographischen Entwicklung des Karstes erwiesen. Eine extrem andere Auffassung hat A. GRUND entwickelt. Aufbauend auf Gedanken von A. PENCK sah er in K. einen Sonderfall der normalen Grundwasserentwicklung. Er nahm infolgedessen in dem dichten Netzwerk von durchflossenen Klüften Wasserbewegungen an, die denen in Lockermassen weitgehend gleichen, also auch einen einheitlichen Karstwasserspiegel ausbilden sollten. Zwischen beiden Extremen nahm F. KATZER's Theorie der Karstgerinne eine vermittelnde Stellung ein. Sie setzt an die Stelle einiger weniger Höhlenflüsse ein weitverzweigtes, aber einheitliches System von verschieden weiten Röhren und Hohlräumen, ohne allerdings auf die Fließbewegung des Wassers in diesen Systemen einzugehen.

Erst OTTO LEHMANN (1932) konnte, gestützt auf hydraulische und hydrodynamische Erwägungen, eine umfassende, wenn auch noch nicht in allen Punkten befriedigende Theorie des Karstwassers liefern. Sie geht von geschlossenen „Karstgefäßen" beliebiger Form, Größe und Verzweigung aus, die sich zwar räumlich durchdringen, jedoch hydraulisch voneinander unabhängig sind. Färbeversuche im Einzugsgebiet der Paderquellen (Münsterland) und in anderen Karstgebieten haben tatsächlich die Möglichkeit erwiesen, daß auf engem Raum verschiedene karsthydrographische Systeme unabhängig voneinander bestehen können. Für die Unabhängigkeit benachbarter „Gefäßsysteme" gibt es im dinarischen Karst zahlreiche Beispiele. In der Nachbarschaft des Imotski-Polje (Jugoslawien) finden sich Kesseldolinen, deren Wasserspiegel hoch über dem Polje boden liegen, bei einem Horizontalabstand von kaum 1 km. Nach O. LEHMANN müssen sich in dem unter Druck durchflossenen System von engen Röhren und weiten Gefäßen verschieden hohe „Druckwasserspiegel" ausbilden, die ein einheitliches Karstwasserniveau ausschließen. Es ist allerdings noch nicht erwiesen, um welche Höhenspanne benachbarte Druckwasserspiegel ein und desselben Gefäßsystems differieren können. Eines der Hauptprobleme der K. sieht O. LEHMANN mit Recht im Beginn des Prozesses. Danach können nur groß- und überkapillare Fugen und klaffende Spalten, denen er noch hypothetische „Urhöhlen" hinzufügt, K. in Gang setzen. Nach O. LEHMANN können nur solche Klüfte durch Lösung merklich erweitert und damit karsthydrographisch wirksam werden, in denen das Wasser mit ungesättigter Lösung hinlänglich rasch hindurchfließt. Die feinen Haarklüfte kommen nach O. LEHMANN schon deswegen nicht in Frage, weil sie durch Ausscheidung von $CaCO_3$ leicht zusintern. In der Tat zeigen die unterirdischen Wasserbahnen, soweit sie zugänglich sind, eine deutliche Bindung an das herrschende Kluftsystem und die Bevorzugung größerer Klüfte und Störungszonen. Dies gilt auch für die Bildung der sog. „Kluftkarren" an der Oberfläche. Aber es gibt Ausnahmen. Schon die → Geologischen Orgeln zeigen eine auffallende Unabhängigkeit von Klüften; das gleiche gilt für viele → Jamas, besonders für die oft kreisrunden Pipes in den Tropen, die wie vom Bohrer senkrecht in die Tiefe getrieben zu sein scheinen, ohne Rücksicht auf das herrschende Kluftsystem. Ihre Entstehung ist noch ein Problem; jedenfalls sind sie nicht an überkapillare Spalten geknüpft. Außerdem lehrt die Tropfsteinbildung, daß auch kapillare Fugen dauernd, wenn auch langsam durchflossen werden.

Kennzeichnend für das karsthydrographische System als Ganzes ist der Gegensatz zwischen den zahlreichen Versickerungsstellen und Schlucklöchern – im Salzkammergut kommen bis zu 450 auf einen km² – und den wenigen, aber starken Karstquellen. Man hat diese Tatsache wenig glücklich den karsthydrographischen Gegensatz genannt. Es findet also keine Zusammenfassung der Wasserbahnen im Karst statt, in den Karstrandgebieten vielfach in Form von Höhlenflüssen. Im Vergleich mit dem „Einzugsgebiet" eines verzweigten oberflächlichen Gewässersystems ist aber nicht nur aus den schon genannten Gründen verfehlt, sondern auch wegen der relativen Langsamkeit der Wasserbewegungen im Karst. Färbeversuche an der Donau haben erwiesen, daß sich das Wasser zwischen den Versickerungsstellen und der Achquelle mit einer Geschwindigkeit von 0,22 bis 0,05 m/s fortbewegt. Im dinarischen Hochkarst dürften noch geringere Geschwindigkeiten erreicht werden. Die Langsamkeit der Wasserbewegung im Karst ist auch der Grund für die von den Jahreszeiten unabhängige Stetigkeit der meisten Karstquellen. Ein weiterer Unterschied zu einem oberirdischen hydrographischen Netz besteht darin, daß dem karsthydrographischen System drei Dimensionen zur Verfügung stehen. Unter Druck stehendes Karstwasser kann durchaus auch „bergauf" fließen. Schließlich sind die Verzweigungen des unterirdischen Gewässernetzes sicher mannigfaltiger und komplizierter als ein im Prinzip federförmig aufgebautes oberirdisches Flußnetz.

CVIJIĆ hat im Karst drei hydrographische Stockwerke unterschieden; ein oberes „entartetes", praktisch dauernd trockenes Stockwerk, in dem die vorhandenen Hohlräume niemals ganz von Wasser erfüllt sind; ein darunterliegendes, das periodisch, und ein tiefstes, das dauernd von Wasser erfüllt ist. O. LEHMANN hat diese Dreiteilung mit dem Hinweis abgelehnt, daß ja schließlich das Regenwasser in die Tiefe gelangen müsse und demzufolge ein Teil der Klüfte auch des oberen Stockwerkes periodisch durchflossen werden. Dennoch hat sich die Dreiteilung in der Praxis bewährt, wenn man mit ihr nicht die Vorstellung eines jeweils in bestimmter Höhenlage zu suchenden einheitlichen Wasserspiegels verbindet. Alle Erfahrungen zeigen, daß der Karstwasserkörper in seiner Ausdehnung periodischen und aperiodischen Schwankungen unterworfen ist. Sie hängen vom Gang der Niederschläge, aber auch von örtlichen Ereignissen wie Verstopfung oder Versinterung bisher geführter Wasserbahnen ab. Der Speläologe ist durchaus vertraut, daß man eine Reihe von → Karsthöhlen nur in bestimmten Jahren besuchen kann.

Lit.: CRAMER, H., Höhlenbildung und Karsthydrographie; in: Zeitschr. f. Geomorphologie, 8, 1933/35. – CVIJIĆ, J., Hydrographie Souterraine et évolution morphologique du Karst; in: Rev. d. Trav. de l'Instit. d. Géogr. Alpine; Grenoble 1918. – GRUND, A., Zur Frage des Grundwassers im Karst; in: Mitt. Geogr. Ges. Wien, 1910. – KATZER, F., Karst und Karsthydrographie; in: Zur Kunde der Balkanhalbinsel, H. 8; Sarajevo 1909. – LEHMANN, O., Die Hydrographie des Karstes; Leipzig 1932.

Karstkorrosion ist ein Vorgang der chemischen Verwitterung, der auf der Umwandlung der das Gestein bildenden chemischen Verbindungen in eine leichtlösliche Form beruht, z. B. die Umwandlung des festen Calziumcarbonates in das gelöste Bicarbonat nach der Formel

$$CaCO_3 + H_2O + CO_2 \rightleftarrows Ca(HCO_3)_2$$

Da Korrosionsvorgänge bei der chemischen Verwitterung ganz allgemein eine große Rolle spielen, muß der Begriff K. auf die Verwitterungsvorgänge beschränkt bleiben, bei denen die überwiegende Masse des Gesteins in Lösung geht und nur prozentual geringe unlösliche Rückstände übrigbleiben, also beim Kalk, Dolomit, Marmor und Gips. Ausgeschlossen werden dadurch die im feuchttropischen Klima zu beobachtenden Korrosionserscheinungen, die zu morphologischen Konvergenzerscheinungen (→ Pseudokarst) führen. Morphologisch große Bedeutung hat vor allem die Löslichkeit der weit verbreiteten Kalke. In reinem Wasser, das frei von H-Ionen ist, wird nur eine verschwindend geringe Menge von Kalk gelöst (bei 16° 13,1 mg $CaCO_3$ im Liter). Die Löslichkeit erhöht sich jedoch stark bei Gegenwart von CO_2 im Wasser, was in der Natur praktisch immer der Fall ist. Der CO_2-Gehalt des Wassers hängt vom CO_2-Gehalt der Luft ab, mit dem das Wasser in Berührung kommt. Während der CO_2-Gehalt der freien Luft bei 1 Atmosphäre Druck nur 0,3 % ausmacht, kann er sich in der Bodenluft bis zu 25 Volumenprozent anreichern. Auch die unmittelbar der Gesteinsfläche auflagernde Luftschicht kann namentlich in den Tropen einen hohen Gehalt an Atmungskohlensäure der Mikroorganismen (biogene Kohlensäure) aufweisen. Messungen haben diese Einflüsse auf den CO_2-Gehalt des Wassers und damit auf die Löslichkeit des Kalkes erwiesen. Während das von unbedeckten Karren abfließende Regenwasser in der Schweiz 15–30 mg $CaCO_3$ pro Liter enthält, steigt der Kalkgehalt in den Tropen unter den gleichen äußeren Bedingungen auf 100 mg und mehr an. Der Kalkgehalt des Sickerwassers in Höhlen und der Höhlenflüsse hält sich dagegen in den gemäßigten Breiten und in den Tropen in etwa der gleichen Größenordnung. Maßgebend für die Korrosionsleistung des Wassers ist der Gehalt an aggressiver Kohlensäure, d. h. der Überschuß an CO_2, der weder in den gelösten Bicarbonaten gebunden, noch zur Aufrechterhaltung des Lösungsgleichgewichtes nötig ist. Beim Fehlen aktiver CO_2 findet keine Korrosionswirkung statt und bei weiterem Absinken des CO_2-Gehaltes kommt es zur Ausfällung eines Teiles der gelösten Bikarbonate in Form von Monokarbonaten. Der Korrosionseffekt kann also durch Versinterung der korrosiv erweiterten Klüfte zum Teil wieder rückgängig gemacht werden.

Die Wirkung der K. wird sichtbar in den → Karren sowie im gesamten Formenschatz des → Karstphänomens. Wenig beachtet wurde bisher der Einfluß der Temperatur auf die Diffusionsgeschwindigkeit, auf den besonders Bögli aufmerksam macht. Unter normalen Druckverhältnissen sind mehrere Tage nötig, um das Gleichgewicht der CO_2-Gehalte in der Luft und im Wasser zu erreichen. Bei höherer Temperatur liegt das Gleichgewicht bedeutend tiefer, während gleichzeitig die Diffusionsgeschwindigkeit entsprechend ansteigt. Bögli sieht darin einen der Gründe, warum paradoxerweise das Wasser in wärmeren Zonen an der Oberfläche bedeutend stärker lösend wirken muß, obgleich der CO_2-Gehalt des Wassers mit steigender Temperatur abnimmt. Nach Bögli spielt sich der Lösungsprozeß in verschiedenen Phasen ab. In der ersten Phase löst sich der Kalk direkt im Wasser und zwar zunächst ohne Beteiligung der darin enthaltenen Kohlensäure. Bei 8,7 °C können 10 mg Kalk im Wasser direkt gelöst werden. Als Innenreaktion läuft dieser Vorgang sehr schnell (innerhalb einer Sekunde) ab. In der unmittelbar darauf folgenden zweiten Phase reagiert das im Wasser gelöste Kohlendioxyd mit dem CO_3-Ion der ersten Phase unter Bildung von HCO_3, wodurch das Lösungsgleichgewicht und auch das Verhältnis zwischen chemisch und physikalisch gelöstem CO_2 im Wasser gestört wird. In der dritten Phase wandelt sich dann ein Teil des physikalisch gelösten CO_2 in Kohlensäure und ihre Ionen um. Das ist der Beginn einer Reaktionskette, die immer weitere Lösung von Kalk zur Folge hat.

Die Phase 4 kommt praktisch erst zur Geltung, wenn die drei anderen Phasen abgelaufen sind. In dem Maße, in dem das

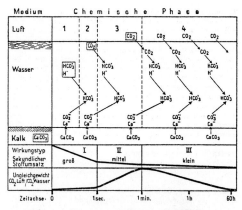

Schema der Lösung von Kalkgestein (nach Bögli)

im Wasser chemisch und physikalisch gelöste CO_2 verbraucht wird, diffundiert das CO_2 der Luft in das Wasser und hält die Reaktionskette in Gang. Da die Diffusionsgeschwindigkeit gering ist, benötigt dieser Vorgang eine längere Zeit, mitunter mehrere Tage. Durch diese Zerlegung des Lösungsvorganges in seine Phasen macht Bögli die größere Aktivität des warmen tropischen Regenwassers verständlich, denn die Ionenreaktionen hängen ebenso wie die Diffusionsgeschwindigkeit von der Temperatur ab. Ebenso wird verständlich, wieso das Wasser an der Oberfläche andere Korrosionsformen erzeugt als in Klüften und Höhlen; denn die beiden ersten, innerhalb einer Sekunde ablaufenden Phasen, die einen besonders großen Stoffumsatz je Zeiteinheit zur Folge haben, treten nur da auf, wo kalkfreies und an aktiver Kohlensäure reiches Regenwasser unmittelbar mit dem Kalk in Berührung kommt. In der dritten und vierten Phase ist der Stoffumsatz in der Sekunde wesentlich geringer. Beim Sickerwasser läßt die Korrosionswirkung sehr rasch nach.

Lit.: Bögli, A., *Der Chemismus der Lösungsprozesse und der Einfluß der Gesteinsbeschaffenheit auf die Entwicklung des Karstes; in: IGU Report of the Commission on Karst phenomena, 1956. — Ders., Kalklösung und Karrenbildung; in: Zeitschr. f. Geomorphologie, Supplementband 2, Internationale Beiträge zur Karstmorphologie; Berlin 1960. — Corbel, J., Erosion en terrain calcaire; in: Ann. de Géogr. 1959. — Sweeting, M. M., Gerstenhauer, R., Zur Frage der absoluten Geschwindigkeit der Kalkkorrosion in verschiedenen Klimaten; in: Zeitschr. f. Geomorphologie, Supplementband 2, 1960.*

Karstphänomen, die Gesamtheit der im Bereich löslicher Gesteine (Kalk, Dolomit, Gips) auftretenden morphologischen und hydrographischen Erscheinungen, benannt nach der Landschaft → Karst (Kras), in der das Phänomen zuerst studiert wurde. Das Hauptmerkmal des echten Karstes ist das Vorhandensein einer unterirdischen → „Karsthydrographie" an Stelle des oberflächigen Gewässernetzes, während der physiognomisch so charakteristische Formenschatz des klassischen dinarischen Karstes nicht immer voll entwickelt zu sein braucht oder durch einen abweichenden Formenschatz (→ Kegelkarst) ersetzt werden kann. Vor allem die unterirdische Entwässerung grenzt den Karst von morphologischen Konvergenzerscheinungen (→ Pseudokarst) ab.

Der ober- und unterirdische Formenschatz des Karstes ist bedingt durch das Vorherrschen der chemischen Korrosion der wasserlöslichen Gesteine. Von der normalen Verwitterung unterscheidet sich die → Karstkorrosion dadurch, daß es sich nicht um die chemische Umwandlung eines Minerals in ein anderes ohne größeren Substanzverlust durch Lösung handelt, sondern um die Überführung der das Gestein bildenden chemischen Verbindung von der festen in die lösliche Form, wobei nur geringe Lösungsrückstände (meist unter 10 %) zurückbleiben. Im Gegensatz zur fluviatilen Erosion und Denudation vollzieht sich der

Massentransport fast ausschließlich in gelöster Form. Im Karst der gemäßigten Breiten wird die Wirkung der Korrosion durch mechanische Verwitterung ergänzt. Auch fehlen die Andeutungen eines fluviatilen Formenschatzes keineswegs, doch handelt es hierbei meist um Vorzeitformen aus Perioden, in denen der Karst anderen Bedingungen unterworfen war. Sie fallen heute der „Verkarstung" anheim. In manchen Karstgebieten überwiegen die Züge des fluviatilen Formenschatzes über die eigentlichen Karsterscheinungen. Häufig sind Decken von zementiertem Solifluktionsschutt an den Hängen, die aus einer Zeit stammen, in der das Karstgebiet periglazialen Klimabedingungen ausgesetzt war. In größeren Höhen und in subpolaren Breiten tritt Frostsprengung neben die reine Karstkorrosion. Nur in den Tropen vermochte die Karstkorrosion ungestört über längere geologische Zeiträume hinweg zu wirken. Unter den tropischen Bedingungen hat sich der Formenschatz des → Kegelkarstes entwickelt, der von dem Karst der gemäßigten Breiten erheblich abweicht.

Die klassische Karstliteratur hat diese klimamorphologischen Unterschiede nicht berücksichtigt. Die Terminologie des K. knüpfte vielmehr bisher fast ausschließlich an den Formenschatz des dinarischen Karstes an. Als Leitformen des Karstes gelten daher die geschlossenen, unterirdisch entwässernden Hohlformen, die → Doline und → Uvala einerseits sowie das → Polje andererseits, ferner → Trockentäler und → Blindtäler als verkarstete Rudimente eines fluviatilen Formenschatzes. Dazu kommen an Kleinformen die auf nacktem, d.h. nicht von einer geschlossenen Verwitterungsdecke verhülltem Karst in mannigfacher Form entwickelten → Karren, während sich im bedeckten Karst unter der Verwitterungskrume die sogenannten → Geologischen Orgeln bilden. In den Erscheinungsformen unterscheiden sich nackter und bedeckter Karst – außer in den Karren – nicht. Es ist nicht mehr möglich, in ihnen zwei grundsätzlich verschiedene Karsttypen zu sehen. Der bedeckte Karst herrscht in Mitteleuropa (Schwäbische Alb, Gäuflächen) und in Nordamerika (Indiana, Kentucky) vor, der nackte Karst im Mittelmeergebiet und in den Tropen. Wieweit der mediterrane Karst erst durch anthropogen bedingte Entwaldung seine Bodendecke verloren hat, ist noch eine offene Frage. Der tropische Karst ist jedoch trotz Urwaldbedeckung von Natur aus ein nackter Karst. Vgl. auch → Unterirdischer Karst.

Kennzeichnend für den Karst ist ferner der Reichtum an Höhlen, die sich vielfach zu ausgedehnten Grottensystemen zusammenschließen und zusammen mit den → Jamas (Karstschloten) und hydrographisch wirksamen Kluftsystemen gleichsam seine unterirdische Morphologie ausmachen.

Das morpholog. Hauptproblem des Karstes ist die Frage nach den Entstehungsbedingungen echter Korrosionsebenen und ihrer Bindung an bestimmte Niveaus. CVIJIC hielt weitgehend Einebnungen auf rein karstkorrosivem Wege für möglich, später hat man, in den weitgespannten Ebenheiten des dinarischen Karstes mehr und mehr normale Rumpfflächen zu erkennen geglaubt, die sich auf fluviatilem Wege in geringer Meereshöhe entwickelt haben, und auf karstkorrosivem Wege entstandenen Karstverebnungen nur eine lokale Bedeutung bei der Bildung der Poljeböden und der → Karstrandebenen zugesprochen. Die Existenz der letzteren eröffnet die Möglichkeit, teilweise zu den Anschauungen von CVIJIC zurückzukehren. In der Tat sind in den Tropen und Monsunasien sehr ausgedehnte Karstrandebenen beobachtet worden, die zweifellos durch reine Karstkorrosion entstanden sind und in manchen Fällen ganze Kalkmassive bis auf kleine Reste aufgezehrt haben. Dabei kommt es keineswegs immer zur Aufdeckung der undurchlässigen Unterlage, vielmehr hängt das Niveau der tropischen Karstrandebenen von der Höhenlage des Vorfluters ab (v. WISSMANN, H. LEHMANN), der natürlich auch das Meer sein kann. Die Mitwirkung der auf den Karstrandebenen entwickelten Flüsse bei ihrer Weiterbildung etwa durch Seitenerosion ist minimal, vielmehr schottern sie auf und konservieren die Karstrandebenen, die korrosiv in ihren Randzonen erweitern. Man muß also mit der Möglichkeit rechnen, daß auch im dinarischen Karst weite, karstkorrosiv entstandene Ebenheiten aus anderen Klimaperioden vorliegen, die nach ihrer Hebung neuerlich der Verkarstung anheimgefallen sind, zuletzt unter den Bedingungen des gemäßigten Klimas, mit mehreren glazialen Kälteperioden,

in denen teilweise periglaziale Verhältnisse herrschten, wenigstens in den höher gelegenen Teilen des dinarischen Karstes, des Karstes in den Alpen und der Abbruzzen sowie in den Karstgebieten von Indiana, USA. Die klimatischen Änderungen können auf die Entwicklung des Karstes nicht ohne Folgen geblieben sein. Wieweit in bestimmten Karstgebieten der gemäßigten Breiten (Schwäbische Alb, S-Polen) ein fossiler Kegelkarst des feuchtwarmen Tertiärklimas vorliegt, ist noch nicht gesichert. Im Pleistozän dürfte die mechanische Verwitterung durch Frostsprengung und Korrosion im Rahmen der Solifluktion teilweise beträchtlich gewesen sein.

Eng im Zusammenhang mit den Korrosionsformen steht die Frage nach dem sogenannten Basisniveau, das als Gegenstück zur Erosionsbasis das Tiefenwachstum der Korrosionsformen begrenzen und damit die Entstehung von Korrosionsebenen ermöglichen soll. CVIJIC nahm als allgemeine Korrosionsbasis das Niveau an, in dem der hydrostatische Druck des Meeres den Druck des Karstwassers die Gleichgewicht hält. Diese Auffassung dürfte heute durch den Nachweis größerer aktiver Karstrandebenen nahe dem Meeresniveau bestätigt sein. Dabei sind freilich Störungen durch die pleistozänen Schwankungen des Meeresspiegels und durch etwaige Verbiegungen zu berücksichtigen. Echte Karstformen (Dolinen, Poljen), deren Boden unter dem derzeitigen Meeresspiegel reicht, sind nicht bekannt. Für die höher gelegenen Karstverebnungen nahm GRUND und nach ihm noch KREBS als lokale Korrosionsbasis einen hypothetischen Karstwasserspiegel an, der nach Art des Grundwasserspiegels eine zusammenhängende Niveaufläche bilden soll. Diese Anschauung hält jedoch weder den Beobachtungen noch den theoretischen Erwägungen der modernen → Karsthydrographie stand. Ein von den hypothetischen „Karstwasserspiegel" abhängiges Basisniveau wird heute allgemein abgelehnt, schon aus dem Grunde, weil es nicht über längere Zeiträume konstant gedacht werden kann. Die Basis der Karstabtragung ist letzten Endes die undurchlässige Unterlage oder das Meeresniveau. Nur im Grenzfall einer voll ausgereiften „offenen" Karsthydrographie, wie sie in den Randgebieten des Karstes, vor allem in den Tropen, vorliegt, können wir auch beim tiefen Karst von einem örtlichen und zeitlichen Basisniveau reden, dessen Höhenlage vom jeweiligen Vorfluter abhängt. Die hochgelegenen Karstverebnungsflächen des dinarischen Karstes sind entweder fossile, passiv in ihre heutige Höhenlage gebrachte Karstrandebenen oder sie sind, wie man es für die Poljeböden annimmt, die Folge lokaler Abdichtung durch Lösungsrückstände (→ Polje).

Noch wenig geklärt ist das Tempo der Korrosionsprozesse. Im Karst der gemäßigten Breiten ist die mit der Bildung von → Dolinen beginnende bzw. neu einsetzende Verkarstung in einem „jungen" Stadium, wie bereits GRUND erkannte. Die Dolinen überziehen siebartig einen älteren Formenschatz, ohne ihn vernichten zu können, oder reihen sich in den Trockentälern aneinander. Älter ist der größte Teil der bekannten Karstpoljen. Im allgemeinen hat der Karstprozeß ein relativ hohes geologisches Alter: in der Schwäbischen Alb und in großen Teilen des dinarischen Karstes reicht er bis in das Alttertiär zurück, in den näher bekannten tropischen Kegelkarstgebieten teilweise bis ins Miozän. Wesentlich ältere Karstformen erweisen sich meist als wieder aufgedeckter fossiler Karst. Im tropischen → Kegelkarst ist der Karstprozeß bei gleich hohem geologischen Alter (Gunung Sewu auf Java, Sierra de los Organos auf Kuba) sehr viel weiter vorgeschritten als in den gemäßigten Breiten. Auch der quantitative Beweis für rascheres Tempo der karstkorrosiven Prozesse in den Tropen konnte erbracht werden. (→ Karstkorrosion). Neuerdings ist J. CORBEL wieder zu einer der GRUND'schen Theorie vom → Karstzyklus nahestehenden Auffassung zurückgekehrt. Indem er unzulässigerweise das Alter des Verkarstungsprozesses mit dem Alter des Gesteins gleichsetzt, kommt er zu dem Schluß, daß ein voll „ausgereiftes" Kegelkarstrelief mit isolierten Kegeln (Mogoten) einen langen, in der Kreidezeit beginnenden Karstprozeß voraussetzt, während nach ihm pliozäne und jüngere Kalke auch in den Tropen erst ganz schwache Verkarstungsspuren aufweisen – eine Ansicht, die in dieser Form keineswegs haltbar ist.

Im subarktischen bzw. periglazialen Karst werden durch die perennierende Gefrornis eines Teils des Karstwassers besondere Verhältnisse geschaffen. Die unterirdische Karstkorrosion kann sich erst unterhalb der Permafrostzone voll entwickeln. An der Oberfläche werden die gebildeten Karren durch Frostsprengung vielfach in statu nascendi zerstört. Größere Karstformen, deren Entwicklung in das Pleistozän oder sogar Tertiär zurückreicht, sind durch die abschleifende Wirkung der Gletscher teilweise umgestaltet. Das gilt auch für den Karst der alpinen Hochgebirgszone.

Angesichts der drastischen typologischen Unterschiede geologisch gleichaltriger Karstgebiete in den verschiedenen Klimazonen mußte der Gedanke eines einheitlichen K a r s t z y k l u s im Sinne von A. GRUND zugunsten mehrerer klimaspezifischer Entwicklungen bzw. Typenreihen (H. LEHMANN, H. v. WISSMANN, J. CORBEL) aufgegeben werden. Die aus dem dinarischen Karst abgeleitete T e r m i n o l o g i e muß daher auf die gemäßigten Breiten eingeschränkt oder entsprechend abgeändert werden.

Lit.: BÖGLI, A., Karrentische, ein Beitrag zur Karstmorphologie; in: Zeitschr. f. Geomorphologie 1961. - CVIJIĆ, J., Das Karstphänomen; in: A. Pencks Geogr. Abh., V, 3; Wien 1893. - Ders., Types morphologiques des terrains calcaires; in: Bull. de la Soc. de Géogr. de Belgrade 1924. - FÉNELON, P., Le Relief Karstique; Norois 1954. - LEHMANN, H. u. a., Das Karstphänomen in den verschiedenen Klimazonen. (Bericht über das internationale Karstkolloquium in Frankfurt); in: Erdkunde 1954. - PENCK, A., Das Karstphänomen; in: Schriften d. Vereins z. Verbreitung naturwiss. Kenntnisse in Wien, 44, 1, 1904. - RATHJENS, C., Der Hochkarst im System der klimatischen Morphologie; in: Erdkunde 1951. - ROGLIĆ, J., Das Verhältnis der Flußerosion zum Karstprozeß; in: Zeitschr. f. Geomorphologie, Bd. 4, 1960. - WISSMANN, H. v., Der Karst in den humiden und sommerheißen Gebieten Ostasiens. (Bericht über das internationale Karstkolloquium in Frankfurt); in: Erdkunde 1954. - Weitere Literatur → Kegelkarst, → Karstkorrosion, → Karsthydrographie, → Höhlenkunde.

Karstquellen, Quellen im Karst, die sich von gewöhnlichen Quellen meist durch die bedeutende pro Zeiteinheit geförderte Wassermenge unterscheiden, die auf ein großes unterirdisches Einzugsgebiet schließen läßt. Die Karstquellen entspringen entweder in Quelltöpfen, wie Deutschlands größte K., die im „Blautopf" bei Blaubeuren 8 m³ Wasser, z. T. versickertes Donauwasser, pro Sekunde fördert, oder als Flüsse höhlenartigen Felstoren, wie etwa die Bunarquelle in Jugoslawien oder die Vaucluse-Quelle in Südfrankreich, die gleichfalls 8 m³ Wasser pro Sekunde fördert. Nach ihr wird dieser Typus in Frankreich Vaucluse-Quelle genannt. GRUND hat diese Bezeichnung für alle perennierenden K. vorgeschlagen, ist damit jedoch nicht durchgedrungen. Die Vaucluse-Quellen sind in der Regel die Mündungen von Höhlenflüssen (→ Höhle, → Karsthydrographie), während für die Mehrzahl der übrigen K. eine „offene", d. h. nicht unter Druck stehende Karsthydrographie nicht nachgewiesen ist. An der adriatischen und griechischen Küste entspringen starke K. unter dem Meeresspiegel. Dies ist teils auf junge tektonische Verbiegungen, die das Karstwassersystem passiv abgesenkt haben, teils wohl auch auf eustatische Schwankungen des Meeresspiegels zurückzuführen. Hierfür spricht, daß die meisten untermeerischen K. oberhalb der 100 m Isobathe liegen, bis zu der der Meeresspiegel im Maximum der Würmeiszeit abgesunken war.

K. zeichnen sich meist durch eine sehr regelmäßige Wasserführung und gleichbleibende Temperaturen aus. Dies gilt nicht für die periodischen Karstquellen des oberen „entarteten" karsthydrographischen Stockwerkes. Nicht als K. im eigentlichen Sinn anzusehen sind die episodisch oder periodisch als Speilöcher, sonst aber als Schlucklöcher dienenden → Ponore.

Karstrandebenen sind nach K. KAYSER Korrosionsebenen, die sich im Kalk am Rand eines Karstmassives gegen das Meer bzw. gegen undurchlässige Gesteine ausbilden. Über sie können, ebenso wie über die Böden der → Poljen, Restberge (→ Hum) aufragen. Als klassische Karstrandebene gilt die sich an den Skutarisee anschließende Karstverebnung in Montenegro.

Lit.: KAYSER, K., Morphologische Studien in Westmontenegro II; in: Zeitschr. d. Ges. f. Erdk., Berlin 1934. - Ders., Karstrandebene und Poljenboden; in: Erdkunde 1955.

Karstrestberge sind isolierte, über Karstverebnungsflächen (Böden der → Polje, → Karstrandebenen) aufragende isolierte Berge, die durch die → Karstkorrosion aus dem Zusammenhang gelöst sind. Dadurch, daß ihre Fußflächen Karstkorrosionsflächen sind und keine „normalen" Pedimentflächen, unterscheiden sie sich von den Inselbergen der wechselfeuchten Tropen und von Zeugenbergen. Im dinarischen Karst bezeichnet man einzelne Restberge als → „Hum" nach dem gleichnamigen Berg im Popovo-Polje. Sie haben in der Regel gerade Hänge von 20–40° Neigung. Rückenartige Einzelberge und Berggruppen, die sich als Rest eines älteren Reliefs über die höchsten Ebenheiten im dinarischen Karst erheben, werden nach A. GRUND M o s o r bzw. Mosorbergland genannt. Ihre Einordnung in die Gruppe der echten Karstrestberge muß jedoch fraglich erscheinen, solange die Genese der von ihnen überragten Ebenheiten als Korrosionsflächen noch nicht sicher ist. In Kuba werden einzeln aufragende Karstrestberge M o g o t e n genannt. Sie weisen mehr oder minder senkrechte Wände auf, die durch „Lösungsunterschneidung", d. h. besonders aktive chemische Korrosion am Bergfuß und Absturz der unterhöhlten Partien entstanden sind. Es empfiehlt sich, die Restberge des → Kegelkarstes der feuchtheißen Klimate allgemein mit dem Fachausdruck M o g o t e n zu belegen.

Lit.: KREBS, N., Ebenheiten und Inselberge im Karst; in: Zeitschr. d. Gesellschaft f. Erdkunde in Berlin 1929.

Karstsee, See im → Karst, der sich meist durch besonders starke Wasserstandsschwankungen auszeichnet. Diese sind bedingt durch die mehr oder minder periodischen Niveauschwankungen im Bereich der unterirdischen → Karsthydrographie, wobei es sich um örtliche Druckspiegelschwankungen handeln kann oder ein regionales An- bzw. Absteigen der wassererfüllten Zone. Viele K., wozu auch die Überschwemmungen der → Poljen gehören, bilden sich nur im Winter, indem die → Ponore nunmehr zu Speilöchern werden. Poljen können sich auch aperiodisch durch Verstopfung der Ponore für längere Zeit in Seen verwandeln, bis das Hindernis freigespült wird oder sich ein neuer Ponor öffnet. Hierauf beruht die Sage von der Reinigung des Augiasstalles durch Herkules. Einer der größten derartigen K. war der jetzt trockengelegte Kopaïs-See in Griechenland. Auch der 155 km² große und 22 m tiefe Fuciner See war vor seiner Trockenlegung durch einen Felstunnel ein echter K.

Lit.: GAVAZZI, A., Die Seen des Karstes; in: Abh. d. Geogr. Ges. Wien, 5, 2, 1904.

Karstzyklus. Nach dem Vorbild des von W. M. DAVIS aufgestellten Begriffes des Erosionszyklus glaubte A. GRUND einen Abtragungszyklus durch Lösungsvorgänge im → Karst feststellen zu können. Die Formenreihe führt nach ihm von der Anlage einzelner zunächst flacher Dolinen über deren Zusammenwachsen und die Isolierung einzelner Restberge zwischen ihnen („cockpit-Stadium", → Doline) zu einer Korrosionsverebnung weit über dem Niveau des von GRUND angenommenen Karstwasserspiegels. Diese Auffassung eines einzigen allgemeingültigen Karstzyklus hat sich nicht halten lassen, nachdem durch H. LEHMANN und H. v. WISSMANN nachgewiesen wurde, daß der tropische → Kegelkarst (bzw. → Turmkarst) sich nicht in die von GRUND angenommene Entwicklungsreihe einfügen läßt, sondern eine klimamorphol. Sonderentwicklung darstellt und nachdem die Vorstellung eines einheitlichen Karstwasserspiegels fallengelassen werden mußte.

Lit.: GRUND, A., Der geographische Zyklus im Karst; in: Z. Ges, f. Erdk.; Berlin 1914. - LEHMANN, H. u. a., Das Karstphänomen in den verschiedenen Klimazonen (Frankfurter Karstkolloquium); Erdkunde VIII, 1954.

Kegelkarst. In den Tropen und den Monsungebieten ist ein Karsttypus entwickelt, der sich vom dinarischen Karst dadurch unterscheidet, daß mit die halbkugeligen, bienenkorbförmigen oder turmartig steil aufragenden, auf kleinem Raum dicht gedrängten Vollformen das physiognomische Charaktermerkmal bilden. Nach einer Beschreibung des Botanikers HANDEL-MAZETTI aus Kweitschou hat O. LEHMANN für dieses Karsttypus die Bezeichnung Kegelkarst vorgeschlagen. Der Name hat sich heute für alle genetisch verwandten Formentypen vom flachen Kuppenkarst bis zum steilen Turmkarst eingebürgert. Die Sonder-

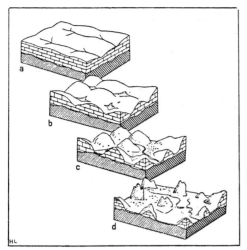

Schema der Kegelkarstentwicklung in den Tropen. – a) Anlage eines rudimentären Gewässernetzes bei Lage der Landoberfläche in geringer Höhe über der allgemeinen Erosionsbasis. – b) Verkarstung bei Hebung. Unterirdische Entwässerung in karsthydrographisch wirksamen Klüften. – c) Bei Erreichung der stauenden Unterlage Übergang zu oberirdischer Entwässerung. Beginnende Verschmelzung der Hohlformböden, Versteilung der Restkegel. – d) Völlige Isolierung und weitere Versteilung der Restkegel durch „Lösungsunterschneidung".

stellung des tropischen K. ist lange verkannt worden. Daneš sah in den von ihm studierten Karstgebieten auf Jamaica und Java eine „fortgeschrittene Dolinenlandschaft", die A. Grund dann als spätes „Cockpitstadium" in sein Schema vom Karstzyklus einbaute. Neuere Studien, namentlich von H. Lehmann und H. v. Wissmann, haben jedoch gezeigt, daß der tropische K. grundsätzlich vom Dolinenkarst der gemäßigten Breiten abweicht und aus ihm nicht abgeleitet werden kann. Die Entwicklung beginnt zwar auch mit der Entstehung von dolinenartigen Hohlformen, die in ihrer Anordnung meist eine Abhängigkeit von Kluftsystemen oder von rudimentär angelegten Tälern erkennen lassen. Doch wachsen sie rasch in die Tiefe, während zwischen ihnen Vollformen mit mehr oder minder

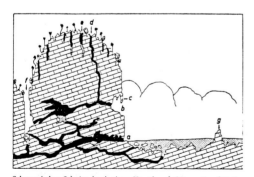

Schematischer Schnitt durch einen Karstkegel (Mogote) auf Kuba (Sierra de los Organos). – a Fußhöhle mit Deckenkarren. – b Halbhöhle (Balme) mit Stalaktitenvorhang (c). – d und e Karstschlote (Jamatyp), teilweise mit Terra rossa verstopft. – f Karstgasse. – g isolierter Karrenstein, aus Terra-rossa-Bedeckung aufragend.

kreisförmigem Grundriß und konkavem Profil stehenbleiben. Bei fortschreitendem Tiefenwachstum der auf Jamaica Cockpits genannten Hohlformen bilden sich vielfach senkrechte Wände aus (→ Doline). Die meist sehr regelmäßige Zurundung der Kegel ist ein noch nicht restlos geklärtes Problem. Offenbar spielt dabei die starke Korrosionswirkung des Oberflächenwassers, die sich in Form von Außenstalaktiten äußert, die Hauptrolle. Oft sind die Kegel von Höhlensystemen durchlöchert, die eine stufenweise Tiefenverlegung der Wasserbahnen anzeigen. Sie stehen durch zahlreiche, häufig durch Verwitterungsrückstände verstopfte Schlotten, die den → Jamas des dinarischen Karstes ähneln, oft aber einen auffälligen runden Durchmesser aufweisen, mit der Oberfläche in Verbindung.

Im seichten Karst, in dem die Kalkschichten über der undurchlässigen Unterlage nur eine relativ geringe Mächtigkeit besitzen oder in Karstgebieten, die nur wenig über den Meeresspiegel aufragen, scheint sich nur ein Halbkugelkarst vom Typ des Gunung Sewu (Java) oder ein Flachkuppelkarst

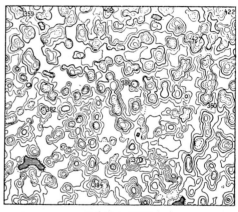

Maßstab 1 : 37 154

Kegelkarst in Java. Ausschnitt aus einer Karte. Durch Höhenlinien deutlich erkennbare Kalkkegel beherrschen das Bild (Höhenlinien in m).

wie auf Guadeloupe zu entwickeln. Die Cockpits sind durch niedrige Schwellen miteinander verbunden und bilden mehr oder minder flachsohlige Karstgassen, die meist eine bevorzugte Richtung erkennen lassen. Bei niedriger Lage des Karstgebietes ist ein allmähliches Übergehen zu einer oberflächigen Entwässerung möglich. Im tiefen Karst entstehen steilwandige Türme zwischen den schicht- und schachtartigen, schwer zugänglichen Cockpits. Die Auffassung von J. Corbel, wonach die unterschiedliche Entwicklung lediglich auf das verschieden hohe Alter des Verkarstungsprozesses zurückzuführen ist, beruht auf der unzulässigen Gleichsetzung des Verkarstungsalters mit dem Alter des Gesteins und ist in dieser Form nicht haltbar.

In den Randgebieten des K. entwickeln sich häufig mehr oder minder breite Karstrandebenen, die gegen das Karstgebiet vorwachsen. Aus ihnen erheben sich einzelne, beim tiefen Karst turmartige Restkegel, auf Kuba Mogoten genannt, und dahinter vielfach als geschlossene Mauer mit senkrechten Wandabbrüchen die Front des meist völlig unzugänglichen Karstplateaus mit den dicht gescharten Kegeln (Südchina, Celebes, West-Kuba). Beim seichten Karst oder dem Karst in geringer Meereshöhe ist der Übergang allmählicher (Puerto Rico).

Die tropischen Karstrandebenen entwickeln sich im Niveau des Vorfluters oder in geringer Höhe über dem Meeresspiegel (West-Puerto Rico). Zuweilen liegen sie tiefer als das angrenzende undurchlässige Gelände und entwässern durch das Kalkgebiet hindurch (Sierra de los Organos auf Kuba). In diesem Fall kann man von „eingesenkten Karstrandebenen" oder, da sie ohne oberflächlichen Abfluß an Poljen erinnern, von Semipoljen bzw. Randpoljen sprechen (H. LEHMANN). Ihr Boden besteht wie bei den echten Poljen aus Kalk mit einer bis zu mehrere Meter mächtigen Alluvialdecke aus Lösungsrückständen und Fremdmaterial. Das Wachstum der Karstrandebenen und Randpoljen erfolgt durch „Lösungsunterschneidung" am Fuß der Kalkkegel in der Zone stärkster Durchfeuchtung bzw. periodischer Überschwemmung. Hohlkehlen sind eine häufige Erscheinung in diesem Niveau, ebenso „Fußhöhlen", die die Steilwände unterminieren und von Zeit zu Zeit Wandabbrüche verursachen. Die Trümmer werden im Inundationsniveau rasch aufgezehrt.

Der tropische K. entwickelt sich nur in reinem Kalk und zwar im fortgeschrittenem Stadium durchweg als nackter Karst, der gleichwohl dicht von Vegetation überzogen ist. Bei unreinen mergeligen Kalken, die eine geschlossene Bodendecke bilden, gleicht dagegen der Formenschatz mehr dem der gemäßigten Breiten mit flachen Dolinen und Trockentälern. Manche Gebiete mit flachlagernden Kalken in geringer Meereshöhe weisen auch unter tropischen Bedingungen kein Kegelkarstrelief auf (Yucatan, Florida), offenbar weil sie niemals genügend hoch über die Korrosionsbasis aufgestiegen sind.

Ebenso werden alte, den Schichtbau schneidende Karstverebnungen ohne Kegelkarstrelief (Endkorrosionsebenen) in geringer Meereshöhe auf Kuba angetroffen. Das Alter der Ausgangsfläche spielt dabei offenbar eine geringere Rolle als die Höhenlage über dem Meeresspiegel. Denn es sind gehobene plio-pleistozäne Korallenkalke mit bereits gut ausgebildetem Kegelkarstrelief bekannt (Celebes).

Der tropische K. ist in viel höherem Maße eine reine K o r r o s i o n s l a n d s c h a f t als der dinarische Karst. Der Grund für den abweichenden Formenschatz liegt vor allem in der ungleich größeren Intensität der → *Karstkorrosion* unter tropischen Verhältnissen, die auch quantitativ nachgewiesen ist. Sie bedingt durch rasche Erweiterung der Klüfte und Karsthohlräume eine hohe karsthydrographische Wegsamkeit mit baldigem Übergang zu offenen Karstgerinnen und Höhlenflüssen.

Lit.: CORBEL, J., *Notes sur les Karsttropicaux*; in: Rev. de Géogr. de Lyon 1955. – DANEŠ, J., *Das Karstgebiet des Goenoeng Sewoe in Java*; in: Sitzungs-Ber. d. Kön. böhm. Ges. d. Wissenschaften in Prag 1915. – GERSTENHAUER, A., *Der tropische Kegelkarst in Tabasco (Mexiko)*; in: Zeitschr. f. Geomorphologie, Supplementband 2, 1960. – LEHMANN, H., Blatt 1 des Internationalen Karstatlas (Sierra de los Organos); in: Zeitschr. f. Geomorphologie, Supplementband 2, 1960. – Ders., *Einfluß des Klimas auf die morphologische Entwicklung des Karstes*; in: IGU Report of the Commission on Karst Phenomena 1956. – Ders., *Karstentwicklung in den Tropen*; in: Die Umschau in Wissenschaft u. Technik; Frankfurt 1953. – Ders., KRÖMMELBEIN, K., LÖTSCHERT, W., *Karstmorphologische, geologische und botanische Studien in der Sierra de los Organos auf Cuba*; in: Erdkunde 1956. – Ders., *Morphologische Studien auf Java*; Geogr. Abh., III, 9; Stuttgart 1936. – Ders., *Der tropische Kegelkarst auf den Großen Antillen*; in: Das Karstphänomen in den verschiedenen Klimazonen; Erdkunde 1954. – Ders., *Der tropische Kegelkarst in Westindien*; in: Verh. d. dt. Geogr.-Tages Essen 1953; Wiesbaden 1955. – MEYERHOFF, H. A., *The Texture of Karst Topography in Cuba and Puerto Rico*; in: Journal of Geomorphology, 1938. – SUNARTADIRDJA, M. A., LEHMANN, H., *Der tropische Karst von Maros und Nord-Bone in SW-Celebes (Sulawesi)*; in: Zeitschr. f. Geomorphologie, Supplementband 2, 1960. – WISSMANN, H. v., *Der Karst in den humiden und sommerheißen Gebieten Ostasiens*; in: Erdkunde 1954.

Mammuthöhle, eine der größten erforschten Höhlen der Erde im Staat Kentucky, USA, 1809 entdeckt und 1936 zum Naturschutzgebiet (Mammoth Cave National Park) erklärt. Das über 240 km lange, in fünf übereinanderliegenden Galerien angeordnete Höhlensystem ist in paläozoischen Kalken im Bereich des oberen Green-River angelegt.

Merokarst (auch Halbkarst), Bezeichnung für Karsterscheinungen in unreinen Kalken, Mergeln und Kreidekalken, auch Dolomiten. Da es sich hier nur um eine graduelle Abstufung des Phänomens handelt und keine grundsätzlich andere Morphogenese vorliegt, ist es ratsam, diese ohnehin wenig gebräuchliche Bezeichnung fallenzulassen.

Polje, das, morphologische Leitform bestimmter, aber keineswegs aller Karstgebiete (→ *Karstphänomen*); besonders verbreitet in Zonen mit mehr oder minder deutlichem Faltenbau, während in flachlagernden Kalken echte P. äußerst selten sind. P. (serbokroatisch = Feld) sind verschieden große, meist aber mehrere km lange und breite, teils beckenartige, teils talartig gewundene, ringsum geschlossene Hohlformen mit ebenem, von fluviatil umgelagerten Verwitterungsrückständen (Terra rossa, Schotter etc.) bedecktem Boden. Ihre Größe schwankt zwischen 2 und mehreren 100 km² (Polje von Livno in Jugoslawien 380 km²). Von den oft ähnlich gestalteten → *Blindtälern* unterscheiden sich die P. durch die bedeutend größere Breite des Bodens und den beiderseitigen Talschluß; von den großen Dolinen heben sich die echten P. durch ihren meist gleichsinnig geneigten talartigen Boden sowie die schärfere Trennung zwischen Talboden und Hang ab. Zahlreiche P., aber keineswegs alle, werden von einem oder mehreren Wasserläufen durchflossen, die an einem der Poljeränder in einer Karstquelle zu Tage treten und auf halbem Wege vor bei Erreichung der nächsten Poljewandung in einem → *Ponor* verschwinden. Die Wasserführung dieser Poljeflüsse, die einen Teil der eigenartigen → *Karsthydrographie* bilden, ist außerordentlich unregelmäßig. Vielfach erweisen sich die Ponore als „Wechselschlünde", die zeitweilig das Wasser einströmen lassen, zeitweilig aber als Speiquellen fungieren. Im letzten Fall

Das Polje (interior valley) von Bagno San Vicente (nach Photographie und Geländeskizze). Rings um das Polje sind die als Ponore dienenden Fußhöhlen sichtbar.

führen sie zeitweise zu einer Überschwemmung der tiefergelegenen Teile des Poljebodens. Von diesen periodischen Überschwemmungen sind die meist über längere Zeitspannen hinweg perennierenden episodischen Überflutungen zu unterscheiden, die durch Verstopfung der Wasserbahnen entstehen und durch Öffnung neuer Abzugwege wieder verschwinden (Sage von der Reinigung des Augiasstalles durch Herkules).

Bezüglich der G e n e s e der P. stehen noch immer die tektonische Senkungsfeldtheorie (A. GRUND) und die chemische Ausräumungstheorie (J. CVIJIĆ) einander gegenüber. Für tektonische Anlage scheint die Beschränkung der P. auf die tektonisch stärker beanspruchten Faltungsgebiete sowie die den tektonischen Leitlinien parallel laufende Anordnung der P. namentlich im dinarischen Karst, im Kalkapennin und im Faltenjura zu sprechen. Auch ist Bruchtektonik im Bereich einiger P. nachgewiesen. Dennoch verbietet die gewundene Form zahlreicher P. und die Ausgestaltung des Poljebodens in zahlreichen Fällen, an einfache Bruchfelder nach Art von tektonischen Gräben oder auch nur an einen direkten Zusammenhang zwischen der Poljeform und etwa vorhandenen Bruchsystemen zu denken. Zudem dürfte in den meisten Fällen die morphologische Entwicklung der P. jünger sein als die Bruchtektonik, die im dinarischen Karst, aber auch in Italien von weiten Verebnungsflächen geschnitten wird. Neuere Arbeiten (J. ROGLIĆ, G. MORANDINI, H. LEHMANN) haben nachgewiesen, daß P. und poljeartige Karsthohlformen mit Vorliebe an die Grenze zweier verschieden verkarstungsfähiger Gesteine (Massenkalk/Plattenkalk, Kalk/Dolomit, Kalk/Sandstein) entstehen und gegen das besser lösliche Gestein vordringen. Damit wird der Tektonik nur eine indirekte Rolle zugewiesen, da sie für das Nebeneinander der betreffenden Gesteine verantwortlich ist. In der letzten Zeit hat sich daher die Korrosionstheorie wieder stärker durchgesetzt. Die Poljeböden, über die einzelne → Karstrestberge oder „Hums" aufragen, werden jetzt allgemein als lokale Verebnungen der → Karstkorrosion angesehen. Das Problem konzentriert sich mehr auf den Beginn bzw. die Ausgangsform der Poljebildung sowie auf die Frage, warum sich in tiefen Karst Korrosionsverebnungen in verschiedenen Höhenlagen ausbilden können. Die von CVIJIĆ ausdrücklich abgelehnte Entstehung der P. aus Blindtälern, bzw. Talrudimenten, die ihrerseits ein normales Talnetz voraussetzen, ist für die meisten P. des dinarischen Karstes und verwandter Karstgebiete von neueren Forschungen durchaus erwiesen (K. KAYSER, H. LOUIS). Da die Täler häufig den tektonischen Leitlinien folgen, ist die Übereinstimmung der Poljeanordnung mit dem Faltenbau danach auch ohne Zuhilfenahme einer hypothetischen Bruchtektonik erklärlich. Die Umgestaltung aus einem engen Talnetz verebnete Formen zu P. mit breitem Boden erfolgt nach der Ansicht neuerer Autoren (KAYSER, LOUIS, ROGLIĆ u. a.) in beliebigem Niveau infolge von Verschmutzung der karstohydrographisch wirksamen Wasserbahnen durch Einschwemmung allochthonen Materials besonders an den Seiten, die karstkorrosiv aktive Zonen darstellen. Man kann also von „Seitenerosion" sprechen. Bei zahlreichen P. spielt die Tektonik insofern eine Rolle, als sie verschieden verkarstungsfähige Gesteine (z. B. Kalk und Dolomit oder Kalke verschiedener Ausbildung) in vertikalen Kontakt gebracht und dadurch Zonen besonderer Verkarstungsgunst geschaffen hat. Es ist nachgewiesen worden, daß sich in der Kontaktzone zwischen den leicht verkarstenden Kalken bzw. Dolomit und verkarstungsfreudigen reinen, dickbankigen Kalken P. ausbilden können (ROGLIĆ, H. LEHMANN, MORANDINI). Ein großer Teil der P. ist zweifellos auf diese Weise entstanden. Ein Grenzfall dieser Art sind die weiter unten zu besprechenden „Randpoljen", die vorwiegend in tropischen Gebieten studiert worden sind.

Die Bindung des Korrosionsniveaus an einen hypothetischen Karstwasserspiegel, die A. GRUND und noch N. KREBS postulierten, wird heute von führenden Karstforschern abgelehnt. Umstritten ist noch die Frage, ob die P. des dinarischen Karstes der gemäßigten Breiten im wesentlichen Vorzeitformen aus anderen Klimaperioden sind, wie dies C. RATHJENS aus der Schotterbedeckung vieler Poljeböden folgern zu müssen glaubte. Sicher verfällt ein Teil der Poljeböden heute der Zerstörung durch Abschwemmung der Lehmbedeckung und Einschneiden des ursprünglich auf den Aluvionen fließenden Gewässers, wie man es im südlichen Teil des Popovo-Poljes (Jugoslawien) oder bei den Karstverebnungen im Unterlauf der Zeta (Montenegro/Cerna Gora) beobachten kann. Nackte Korrosionsebenen können sich nach der heutigen Auffassung nicht bilden, da die Bedingungen für ein seitliches Wachstum fehlen; sie „verkarsten" erneut meist unter Bildung tiefer Kluftkarren. Dies gilt aber nicht für die bedeckten Poljeböden, bei denen der Korrosionsprozeß weitergeht, besonders in den niedrig gelegenen, häufig überschwemmten Teilen der P. Die Existenz diluvialer, ja selbst jungtertiärer Ablagerungen in manchen P. erweist diese noch nicht als fossile Gebilde, da die Akkumulation von Fremdmaterial, das nicht abtransportiert, sondern höchstens umgelagert wird, Vorbedingung für die seitliche Korrosion ist.

Im seichten Karst können die Poljeböden an die undurchlässige Unterlage geknüpft sein, die in Grenzfällen ganz oder teilweise aufgedeckt wird. In der Regel ist dann bereits der Übergang zu einer oberflächlichen Entwässerung vollzogen. Im → Kegelkarst der feuchtheißen Klimate, in denen der Prozeß der → Karstkorrosion viel intensiver ist, sind echte P. und poljeartige Bildungen relativ selten. In Java, Südwest-Celebes, Puerto Rico und großen Teilen des südchinesischen Kegelkarstes fehlen sie ganz. In Jamaica sind sie entweder an das Auftauchen der undurchlässigen Unterlage oder an das Auftreten von kreideartigen Kalken gebunden. Im zuletzt genannten Fall weisen die P. eine Bodenbedeckung von bauxitischer Terra Rossa bis zu 30 m Mächtigkeit auf. In Kuba treten neben kleineren „Einsturzpoljen" eigentümliche, allseitig geschlossene und unterirdisch entwässernde R a n d p o l j e n mit ebenem Boden auf, deren eine Seite aber von nichtkalkigen Gesteinen gebildet wird. Von den normalen Karstrandebenen unterscheiden sie sich dadurch, daß sie unterirdisch durch den Karst hindurch entwässern und nicht vom Karst fort. Im allgemeinen sind P. komplizierte Gebilde mit einer langen, meist weit ins Tertiär zurückreichenden Entwicklungsgeschichte und sehr verschiedenen Entstehungsbedingungen.

Lit.: LEHMANN, H., *Studien über Poljen in den venezianischen Voralpen und im Hachapennin; Erdkunde XIII 1959.* — LOUIS, H., *Die Entstehung der Poljen und ihre Stellung in der Karstabtragung auf Grund von Beobachtungen im Taurus; in: Erdkunde X 1956.* — MORANDINI, G., *Blatt 2 des Internationalen Karstatlas (Bosco del Consiglo); Zeitschr. f. Geomorphologie 1960.* — RATHJENS, C., *Beobachtungen an hochgelegenen Poljen im südlichen Dinarischen Karst; Zeitschr. f. Geomorphologie, 4, 1960.*

Ponor, griech. Katavothre, deutsch Schluckloch, (Fluß-) Schwinde, ist eine in Karstgebieten auftretende meist schachtförmige, zuweilen auch tunnelartige oder spaltenförmige Öffnung im Kalkgestein, durch die die unterirdische Entwässerung vor allem in → Poljen, beziehungsweise der Übergang von der lokalen Oberflächenhydrographie zur unterirdischen Karsthydrographie erfolgt. Der Durchmesser der P. kann von mehreren Metern, ja Dezimetern bis auch ins Auge fallender Spaltenbreite schwanken. Verstopfung bzw. Verschmierung der P. kann zu langanhaltenden Überschwemmungen der Poljeböden führen, bis durch natürliche Vorgänge oder künstliche Eingriffe der Anschluß an die unterirdische Drainage wieder hergestellt ist. Darauf gründet sich wohl die Sage der Reinigung des Augiasstalles durch Herkules. Künstliche Abdichtung der Ponore zu dem Zweck, einen Stausee für Kraftwerke zu gewinnen, ist mit Erfolg in Nikšićpolje (Črna Gora) versucht worden.

In zahlreichen Poljen des dinarischen Karstes dienen die P. je nach der Jahreszeit als Schluckhöcher oder als Speielöcher, durch die Karstwasser austritt. Zu den P. gehören die dolinenartigen Flußschwinden auf dem Boden der Trockentäler und die unscheinbaren Versickerungsstellen in fließenden Gewässern, wie die der Donau zwischen Immendingen und Tuttlingen, durch die oft sämtliches Donauwasser unterirdisch zur Aachquelle und damit zum Rhein abfließt. Eine scharfe Abgrenzung der P. von der → Jama, die → Doline und selbst gegen die Kluftkarren (→ Karren) läßt sich nicht treffen, doch spricht man von P. nur da, wo es sich um dauernd oder zeitweise benutzte Schwinden von fließenden oder stagnierenden Oberflächengewässern, nicht aber um die Schwundstellen des Regenwassers handelt. In tropischen Poljen und Randpoljen übernehmen die zahlreichen „Fußhöhlen" (→ *Kegelkarst*) die Funktion der P. bei periodisch auftretenden Überschwemmungen während der Regenzeit.

Pseudokarst, morpholog. Konvergenzerscheinungen zum Karst, wie sie im Bereich nicht löslicher Gesteine unter bestimmten klimat. Bedingungen auftreten, vor allem die in den Tropen und Subtropen bei kristallinen Gesteinen auftretenden P s e u d o k a r r e n, auch G r a n i t k a r r e n genannt, die von manchen Forschern den echten Karren, denen sie zum verwechseln ähnlich sehen, gleichgestellt werden (WILHELMY). Bei ihrer Bildung in wechselfeuchten Klimaten spielen chemische Prozesse, darunter echte Lösungsvorgänge, die Hauptrolle, während die mechanische Wirkung des abfließenden Wassers bei Starkregen, der MAULL eine große Bedeutung zumaß, sich im wesentlichen auf die Abfuhr des gelösten Materials beschränkt. In warmen Klimaten wird namentlich unter Anwesenheit organischer Säuren, die Kieselsäure der Silikatgesteine in zunehmendem Maße löslich. Eine zunächst unmerklich, wohl auf Ausspülung der zunächst verwitternden löslichen Mineralien zurückzuführende Rinnenbildung in der Richtung des abfließenden Wassers unterliegt dem Prozeß der Selbstverstärkung, indem sich in den Rinnen kieselsäureliebende Moose ansiedeln, die ihrerseits die Feuchtigkeit zurückhalten und durch Bildung von Kohlensäure und Humussäure den chemischen Prozeß der Verwitterung in den sich ausbildenden Rinnen, die sich meist nur an steilen Flanken ausbilden, verstärken und die mechanische Wirkung des abfließenden Wassers eine zusätzliche Rolle spielt. Die große Ähnlichkeit der Granitkarren mit den auf Kalkstein gebildeten Karren berechtigt jedoch nicht, von Karsterscheinungen im kristallinen Gestein zu sprechen, da alle übrigen Merkmale des echten Karstes, wie unterirdische Drainage und Höhlenbildung fehlen und die Lösungsprozesse im kristallinen Gestein nicht reversibel sind.

Lit.: KLAER, W., *Verwitterungsformen im Granit auf Korsika;* Pet. Mitt., Erg.-Heft 261; Gotha 1956. – SCHWINNER, R., *Karstformen im Kristallin der östlichen Alpen;* Zeitschr. f. Geomorphologie, 9, 1935/36. – WILHELMY, H., *Klimamorphologie der Massensteine;* Braunschweig 1958.

Scallops oder F l i e ß m a r k e n sind regelmäßig angeordnete, wannenförmige Vertiefungen an den Wänden (seltener am Boden) von → *Karsthöhlen*, hervorgerufen durch die Wirkung des turbulent fließenden Wassers. Ihre Größe schwankt zwischen der eines Geldstückes und der eines Tellers. Die Steilseite der asymmetrischen, meist nur flachen Vertiefung findet sich stets an der stromaufwärts liegenden Seite. Ein Teil der Forscher – so vor allem BRETZ – führt die Entstehung der Scallops auf reine Korrosionswirkung zurück. Da ähnliche Formen gelegentlich aber auch bei unlöslichen Gesteinen auftreten, muß wohl auch an mechanische Erosion gedacht werden.

Scherbenkarst, nackter Karst mit Anreicherung scherbenförmigen Kalkschuttes, der bei der Verwitterung dünnplattiger und schiefriger Kalke entsteht. Die Frostsprengung begünstigt die Entstehung des Sch. Im allgemeinen sind Dolinen im Sch. selten, auch Karren fehlen (→ *Karstphänomen*).

Spongework. Schwammartige oder unregelmäßig netzartige Lösungserscheinungen an Decken von Höhlen. Systematisch gehören sie zu den → *Deckenkarren*.

Trockental, im allgemeinen jede talartige, d. h. ein gleichsinniges Gefälle aufweisende Hohlform, die nicht mehr oder nur episodisch von einem Fluß oder Bach durchflossen wird. Zonal treten T. in ariden und semiariden Gebieten auf, wo sie auch mit dem in Nordafrika gebräuchlichen Wort Wadi oder Oued bezeichnet werden. Wieweit es sich bei ihnen um Vorzeitformen aus einer feuchteren (pluvialzeitlichen) Klimaperiode handelt und wie weit sie unter den heutigen klimatischen Bedingungen durch stoßweise episodische Wasserführung gebildet bzw. weitergebildet worden sind, muß im einzelnen untersucht werden. Für einen großen Teil der T. in semiariden Gebieten ist eine solche Weiterbildung erwiesen.

Azonal treten T. in humiden Gebieten unter bestimmten petrographischen Bedingungen als Vorzeitformen auf. Hierzu gehören vor allem die T. in Kalkgebieten (Gäufläche, Schwäbische und Fränkische Alb). Sie werden vielfach zu Unrecht dem Formenschatz des → *Karstes* zugerechnet, sind aber im Karst Fremdformen, die nicht auf → *Karstkorrosion*, sondern auf fluviatile Erosion zurückgehen und erst später „verkarstet", d. h. durch Ausbildung einer unterirdischen → *Karsthydrographie* außer Funktion gesetzt worden sind. Ihre Anlage setzt eine normale fluviatile Erosion voraus, die in Kalkgebieten durch geringe Höhe des Gebietes über dem Meeresspiegel bzw. dem Vorfluter oder aber auch durch perennierende Gefrornis des Kluftwassers in der bodennahen Zone ermöglicht sein kann. Auch in Gebieten mit sandigem Untergrund treten azonale T. auf. Hierzu gehören die R u m m e l n des Fläming, die T. der Lüneburger Heide (besonders im Gebiet des Wilseder Berges), in den Harburger Bergen und in der holländischen V e l u w e – bezeichnenderweise also in Moränengebieten, die während der letzten Eiszeit unter periglazialen Klimabedingungen gestanden haben. Voraussetzung der Talbildung war die perennierende Gefrornis des Untergrundes. Diese T. sind also Vorzeitformen, unbeschadet sekundärer Umbildungen, wie dem Auftreten von Regenrissen.

Azonale T. in humiden Gebieten können auch durch Flußanzapfungen, Abschnüren von Mäanderbögen und dergleichen in der Talgeschichte begründete Vorgänge entstehen. Meist handelt es sich dabei nur um Talabschnitte, die auf diese Weise außer Funktion gesetzt werden.

Eine weitere Gruppe von azonalen T. bilden die U r s t r o m t ä l e r, die Abflußrinnen ehemaliger Eisstauseen (wie die heute trockenen „Svea-Fälle" in Südschweden) sowie der sehr häufige Typus der o v e r f l o w - c h a n n a l s im Gebiet der jüngsten Vereisung, soweit diese Vorzeitformen nicht nachträglich von fließenden Gewässern benutzt werden.

I m w e i t e s t e n S i n n e zu den azonalen T. gehören die Täler in rezenten Lößschichten, die O v r a g i und alle durch Entwaldung bedingten jungen Erosionsformen, die in den Bereich der soil erosion fallen.

Tropfsteine sind Gebilde aus Kalksinter, der sich in Höhlen aus mit Kalk gesättigtem Wasser bei dessen Verdunstung ausscheidet. Man unterscheidet zwischen den von der Decke herabhängenden S t a l a k t i t e n und den ihnen vom Boden entgegenwachsenden, meist gröber gestalteten S t a l a g m i t e n. Die ersteren entstehen dadurch, daß sich die aus Haarspalten austretenden Tropfen teils wegen des verringerten Druckes, teils infolge teilweiser Verdunstung mit einer feinen Haut von ausscheidendem Kalkspat oder Aragonit überziehen. Bei weiterer Wasserzufuhr wird das Gewicht des Tropfens zu groß, er löst sich von der Decke, wobei ein Teil des ausgeschiedenen Kalkspates bzw. Aragonites zurückbleibt. Hier setzt der nächste Tropfen an usw., wobei sich der Tropfstein Schicht um Schicht vergrößert. Hierbei scheidet nicht nur der von der Spitze des Stalaktiten herabhängende Tropfen, sondern auch das am Sintergebilde herabsickernde Wasser auf seinem Weg Kalk aus, so daß zapfenförmige Gebilde entstehen. Unter bestimmten Voraussetzungen, meist weiter im Innern der Höhlen bei relativ großer Trockenheit, entstehen zarte, zerbrechliche Röhren, sogenannte M a k k a r o n i - S t a l a k t i t e n, bei denen das Wasser nur im Innern der Röhre nachsickert und schließlich am Ende einen Tropfen bildet, der bei dessen Verdunstung einen neuen Ring anbaut. Gelegentlich weisen die Stalaktiten hakenförmige, mitunter seltsam nach oben gekrümmte Auswüchse auf, die sogenannten H e l i k t i d e n. Ihr Bildungsmechanismus ist noch nicht restlos geklärt, doch spielen hier Kristallisationsprozesse, die ein Weiterwachsen in der Richtung der Kristallgitter begünstigen, vielleicht auch Luftbewegungen eine gewisse Rolle. Die letzteren können bewirken, daß auch gewöhnliche Stalaktiten nicht senkrecht nach unten wachsen, sondern gekrümmt mit einer in die Richtung des Windes wachsender Spitze.

Die von den Stalaktiten sich lösenden Wassertropfen zerstieben am Boden und scheiden infolge der dadurch geförderten Verdunstung wiederum Kalk aus, der die S t a l a g m i t e n bildet. Wachsen Stalaktiten und Stalagmiten schließlich zusammen, so überzieht der aus dem bald flächig, bald mehr linienförmig herabrinnenden Wasser ausscheidende Kalk die entsprechende Säule weiter, wodurch oft abenteuerliche Gebilde entstehen, die den Entdeckern der Höhle mit phantasievollen Namen belegt werden.

Turmkarst, eine vor allem in Südchina verbreitete Abart des → *Kegelkarstes*, bei dem sich steile Türme mit senkrechten Wänden entwickeln. Zwischen T. und Kegelkarst besteht kein prinzipieller Unterschied; es sollte daher einheitlich der Begriff Kegelkarst verwandt werden.
Lit.: WISSMANN, H. v., *Der Karst in den humiden und sommerheißen Gebieten Ostasiens;* in: *Erdkunde, 1954.*

Unterirdischer Karst, Ausbildung von → *Karstphänomenen* im Kalk, der von nichtlöslichen Sedimentgesteinen (Sandstein, Ton etc.) bedeckt ist. Die Verkarstung des Kalkes ist in diesem Fall jünger als die Ablagerung der Deckschichten.
Lit.: PENCK, A., *Das unterirdische Karstphänomen; Cvijić-Festschrift, Belgrad 1924.*

Uvala, längliche, zuweilen talartig gewundene, meist aber schüsselförmige oberirdisch abflußlose Wanne im Karst (→ *Karstphänomen*), die nach CVIJIĆ durch das Zusammenwachsen einzelner → *Dolinen* entstanden sein soll. Der Übergang zu den → *Blindtälern* einerseits und zu Miniaturpoljen andererseits ist unscharf. Im tropischen → *Kegelkarst* wachsen die einzelnen Cockpits (Dolinen) oft zu langgestreckten, uvala-ähnlichen Cockpitgassen zusammen.
Lit.: → *Karstphänomen.*

Verkarstung (als Vorgang), Übergang von der normalen fluviatilen Oberflächenentwässerung zur unterirdischen → *Karsthydrographie* bei gleichzeitiger Ausbildung des für den → *Karst* typischen Formenschatzes (→ *Karstphänomen*). So können unter periglazialen Klimabedingungen im Kalk angelegte Täler bei Änderung des Klimas zu → *Trockentälern* werden und durch Anlage von → *Ponoren* und kleinen → *Dolinen* im Talboden „verkarsten".

MORPHOLOGISCHE STUDIEN AUF JAVA

VON

DR. HABIL. HERBERT LEHMANN
DOZENT FÜR GEOGRAPHIE
AN DER UNIVERSITÄT BERLIN

MIT 17 TEXTFIGUREN, 7 LICHTBILDERN
AUF 4 TAFELN UND 2 KARTEN

1 · 9 · 3 · 6

VERLAG VON J. ENGELHORNS NACHF. STUTTGART

In seiner Habilitationsschrift „Morphologische Studien auf Java" hat Herbert Lehmann 1935 neue grundlegende Erkenntnisse zur Genese des Kegelkarstes in den Tropen der wissenschaftlichen Öffentlichkeit vorgelegt, den klimamorphologischen Aspekt dieses Karstformenschatzes erkannt und den Weg für eine fruchtbare wissenschaftliche Diskussion geöffnet. Hier im Nachdruck wird nur der karstmorphologisch relevante Teil, nämlich die Bearbeitung der Karstlandschaft des Goenoeng Sewoe, wiedergegeben.

INHALTSVERZEICHNIS

VORWORT 7

I. EINLEITUNG 13

II. DAS ZUIDERGEBIRGE IN DJOKJAKARTA, SOERAKARTA UND MADIOEN 15

  1. Abgrenzung und Gliederung des Zuidergebirges 15

  2. Die Karstlandschaft des Goenoeng Sewoe 16

    a) Abgrenzung und geologische Stellung 16

    b) *Beschreibung des Formenschatzes* 17

    Die Auffassung des Goenoeng Sewoe-Reliefs als Cockpitlandschaft von Daneš und Grund — Beschreibung durch Junghuhn — Abweichung des Formenschatzes von dem des dinarischen Karstes — Das Goenoeg Sewoe als Typus des tropischen Kegelkarstes — Charakteristische Merkmale des Formenschatzes — Vollformen und Hohlformen — „Gerichtete" Hohlformen im Goenoeng Sewoe — Stufenförmige Gliederung der Hohlformen — Trockentäler — Karrenbildung — Bodenbedeckung — Eingeschwemmte Tuffe in den Hohlformen

    c) *Entstehung des Formenschatzes im Goenoeng Sewoe (Morphogenese)* 25

    Auffassung nach van Valkenburg — „Gipfelflur" des Goenoeng Sewoe als vererbte Schnittfläche — Übergreifen der Fläche auf die angrenzenden Gebiete — Lagerungsverhältnisse der Goenoeng Sewoe-Kalke — Genese der Rumpffläche — Abhängigkeit der „gerichteten" Hohlformen von der Verbiegung — Talbildung vor der Verkarstung — Tiefenwachstum der Hohlformen — Verschiedenheit in der Kegelform tropischer Karstgebiete — Ursache der Kegelbildung — Regionale Unterschiede im Relief — Verschiedene Geschwindgkeit des Karstprozesses — Ursache der terrassenförmigen Gliederung der Hohlformen

  3. Die Becken im Zuidergebirge 38

    a) *Das Becken von Wonosari* 38

    Beschreibung des Beckens — Sein geologischer Bau — Beckenboden als Schnittfläche — Eintiefung des Kali Ojo bei Deformation des Beckens — Anzapfungen — Morphologie des Ojodurchbruches durch den Westrand des Zuidergebirges — Die Schwelle von Semin — Verzahnung der Beckenverebnung mit der älteren Rumpffläche

    b) *Das Becken von Batoeretno* 44

    Beschreibung — Geologischer Bau — Fragliche Stellung der Beckensedimente — Tektonische Anlage des Beckens — Umrahmung des Beckens durch Reste der alten Rumpffläche — Einmuldung des Beckens nach der Ausbildung der Rumpffläche — Randterrasse — Verzahnung des Niveaus — Randterrasse als alter Beckenboden — Umkehr der Entwässerungsrichtung — Jüngste Terrassenbildung — Angebliche Seeterrassen — Zusammenfassung der morphologischen Geschichte des Beckens — Schwarzerdebildung über dem Beckenboden

4. Der Nord- und Westrand des Zuidergebirges 56

a) *Die Batoeragoeng- und Popok-Kette* 56
Schichttreppe des Steilabfalles — Geologische Stellung der Djiwohügel — Geologische Gliederung der Batoeragoeng-Kette — Fragliche Stellung der Kalke der Djiwo-Hügel — Unhaltbarkeit der Auffassung von Verbeek und van Es — Entwicklung der Schichttreppe — Lauf des Kali Dengkeng — Stellung des Niveaus der Djiwo-Hügel — Epigenetischer Durchbruch des Kali Dengkeng — Die Popok-Kette — Vorland der Popok-Kette — Gründe der Asymmetrie der Batoeragoeng- und Popok-Kette

b) *Der Westrand des Zuidergebirges* 62
Verbeeks Auffassung des Westrandes als Bruch — Schichttreppe — Steilabfall als Erosionsrand — Verbleib des westlichen Flügels der Antiklinale — Geologische Stellung der Kalke bei Gambing — Vergitterung der Antiklinalen bei Prambanan

5. Zusammenfassung. Morphogenese des Zuidergebirges 64
Postobermiozäne Rumpffläche — Verbiegung der Rumpffläche — Großfaltengitter — Entwicklung der Entwässerung — Beckenverebnungen — Entwässerungsumkehr — Vorgang der Einebnung

III. ZUR MORPHOLOGIE DES TERTIÄRHÜGELLANDES VON NORDOST-JAVA 68

1. Morphologisch-geologische Gliederung des Gebiets 68
Zugehörigkeit zur neogenen Synklinalzone — Mäßiges Relief — Zonale Gliederung des Tertiärgebietes

2. Der Kendengzug 69

a) *Abgrenzung und geologische Stellung* 69
Beschreibung — Geologischer Bau — Gliederung des Quartärs in Nordost-Java — Tektonische Störung des alten Quartärs — Stellung des Goenoeng Pandan — Zeitpunkt der Faltung

b) *Die Rumpffläche des Kendeng* 73
Rumpfflächencharakter des Kendengzuges — Zwei Niveaus — Abhängigkeit der Rücken von der Petrographie — Umbiegen der Antiklinalen beim Goenoeng Pandan — Verschiedene Auffassung von Rutten und van Es — Morphologische Gliederung des Pandangebietes — Morphologische Verhältnisse des östlichen Kendengzuges — Zusammenfassung — Alter der Kendengrumpffläche Überlagerung durch quartäre vulkanische Breccien — Altquartäre Anlage des Solodurchbruchs — Frühquartäre Ausbildung der Rumpffläche — Auffassung Ruttens — Primärrumpfcharakter der Fläche

c) *Die Terrassen im Solodurchbruch und bei Trinil* 79
Antecedenter Charakter des Solodurchbruchs — Existenz altquartärer Terrassen im Durchbruchstal — Elberts Angaben — Funde von Ngandong — Aufbau der Ngandong-Terrasse — Höhenlage der Terrasse — Verbreitung der Ngandong-Schotter — Niederterrasse — Auffassung von Oppenoorth — Vergleich mit Trinil — Morphologische und geologische Verhältnisse bei Trinil — Fragliche Schotter bei Trinil — Keine Beziehung zwischen Formenschatz und Trinil-Ablagerung — Altersunterschied zwischen Trinil und Ngandong

3. Das Tertiärhügelland in den Residentschaften Rembang, Bodjonegoro und Grissee 84

a) *Geologische Gliederung des Tertiärs* 84
Fazielle Unterschiede im Tertiär Nordost-Javas — Dreiteilung des Neogens von Rembang — Fragliche Stellung der Karrenkalke — Faltenbau

b) *Die Antiklinalen* 85
Morphologisches Hervortreten der Antiklinalen — Rumpfantiklinalen — Aufragen der Antiklinalen über die Rumpffäche — Die Antiklinalen nördlich Tjepoe — Östliche Fortsetzung — Antiklinale von Bodjonegoro — Goenoeng Pegat-Antiklinale — Ngimbang-Antiklinale — Westliche Fortsetzung des Antiklinalzuges — Die nördliche Antiklinalreihe — Tawoen Gegoenoeng-Antiklinale — Antiklinorium nördlich von Rengel — Verkarstungserscheinungen bei Rengel — Fortsetzung der Antiklinalzone zwischen Toeban und Sidajoe — Küstenterrasse — Zusammenfassung

c) *Die Senkungsfelder* 93
Die Synklinalzonen am Nordsaum des Kendeng — Mächtigkeit der pliozänen und quartären Ablagerungen — Beschreibung von drei Profilen durch das Solotal bei Tjepoe — Hochterrasse und Niederterrasse — Verknüpfung der Niederterrassenschotter mit Ngandong — Alter der Hochterrasse — Terrassengliederung in der Senke von Blora — Verbauung durch die Tremboel-Antiklinale — Senke von Djodjogan — Senkungsfeld im Unterlauf des Bengawan Solo

d) *Deutung des Formenschatzes* 100
Zuordnung der morphologischen Elemente — Anhalten der gegensinnigen Bewegung von Antiklinal- und Synklinalzonen — Deutung des Formenschatzes an Hand eines Entwicklungsschemas — Niveauschwankung oder Oszillation — Krustenbewegung — Frage der Wirkung eustatischer Schwankungen des Meeresspiegels in Java — Möglichkeit der Einordnung der Terrassen in das System der Niveauschwankungen — Größenordnung der vermuteten Wirkung — Argumente für Niveauschwankungen in Niederl.-Indien — Vergleich zwischen Südost-Sumatra und Nordost-Java — Terrassensystem der kleinen Sundainseln.

IV. ERGEBNISSE UND AUSBLICK 110

VERZEICHNIS DER TEXTFIGUREN

Fig. 1. Kartenausschnitt aus dem Gebiet des Goenoeng Sewoe 19
Fig. 2. Profile durch den Rand des Goenoeng Sewoe bei Poenoeng 27
Fig. 3. Schematische Profile durch den Rand des Goenoeng Sewoe bei Wonosari 28
Fig. 4. Schema zur Entwicklung des Kegelkarstes im Goenoeng Sewoe 33
Fig. 5. Morphologische Karte des Ojodurchbruches durch den Westrand des Zuidergebirges 42
Fig. 6. Morphologische Skizze vom Oberlauf des Kali Tirtomojo 46
Fig. 7. Schematische Profile durch den Westrand des Beckens von Batoeretno 47
Fig. 8. Schema zur Entwicklung des Beckens von Batoeretno 51
Fig. 9. Entwicklungsdiagramm der Schwarzerde in Java 55
Fig. 10. Geologisches Kärtchen vom Nordrand des Zuidergebirges 57
Fig. 11. Das Verbiegungsgitter des Zuidergebirges (dargestellt in rechtwinklig sich kreuzenden Profilen) 65
Fig. 12. Morphologische Skizze der Umgebung von Trinil 82
Fig. 13. Morphologische Karte der Umgebung von Tjepoe 87
Fig. 14. Der Pegat-Zug südlich Babad 89
Fig. 15. Umgebung von Tjepoe 95
Fig. 16. Drei Profile durch das Solotal bei Tjepoe 97
Fig. 17. Entwicklung des Reliefs in Nordostjava 110

I. EINLEITUNG

Die Insel Java gliedert sich geologisch und morphologisch in drei Längszonen, die namentlich in der östlichen Inselhälfte deutlich im orographischen Bild zum Ausdruck kommen.

Die genetisch älteste Zone zieht sich an der Südküste der Insel fast ohne Unterbrechung als ein mehr oder minder breiter Streifen von jungtertiären Sedimenten entlang. Nur an zwei Stellen — südlich Bandjarnegoro und in Soerakarta — schaut das Prätertiär heraus. Auch Eozän und Oligozän sind hier und da erschlossen, aber den Hauptanteil am Aufbau dieser Zone nimmt eine mächtige Serie von miozänen vulkanischen Breccien und Tuffsandsteinen. Diese Serie ist allenthalben gefaltet. Darüber liegen nur verbogene Globigerinen- und Korallenkalke, die gleichfalls noch dem Miozän angehören. Am Ende des Neogen war Südjava, wie das Fehlen von marinem Pliozän in dieser Zone andeutet, bereits Festland.

Die tertiären Gesteine setzen ein Bergland zusammen, das selten über 1000 m ansteigt und meist unmittelbar an die hafenarme Südküste der Insel herantritt. Seinen morphologischen Charakter bestimmen stark verbogene Einebnungsflächen, die sich auf der Höhe emporgehobener Schollen noch in Resten erhalten haben. Sonst ist das Bergland weitgehend von steilwandigen Tälern zerschnitten, namentlich im Gebiet der vulkanischen Breccien und Sandsteine, während im Bereich der Kalke tiefverkarstete Plateaus vorherrschen.

Auf diese Zone folgt eine Reihe von quartären Vulkanen, die bis auf wenige Ausnahmen längs der Mittelachse der Insel angeordnet sind wie ungleich große Perlen in einer Kette. Im Westen sind die Vulkane miteinander und mit dem Tertiär der südlichen Zone zu dem geschlossenen Preangerhochland zusammengeschweißt. Weiter im Osten bauen sie prachtvolle Einzelkegel auf, die mehrfach 2000 m übersteigen. Der tertiäre Sockel, dem sie aufsitzen, ist hier zumeist tief versenkt. Die auslaufenden Mantelschleppen der Kegel berühren sich in geringer Meereshöhe und bilden sanft geneigte, außerordentlich fruchtbare Vulkanfußebenen, die Grundlage für die besonders dichte Besiedlung dieser Gebiete.

Endlich schließt sich an die Reihe der Vulkane eine dritte Zone an, in der wiederum tertiäre Gesteine zutage treten. Sie setzen ein niedriges Hügelland zusammen, das über breite Flußtäler und ganz junge Küstenebenen höchstens bis zu einigen hundert Meter aufsteigt. Das Neogen dieser Zone ist erst an der Wende des Pliozän, zum Teil sogar erst im älteren Quartär zu lang hinstreichenden Faltenzügen oder kurzen Antiklinalen zusammengeschoben worden. Im östlichen Teil der Insel ist diese Zone scharf von den beiden übrigen getrennt und auf der Nachbarinsel Madoera erreicht sie ihre völlige Selbständigkeit.

Neuere geologische Untersuchungen von holländischer Seite haben gezeigt, daß zwischen der nördlichen und der südlichen Tertiärzone stratigraphisch und tektonisch ein großer Unterschied besteht. Nur die südliche Zone setzt sich zugleich mit der Reihe der quartären Vulkane in den kleinen Sundainseln weiter nach Osten fort. Die nördliche bricht dagegen mit der Insel Madoera ab und erst in Ost-Borneo und vielleicht in Südwest-Celebes findet sich ihr tektonisches Äquivalent wieder. Sie entspricht einer neogenen Synklinale, die sich im Rücken des Sunda-Orogens um den relativ starren Block des heutigen Schelfgebietes und Borneos herumschlingt. Erst am Ende des Pliozän wurde diese Synklinale landfest und den früher gefalteten Inselkernen Sumatras und Javas angegliedert. Dem Zuwachs an der Innenseite des Sundabogens steht Landverlust an seiner Außenseite gegenüber. Flexurartig oder an Brüchen sinkt hier ein älteres Landgebiet rasch bis zu großen Tiefen unter den Spiegel des Indischen Ozeans. Der Rest ist zu einer Großfalte aufgewölbt worden, die in Sumatra und Java das Rückgrat dieser Inseln bildet.

Die nachfolgende Untersuchung zielt auf die Herausarbeitung der morphologischen Geschichte der beiden Tertiärzonen in Java ab. In ihr müssen sich die jüngsten tektonischen Vorgänge widerspiegeln, Vorgänge, die mit geologischen Methoden allein nicht zu erfassen sind. Die Analyse knüpft dabei zweckmäßig an die Verhältnisse im östlichen Java an, wo beide Zonen klar entwickelt und nicht durch den jungen Vulkanismus verdeckt sind.

Noch ein weiterer Grund spricht für die Wahl des Untersuchungsgebietes. Die beiden größten Ströme Javas, der Brantas und der Bengawan Solo durchqueren den östlichen Teil der Insel in diagonaler Richtung. Sie entspringen hart an der Südküste, entwässern aber zur Javasee bzw. zur Straße von Madoera. Beide lassen eine relativ alte Anlage erkennen. Sie bestanden jedenfalls schon *vor* der Aufschüttung der jungquartären Vulkankegel, von denen sie, wie ein Blick auf die Karte lehrt, in ihrem Mittellauf zur Seite gedrängt worden sind. Die wachsenden Kegel haben die großen Züge der alten Entwässerung indessen nicht verwischen können. Damit ist eine wesentliche Voraussetzung gegeben, die es erlaubt, die nördliche und südliche Tertiärzone miteinander zu verknüpfen.

Wenn es die Hauptaufgabe der nachfolgenden Analyse ist, aus dem Formenschatz auf den Charakter und die Abfolge der tertiären und posttertiären Krustenbewegungen in Java zu schließen, so werden wir im einzelnen doch auch Fragen begegnen, die nicht in einem unmittelbaren Zusammenhang mit diesem zentralen Problem stehen. Dazu gehört etwa die Frage nach der Karstentwicklung in den Tropen, die wir an Hand des im Goenoeng Sewoe beobachteten Formenschatzes aufwerfen müssen, oder das Problem der Wirkung pleistozäner eustatischer Schwankungen des Meeresspiegels. Auch diese Fragen sollen, soweit es der Rahmen der eigenen Beobachtungen zuläßt, eine möglichst eingehende Behandlung finden.

II. DAS ZUIDERGEBIRGE IN DJOKJAKARTA, SOERAKARTA UND MADIOEN

1. Abgrenzung und Gliederung des Zuidergebirges

Das zunächst behandelte Gebiet liegt in den „Vorstenlanden", Djokjakarta und Soerakarta (Solo), südlich der Vulkane Merapi und Lawoe und greift noch ein Stück nach Madioen hinein. Es ist im Westen begrenzt durch die bis zum Indischen Ozean reichende Vulkanfußebene von Djokjakarta, im Norden durch die Ebene von Soerakarta zwischen den beiden Vulkanen sowie durch den Kegelmantel des Lawoe. Im Osten findet sich keine klare natürliche Grenze; das Gebirgsland zieht vielmehr mit ungefähr gleichbleibendem Charakter weiter durch den südlichen Teil der Residentschaften Madioen, Kediri und Pasoeroean. Nur der westliche Teil bis zu einer Linie, die von der tief eingreifenden Bucht von Patjitan bis zum Gipfel des Lawoe verläuft, ist Gegenstand unserer Betrachtung.

Der Name „Zuidergebirge"[1] ist allgemeiner Natur und wird für den ganzen Gebirgsstreifen längs der Südküste Mittel- und Ost-Javas angewandt; im engeren Sinne bezeichnet er nur den steilen, kettenartigen Abfall gegen die Djiwohügel und die Ebene von Soerakarta. Das Kalkgebiet an der Südküste zwischen der Mündung des Kali Opak und der Bucht von Patjitan führt nach seinem auffälligen Formenschatz den Namen *Goenoeng Sewoe*, d. h. Tausendgebirge. Für das reich zerschnittene Bergland im Osten gibt es keine besondere Bezeichnung.

Wir wollen im nachstehenden den Namen „Zuidergebirge" für das ganze behandelte Gebiet gebrauchen, obwohl das Relief nicht überall die Bezeichnung „Gebirge" rechtfertigt. Es ergibt sich ziemlich eindeutig folgende Untergliederung in acht orographische Einheiten: Im Norden heben sich zwei kettenartige Gebirgszüge heraus, von denen der westliche im *Goenoeng Batoeragoeng* mit 831 m, der östliche im *Goenoeng Popok* mit 806 m gipfelt. Wir bezeichnen sie im folgenden als Batoeragoeng- und Popok-Kette. Südlich von ihnen liegen zwei große Becken, die wir nach den Ortschaften *Wonosari* und *Batoeretno* benennen wollen. Sie werden durch einen mächtigen Querrücken getrennt, der im *Goenoeng Panggoeng* 786 m erreicht, und gegen Süden von der langgestreckten Karstplatte des *Goenoeng Sewoe* begrenzt. Im Westen schließt das Becken von Wonosari mit dem langgestreckten Rücken des *Goenong Soedimoro* ab. Im Osten endlich grenzt an das Becken von Batoeretno ein reich gegliedertes

---

[1] Sprich Seudergebirge. Folgerichtig müßte es Zuidergebergte oder Südgebirge heißen, doch ist die holländisch-deutsche Wortkombination bereits in der Literatur eingeführt.

Bergland, das wir in Ermangelung eines speziellen Namens das *„östliche Sandstein-Breccienbergland"* nennen wollen. Es gipfelt im Goenoeng Toelak mit 1135 m, der höchsten Erhebung des Zuidergebirges.

2. Die Karstlandschaft des Goenoeng Sewoe

a. *Abgrenzung und geologische Stellung*

Von der Mündung des Kali Opak im Süden von Djokjakarta bis zur fast kreisrunden Bucht von Patjitan zieht sich die charakteristische Karstplatte des Goenoeng Sewoe, des „Tausendgebirges", über 85 km mit einer steilen, fast überall unnahbaren Kliffküste hin. An der schmalsten Stelle südlich von Wonosari ist das Karstgebiet nur 10 km breit, weiter östlich erreicht es eine maximale Breite von 25 km, um durch das südwärts vorstoßende Becken von Batoeretno abermals bis auf 12 km eingeengt zu werden. Im ganzen nimmt es einen Raum von rund 1400 qkm ein.

Die Kliffhöhe der in der großen Linie geraden Goenoeng Sewoe-Küste schwankt zwischen 25 und 100 Meter. Die höchste Erhebung wird im Goenoeng Bongos, nördlich von Pratjimotoro, mit 661 m erreicht. Trotz dieser Höhenunterschiede trägt aber das Goenoeng Sewoe durchaus den Charakter eines ausgedehnten Plateaus, dem das Karstrelief aufgeprägt ist.

Geologisch ist das Goenoeng Sewoe recht einheitlich. Ein weißer bis gelblicher, teils dichter harter, teils etwas kreidig poröser Kalkstein setzt in grober, meist wenig in Erscheinung tretender Bankung das ganze Gebiet zusammen. Sein $CaCO_3$-Gehalt schwankt um 99,5% und geht nur gelegentlich bis auf 98,3% herunter [2].

Das kompakte Gestein neigt weder zu plattiger Scherben-Verwitterung noch zu ausgesprochener Karrenbildung und liefert als Verwitterungsrückstand eine tonfeine Roterde, die der Terra rossa der mediterranen Kalkgebiete weitgehend gleicht [3].

Die Schichten sind nicht gefaltet und offenbar nur am Rande der Karstplatte verbogen resp. lokal durch Brüche gestört. Über große Erstreckung kann ein schwaches südliches Einfallen wahrgenommen werden; nur am Nordrand des Plateaus fallen die Schichten steiler — teilweise bis zu 45° — gegen die Becken von Wonosari und Batoeretno ein, entsprechend einer relativ jungen Verbiegung, von der noch an anderer Stelle die Rede sein wird.

Die Mächtigkeit des Kalk-Komplexes scheint nicht besonders groß zu sein. Im Maximum dürfte sie einige hundert Meter betragen. Das Liegende kommt an einigen Stellen der Küste — so gleich im Westen bei Parangtritis, dann in dem Gebiet südlich von Kampoeng Kalak bis zur Mündung des Kali Kladen und einige Kilometer vor der Bucht von Patjitan — in Gestalt von Tuffsand-

---

[2] Ich danke der Freundlichkeit des Herrn Ing. I. Th. White, Direktor des Bodenkundlichen Laboratoriums des Depart. van Landbouw in Buitenzorg die Einsichtnahme in eine große Reihe von Gesteinsmustern und Analysen aus dem Gebiet von Djokjakarta und Solo.

[3] Proben dieser Roterde sind seinerzeit von Herrn Ing. White an das bodenkundliche Laboratorium in Göttingen gesandt worden, ihre Untersuchung war jedoch bei der Drucklegung dieser Arbeit noch nicht abgeschlossen.

Abb. 1. Ungerichteter Kegelkarst nördlich vom Goenoeng Dowo
Photo H. Lehmann

Abb. 2. Gerichteter Kegelkarst am Nordrand des Goenoeng Sewoe bei Semanoe
Photo H. Lehmann

steinen und vulkanischen Breccien des älteren „Miocän" zum Vorschein. Die Kalke ruhen diskordant auf dem gefalteten Unterbau, wahrscheinlich ein älteres Relief ausfüllend. Etwa in der Mitte der Küstenstrecke tritt bei der Bucht von Pasir Ombo außerdem ein kleiner bis zu 214 m hoher Andesitstock auf, dessen Alter nicht näher bekannt ist. Auf der Höhe der Schwelle zwischen dem Becken von Wonosari und dem von Batoeretno, ferner im Osten längs der Straße Patjitan-Giriwojo-Batoeretno dünnt die Kalkplatte über den liegenden Tuffsandstein- und Brecciеnhorizonten aus; ihr Rand wird durch die Kräfte der Erosion und Denudation immer mehr zurückverlegt.

Die stratigraphische Stellung der Goenoeng-Sewoe-Kalke ist lange umstritten gewesen. Verbeek rechnete sie zusammen mit den Schichten des Beckens von Wonosari zur Stufe m 3 seiner Einteilung (oberes Miozän und Pliozän) [4]. Daneš, dem wir eine Detailstudie über das Goenoeng Sewoe verdanken, trennte die Kalke dieses Karstgebietes als Stufe m_3a von den seiner Meinung nach älteren Mergelkalken des Beckens von Wonosari ab [5]. Bei van Valkenburg (1924) erscheinen sie ohne nähere Begründung als Pliocän [6]. Nach Leupold und van der Vlerk [7] schließt das Jungtertiär im Gebiet des Zuidergebirges mit dem sogenannten jüngeren Miozän (Tertiär f der heute gebräuchlichen Tertiärgliederung Javas). Nur die Tuffsandsteine und Mergel des Beckens von Wonosari werden von diesen Autoren dem Pliozän zugerechnet. Die Kalke des Goenoeng Sewoe enthalten Lepidocyclina Rutteni und gehören wie auch die Kalke von Wonosari dem Tertiär f (Miozän) an [8].

b. Beschreibung des Formenschatzes

Der auffällige Formenschatz des Goenoeng Sewoe hat seit den Tagen Junghuhns immer wieder die Aufmerksamkeit der Forscher auf sich gezogen, aber erst *Daneš* gebührt das Verdienst, ihn als das Ergebnis der Karstdenudation erkannt und beschrieben zu haben [9]. Daneš spricht vom Goenoeng Sewoe als von einer „fortgeschrittenen Dolinenlandschaft", auf die er den in Jamaica für einen ähnlichen Formenschatz gebräuchlichen Ausdruck der „Cockpitlandschaft" anwendet. A. Grund [10] hat dann, fußend auf den Untersuchungen von Daneš, die Cockpitlandschaft als Reifestadium in sein bekanntes Entwick-

---

[4] Verbeek en Fennema, Geologische Beschrijving van Java en Madoera. Amsterdam 1896.
[5] J. V. Daneš, Das Karstgebiet des Goenoeng Sewoe in Java. Sitzungsberichte der Königl. Böhm. Ges. d. Wissenschaft in Prag 1915.
[6] S. van Valkenberg und I. Th. White, Enkele aanteekeningen omtrent het Zuidergebergte (G. Kidoel). Jaarboek van den topographischen Dienst 1923. Batavia 1924.
[7] Leupold und van der Vlerk, Tertiary in: Feestbundel K. Martin. Leidsche Geol. Mededeelingen V. 1931.
[8] J. H. F. Umbgrove, Het Neogen in den Indischen Archipel. Tijdschr. Kon. Ned. Aardr. Gen. 1932, sowie A. Ch. D. Bothé, Djiwohills and Southern Range, Fourth Pacific Science Congress. Java 1929. Excursion C 1, S. 12.
[9] Die in mehreren fremdsprachigen Zeitschriften erschienenen Aufsätze von Daneš über das gleiche Thema gehen über die bereits zitierte zusammenfassende Arbeit nicht hinaus, so daß ich sie nicht besonders anführe.
[10] A. Grund, Der Geographische Zyklus im Karst. Zeitschr. d. Ges. f. Erdkunde, Berlin 1914, S. 621 ff.

lungsschema des Karstes eingebaut. Cockpit bedeutet eine Vertiefung [11], wie auch Daneš in diesem Sinne von einer „blatternarbigen" Landschaft des Goenoeng Sewoe spricht. Tatsächlich fallen aber im Goenoeng Sewoe nicht die Hohlformen, sondern die Vollformen besonders ins Auge. Der javanische Name „Goenoeng Sewoe" bedeutet tausend Berge oder tausend Hügel. Man kann die Landschaft nicht treffender charakterisieren als mit den Worten eines so exakten Beobachters wie Junghuhn, der vor fast hundert Jahren das Goenoeng Sewoe bereist und uns eine genaue Beschreibung des ihm rätselhaften Formenschatzes hinterlassen hat. Junghuhn sagt: „Man denke sich abgerundete, halbkugelige Berge von hundert bis zweihundert Fuß Höhe, die sich einer neben dem anderen weit und breit zu Hunderten erheben und die nur durch schmale labyrinthisch miteinander verbundene Zwischentäler getrennt sind." — „Im Kleinen könnte man sie (die Bergmasse des Goenoeng Sewoe) mit einem flachen Erdrücken vergleichen, auf dem Maulwürfe ihre dichtgedrängten Hügel aufgeworfen haben" [12].

In dieser kurzen Beschreibung sind alle Merkmale enthalten, die das Goenoeng Sewoe von der „Cockpitlandschaft" des Grundschen Zyklus recht wesentlich unterscheiden. Junghuhns Charakterisierung deckt sich durchaus mit dem, was uns die topographischen Karten des Gebietes zeigen [13]. Das Relief des Goenoeng Sewoe wirkt wie die Umkehr einer gewöhnlichen fortgeschrittenen Dolinenlandschaft. Statt der Dolinen, die im Dinarischen Karst meist als mehr oder minder kreisrunde Kessel die Karstplatte siebartig durchlöchern, finden wir hier schön gerundete Hügel mit kreisförmigem oder ovalem Grundriß, statt der schmalen Firste und eckigen Restpfeiler zwischen den zusammenwachsenden Dolinen der reifenden Karstlandschaft im Sinne Grunds haben hier die Hohlformen eine eckige Gestalt mit konkaven — nach innen eingebuchteten — Begrenzungslinien (vgl. Fig. 1).

Nun sind freilich auch im dinarischen Karst die Vollformen meist weit weniger eckig, als sie Grund in seinen Blockdiagrammen zeichnet, andrerseits kommen auch mehr oder weniger eckige Dolinen gar nicht so selten vor. Aber die Unterschiede bleiben doch bestehen, wenn man aufs Ganze sieht. Nur ausnahmsweise treffen wir im dinarischen Karst ähnliche Karstkegel an, wie z. B. in den Randgebieten der Istrischen Platte, oder am Rande großer Poljen, wobei die Entwicklung aber nicht im Sinne des Grundschen Karstzyklus über die „Cockpitlandschaft" verlaufen zu sein scheint, sondern sich in den meisten Fällen aus der Verzahnung zweier Niveaus, der Auflösung am Saum einer Karstrandebene oder ähnlichen speziellen Verhältnissen erklären dürfte, wie das K. Kayser für seine „Rumpftreppe" in Montenegro gezeigt hat [14]. Aber

---

[11] Eigentlich eine Grube, in der Hahnenkämpfe stattfinden. Der Seemann bezeichnet mit Cockpit den abgedichteten offenen Sitzraum einer Segelyacht. Grund verwendet den Ausdruck in Verkennung der Etymologie für die Karstkegel.
[12] F. Junghuhn, Topographische und naturwissenschaftliche Reise durch Java. Magdeburg 1845, S. 101 f.
[13] Vgl. die Blätter der topographischen Karte 1 : 25 000 Allg. Nr. XLIII 47 a—q, XLIII 48 a—q und XLIII 49 a—q.
[14] K. Kayser, Morphologische Studien in Westmontenegro II. Zeitschr. d. Ges. f. Erdkunde 1934. Vgl. besonders in den Abbildungen die Karstkegel am Rande der Skutarisee-Ebene.

abgesehen davon, daß die Kegel in diesen Fällen meist grade und nicht konvexe Hänge besitzen, wird im dinarischen Karst eine derartige Landschaft niemals in einem Raum von vielen Hunderten, ja Tausenden von Quadratkilometern bestimmend.

In den tropischen Karstgebieten ist das hingegen sehr häufig der Fall. Wir kennen aus Südwestchina, z. T. auch noch etwas nördlich des Wendekreises [15]

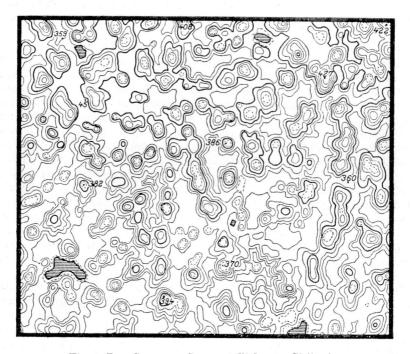

Fig. 1. Das Goenoeng Sewoe südlich von Giritontro
Ausschnitt aus der Karte 1 : 25 000
(Isohypsen im Abstand von 12½ m. Die 375-m-Isohypse ist stark ausgezogen.
Telagas waagerecht schraffiert.)

und aus Hinterindien [16] den Typus der „pitons calcaires", für den Otto Lehmann den treffenden Ausdruck *Kegelkarst* vorgeschlagen hat [17]. Auch in Südcelebes habe ich einen derartigen Typus wiedergetroffen und aus Jamaica ist

---

[15] H. Handel-Mazetti, Naturbilder aus Südwestchina, Wien und Leipzig 1927, S. 283. Ferner B. G. Tours, Notes on an overland-journey from Chungking to Haipong. Geogr. Journal, London 1923.

[16] Dussault, La Geographie du Tonkin occidental. Cahiers de la Société de Géographie de Hanoi, Nr. 3, 1922. F. Blondel, Les phenomènes karstiques de l'Indochine française. Proc. Fourth Pacific Science Congres. Java 1929, Vol. 2, S. 601 ff.

[17] O. Lehmann, Die geographischen Ergebnisse der Reise (Handel-Mazzetti) durch Guidschou (Kweitschou). Denkschrift d. Akademie d. Wiss. in Wien. Mathem.-Nat. Kl. Bd. 100, S. 81.

er von Hill und später von Daneš ausführlich beschrieben worden [18]. Das Goenoeng Sewoe gehört mit seinem im Vergleich mit den chinesischen Vorkommen allerdings weniger imponierenden Formenschatz zu diesem Typus des Kegelkarstes, der in wesentlichen Zügen sowohl von dem abweicht, was wir aus den Karstgebieten der Balkanhalbinsel kennen, wie auch von dem Grundschen Schema. Daneš hat seine Eigenart nicht in dem Maße erkannt, wie es wünschenswert gewesen wäre, und so sind seine Untersuchungen, auch wenn sie im einzelnen eine Menge von Karstbeobachtungen allgemeiner Natur enthalten, nicht voll befriedigend.

Die Hügel des Goenoeng Sewoe sind, wie das aus der Beschreibung von Junghuhn und den Abbildungen (Taf. I. Abb. 1 und Taf. II. Abb. 3) hervorgeht, auffällig zugerundete Kuppen, deren relative Höhe, vom tiefsten Punkt der benachbarten Hohlform gerechnet, selten 75 m übersteigt. Sie stehen sehr dicht beieinander; Escher hat berechnet, daß durchschnittlich 30 Kuppen auf den Quadratkilometer kommen [19]. Durch niedrige Sättel, über die sie sich mit deutlichem Gefällsknick herausheben, hängen in der Regel mehrere Kuppen miteinander zusammen. In bestimmten Gebieten erheben sie sich auf einem gemeinsamen breiten plumpen Sockel, der von talartigen, tiefen langgestreckten Hohlformen begleitet wird. Das Hangprofil der Kuppen ist fast stets *konvex*. Das heißt, es schließen sich nach unten hin immer steilere Hangpartien aneinander an, um gelegentlich sogar in senkrechte Felswände überzugehen. So entstehen halbkugelförmige oder bienenkorbartige Hügel, die von eindrucksvoller Regelmäßigkeit sind. Auch grade Hänge kommen vor, doch sind die Kuppen in ihrem oberen Teil stets konvex zugerundet (Taf. 1. Abb. 2). Wo eine eckige Profillinie die Rundung unterbricht, ist sie durch Abbrüche resp. Einstürzung bedingt.

Die Bankung der Kalke kommt im Profil der Kuppen selten zum Ausdruck. Ein „treppenartiges" Ansteigen, das Valkenburg für die Regel hält [20], habe ich nur bei Semanoe am Rande des Goenoeng Sewoe gegen das Becken von Wonosari beobachten können, wo die grobe Bankung der Sewoekalke der mehr plattigen und dünnbankigen Absonderung der Wonosari-Schichten Platz macht. Im eigentlichen Goenoeng Sewoe läßt nur selten einmal eine schmale, wenige Meter weit reichende Schichtleiste die Bankung erkennen.

Die *Hohlformen* zwischen den Kuppen des Goenoeng Sewoe lassen sich ihrer Größe nach mit den Dolinen und Uvalas des dinarischen Karstes vergleichen. Es überwiegen langgestreckte, schmale, talartigen Hohlformen, während Poljen vollkommen fehlen. Die Gestalt der Hohlformen weicht aber, wie bereits erwähnt, von der einer mehr oder weniger rundlichen Doline merklich ab. Man erkennt das am besten an den Umrissen der *Telagas*, wie die zahlreichen

---

[18] R. T. Hill, The Geologie and Physical Geography of Jamaica, Cambridge Mass. 1899. J. V. Daneš, Karststudien in Jamaica. Sitzungsberichte d. K. K. Böhm. Ges. d. Wiss. II. Kl. Prag 1914.

[19] B. G. Escher, De Goenoeng Sewoe en het probleem van de Karst in de Tropen. Handelingen van het XXIII. Nederl. Natuur- en Geneeskundig Congres 1931. Haarlem 1931, S. 259.

[20] Van Valkenburg, a. a. O. S. 10: „Steile wandjes en minder steile gedeelten wisselen elkaar af, waardoor op een afstand de indruck ward gevestigd, dat het geheel zuiver rond is."

flachen, über dem undurchlässigen Tonboden der Karstwannen aufgestauten Seen im Goenoeng Sewoe genannt werden [21]. Der Wasserspiegel einer solchen Telaga gleicht in der Regel dem eines Talsperrensees, in dem der Fuß rundlicher Bergsporne „ertrunken" scheint (vgl. Taf. II. Abb. 3, Telaga auf dem Weg von Wonosari nach Baron). Die topographische Karte zeigt die gleiche konkave, d. h. nach der Mitte zu eingebuchtete Linienführung der Isohypsen. Ganz fehlen derartige Dolinenumrisse auch im dinarischen Karst nicht; sie stellen dort jedoch nur Ausnahmen dar, während sie im Goenoeng Sewoe die Regel bilden.

Diese Gestalt der Hohlformen läßt es ratsam erscheinen, den Ausdruck „Dolinen" zu vermeiden und nur von „Karstwannen" zu sprechen. Denn das Wort Doline (dolina = Tal) bezeichnet als morphologischer Terminus eine ausgesprochen runde, schüssel- oder trichterförmige Karsthohlform.

Die Karstwannen des Goenoeng Sewoe hängen meist kettenförmig miteinander zusammen; über schwache Schwellen gelangt man mühelos von der einen in die andere. Aber der Boden benachbarter Hohlformen liegt ungleich hoch, ja ganz erhebliche Höhendifferenzen sind nicht selten, so daß ein Weg, der sich durch ihr Labyrinth hindurchwindet, ohne jemals auf die Höhe hinaufführen zu müssen, dennoch dauernd treppauf und treppab verläuft. Immerhin kann man auf diese Weise das ganze Goenoeng Sewoe immer unter Benutzung der Hohlformen queren.

Dadurch erweckt das System der Hohlformen durchaus den Eindruck zusammenhängender, vielfach verzweigter Talungen, denen allerdings das gleichsinnige Gefälle fehlt. Daneš faßte diese talartigen Gebilde nach der Art der Uvalas als zusammengewachsene Dolinen auf. Aber das Studium der Karte lehrt, daß diese Gebilde viel zu regelmäßig sind, als daß sie aus richtungslos verstreuten Dolinen entstanden sein könnten. In den Randgebieten der Karstplatte bedingen sie geradezu das Bild eines „gerichteten" Karstes, in dem die Kuppen kilometerweit zu beiden Seiten der Hohlform in Reih und Glied, oft auf einem gemeinsamen Sockel angeordnet sind (Taf. II. Abb. 4). Den Beschreibern des Goenoeng Sewoe sind diese Züge wohl aufgefallen, aber man glaubte keine bestimmte Richtung in der Anordnung der talartigen Gebilde feststellen zu können. Sie laufen der seit Junghuhn immer wieder betonten „allgemeinen Südneigung" der Karstplatte vielfach gerade entgegen oder quer dazu, so daß Daneš schreiben konnte: „Es ist nutzlos, eine bestimmte vorwaltende Richtung in ihrer Anordnung finden zu wollen" [22]. Wie in einem späteren Abschnitt noch dargelegt werden soll, ist ihre Einordnung in ein bestimmtes System dennoch möglich.

Eine weitere Eigentümlichkeit der meisten Hohlformen des Goenoeng Sewoe ist ihre stufenförmige Gliederung. Häufig lassen sich nämlich in ihnen „Randterrassen" beobachten, die teils im anstehenden Gestein, teils in der mächtigen Terra rossa-Füllung ausgebildet sind. Im letzteren Fall ist es vielfach zu einer förmlichen Zerschneidung in badlands und zu Rachelbildung an der Stufe der Randterrasse gekommen. Die Hänge der Kegel zeigen z. T. ebenfalls Reste älterer Niveaus in Gestalt von Leisten (die aber nicht an Schichtfugen gebunden sind) oder auch nur schärferen Hangknicken, die sich in der Regel bis zur

---

[21] Escher, a. a. O., zählt im Goenoeng Sewoe 433 dieser Telagas.
[22] Daneš, a. a. O. S. 24.

Schwelle zwischen zwei benachbarten Hohlformen verfolgen lassen. Auch das Niveau der gelegentlich auftretenden breiten Sockel, über denen sich erst die gerundeten Kuppen erheben, ist hierher zu rechnen. Diese höheren Terrassen zeigen, daß der Prozeß der Verkarstung mehrfache Unterbrechungen erfahren hat. Es ist aber nicht richtig, mit Daneš von einer „Verjüngung" des „schon reifen Reliefs" zu sprechen. Daneš sagt: „Die küstennahen Strecken und auch andere Randgebiete zeichnen sich durch eine Frische der Formen aus, welche jedoch gerade in der Nähe der Steilküste als eine Verjüngung eines schon reifen Reliefs aufzufassen ist. Die Hügel weisen oft Ruinenform auf; beträchtliche abgestürzte Felsmassen, frisch eingestürzte Höhlendecken und wieder belebte Tätigkeit der Ponore sind die Hauptmerkmale, welche eine solche Landschaft auszeichnen"[23].

Daß es zu einer Wiederbelebung von einmal außer Funktion gesetzten Ponoren kommt, wie es Daneš beobachtet haben will, möchte ich bezweifeln. Denn abgesehen davon, daß sich eine solche Wiederbelebung nicht bei einem einmaligen Besuch, noch dazu ohne Heranziehung historischer Dokumente beobachten läßt, liegen die meisten alten Ponore, die hier und da meist in Zusammenhang mit der Randterrasse anzutreffen sind, viel zu hoch über der heutigen Sohle der Karstwanne, als daß sie noch benutzt werden könnten. Es liegt vielmehr im Wesen der Erneuerung des Tiefenwachstums, daß eine Reihe von Ponoren infolge Tieferlegung der unterirdischen Wasserbahnen außer Funktion kommen. In der Nähe der Küste zwischen Baron und der Bucht von Sadeng kann man durch eine Anzahl von Felsponoren die tief in die von den Karstgewässern verlassenen unterirdischen Hohlräume eindringende Brandung donnern hören. Auch die berühmte Vogelnestgrotte von Rongkop, von der uns Junghuhn eine ausführliche Schilderung hinterlassen hat, gehört diesem längst außer Funktion gesetzten Karsthohlraumsystem an.

Ähnliche Terrassen, wie sie in den Karstwannenböden vorliegen, lassen sich auch in dem schmalen Streifen des seichten Karstes nachweisen, der den Nordostsaum des Goenoeng Sewoe bildet. Zwischen den einzelnen stehengebliebenen Karstresthügeln, die infolge seitlicher Unterscheidung eine besonders steile Form aufweisen, ist bereits das Liegende der Kalke (Tuffe und Sandsteine) aufgedeckt und oberflächliche Entwässerung ist an die Stelle der Karstentwässerung getreten, wenn auch vielfach nur auf kurze Strecken[24]. Auch hier ist allenthalben eine Randterrasse entwickelt, die sich zuweilen an den Fuß der Karstrestberge anlehnt, aber in der Regel schon in die liegenden Tuffe und Sandsteine eingeschnitten ist.

Der hier ohne lokale Details — die man bei Daneš nachlesen kann — geschilderte Formenschatz des Goenoeng Sewoe wird endlich noch bereichert durch eine Reihe von Trockentälern, die das Gebiet queren. Sie unterscheiden sich deutlich von den obenerwähnten talartigen Bildungen durch ihre meist weit unter das Niveau der benachbarten Hohlformen reichende Tiefe und ihre

---
[23] Ders. S. 84.
[24] Wenn Otto Lehmann, Die Hydrographie des Karstes, Leipzig-Wien 1932, S. 3 schreibt: „Der Fall, daß ein Karst durch eine allmähliche Entblößung einer undurchlässigen Unterlage in ein oberirdisch entwässertes Gebiet übergeht, ist ... bisher nur theoretisch gefordert worden", so möchte ich die Karstspezialisten auf dies Gebiet hinweisen. Vgl. Taf. III. Abb. 5!

einheitlich geschlossene Hanggestaltung. Wir kennen derartige Trockentäler aus dem Bereich der klassischen Karstgebiete zur Genüge; von Krebs ist eine Reihe von ihnen aus Istrien beschrieben worden [25]. Den Autoren, die über das Goenoeng Sewoe gearbeitet haben, erschien jedoch das größte und auffallendste der Trockentäler im Goenoeng Sewoe, das wir als „Tal von Giritontro" bezeichnen wollen [26], meist als ein „Rätsel", für das man keine befriedigende Erklärung fand [27].

Dieses Tal zieht sich vom Becken von Batoeretno bis zur Bucht von Sadeng erst in einem nach Nordwesten geöffneten Bogen, dann mit scharfem Knick nach Süden umbiegend quer durch die ganze Sewoeplatte. Bei Kampoeng Soemoer-Simoeng südlich von Giritontro streicht es in einer 25—30 m über dem Beckenboden liegenden Schwelle ohne sichtliche Fortsetzung frei in die Luft aus. Beiderseits von ziemlich graden, regelmäßig aber nicht tief gegliederten Steilhängen von durchschnittlich 150 m relativer Höhe begleitet, besitzt die Talrinne eine lichte Weite von etwa 250—300 m, vom Fuß des einen Hangs zum gegenüberliegenden gemessen.

Eine einheitliche ebene Talsohle besteht nicht oder doch nur auf kurze Erstreckung im Unterlauf vor der Mündung in die Bucht von Sadeng, auch ein gleichsinniges Gefälle ist nur in diesem letzten ebensohligen Abschnitt zu konstatieren. Der Talboden ist vielmehr in eine Anzahl von länglichen Wannen zerlegt, auf deren Grund sich in der Regel eine Telaga befindet. Die Wannen werden durch flache Schwellen voneinander getrennt, die bis zu 30 m über dem Niveau der Telaga liegen [28]. Die absolute Höhenlage der Schwellen läßt einen gleichsinnigen, wenn auch nicht gleichmäßigen Abfall nach Süden erkennen: Die Schwelle bei Soemoer-Simoeng liegt 210 m hoch, die folgende nördlich von Bakalan 180 m; bei Tileng wird 170 m erreicht, bei Ngaloeran 165 m. Hier sind die begleitenden Talhänge relativ niedrig und auch nicht so scharf ausgeprägt; aber 3½ km westlich von Kampoeng Ngaloeran biegt das Tal mit einem scharfen Knick nach Süden um und beginnt sich wieder tief einzuschneiden, wobei gleichzeitig die Schwellenhöhe stärker abnimmt. Hinter Telaga Soeling wird eine letzte Schwelle mit 100 m erreicht. Von hier fällt das Tal rasch bis auf 20 m Meereshöhe ab und im unteren 4 km langen Teil findet sich eine ebene, nun nicht mehr von Wannen gegliederte Talsohle, die auch von einem schmalen, häufig stagnierenden Gewässer benutzt wird. Die Bai von Sadeng ist offensichtlich nichts anderes als die ertrunkene Mün-

---

[25] N. Krebs, Die Halbinsel Istrien. Geogr. Abh., her. v. A. Penck, Bd. IX 2, Leipzig 1907.
[26] Das Tal entbehrt in der Literatur eines einheitlichen Namens, Daneš' nennt es das „Tal von Sadeng". In seinem Bereich ist Giritontro als Sitz eines Assistent-Wedono die einzige größere auf den Übersichtskarten noch verzeichnete Ortschaft.
[27] Daneš, a. a. O. S. 47. Nur Escher, a. a. O., erkennt die wahre Natur des Tales, wenn er es kennzeichnet als „een antecedent rivierdal, dat door de vlugge opheffing, gepaard met een geringe kanteling van het kalksteenplateau in het Norden, sijn bovenloop verloor".
[28] Siehe auch Valkenburg a. a. O. S. 8. — Daneš' Meinung, daß „die Höhenunterschiede so winzig sind, daß ein Überfließen während der Regenzeit und so ein Übergang zu normaler Drainierung nicht ausgeschlossen wäre" (a. a. O. S. 47), kann ich nicht beipflichten.

40

dung des Tales, die nur von der Brandung ein wenig erweitert und ausgestaltet worden ist [29]. Die Talwände setzen sich in genau der gleichen Weise nach Süden fort und begrenzen die Bucht, in die unaufhörlich die schwere See des Indischen Ozeans hineinrollt

Nahe der Mündung gehen die Hänge des Tales teilweise in senkrechte Felswände über, die von einer üppigen lianenreichen Vegetation dicht übersponnen sind. Auch sonst sind sie ziemlich steil und weisen im ganzen ein konvexes Profil auf, das in der Regel aus zwei Teilen besteht. Die obere konvexe Zurundung, die meist in einen der Talmitte zugekehrten Felsabbruch übergeht, erscheint als die normale Fortsetzung des kuppigen Goenoeng-Sewoe-Reliefs. Ihr entspricht eine Einkerbung des oberen Randes bis etwa zum Niveau der benachbarten Karsthohlformen, die hoch über der Talsohle liegen. Die von dort einmündenden Tälchen — größere, die tiefer hinabschneiden, sind sehr selten — hängen über dem Haupttal. Die untere Hangpartie, meist durch einen kleinen Gefällsknick von der oberen geschieden, ist ebenfalls konvex, aber im ganzen viel geschlossener. Sie deutet auf eine Phase energischer Eintiefung des Tales und endet in der Regel auf einer terrassenartigen Leiste, die im Niveau der obenerwähnten Schwellen liegt. Diese Leiste stellt offenbar den Rest eines älteren Talbodens dar, in den sich dann die hydrographisch selbständigen Wannen eingesenkt haben.

Werfen wir zum Schluß noch einen Blick auf die *Kleinformen* und die *Bodenbedeckung* des Goenoeng Sewoe.

Die große Homogenität der Kalke, wohl auch ihre grobe Bankung verhindert das Entstehen eines Platten- oder Scherbenkarstes, wie er in einigen anderen Kalkgebieten auf Java — so z. B. südwestlich von Djokjakarta — auftritt. Das Gestein neigt viel eher zur Bildung von recht markanten Karren. Aber es kommt doch nicht oder nur lokal zur Ausbildung typischer Karrenfelder, wie wir sie aus den europäischen Karstgebieten kennen. Denn der Kalk tritt verhältnismäßig selten nackt zutage, wenn auch die zusammenhängende Bodendecke des „bedeckten Karstes" fehlt. Die Hohlräume zwischen den Karren sind mehr oder minder mit Roterde angefüllt, so daß sich hier eine vergleichsweise üppige Vegetation ansiedeln kann. Ursprünglich scheint das ganze Goenoeng Sewoe größtenteils bewaldet gewesen zu sein. Doch ist der hochstämmige Urwald, wie ihn noch Junghuhn aus der Gegend von Bedojo geschildert hat, jetzt ganz verschwunden und an seine Stelle ist eine aus Buschwerk, Alang-Alang und Kräutern bestehende Sekundärformation getreten. Nur die steilen Felsabbrüche einiger Karstkegel sind vollkommen von der Bodendecke entblößt. Aber auch hier hängt meist ein dichtes Geflecht von Kletterpflanzen über die Wand herab und schlägt in den Fugen des Gesteins Wurzel.

Am stärksten ist natürlich die Bodenbedeckung in den Karsthohlformen. Hier sind durch junge Zerschneidung Terra-rossa-Profile von 10 m und mehr Mächtigkeit aufgeschlossen worden, ohne daß damit der Gesteinsuntergrund erreicht wäre. Doch sind die Wannen des Goenoeng Sewoe nicht ausschließlich mit dem Verwitterungsprodukt des umliegenden Kalkes erfüllt. Vielmehr ist eine teilweise recht mächtige Einschwemmung von ortsfremdem Material in

---

[29] Solche Ingressionsbuchten, zu denen auch die Bucht von Baron gehört, finden sich an der ganzen Südküste.

Abb. 3. Flacher Kegelkarst mit „Telaga" am Weg von Wonosari nach Baron
Photo H. Lehmann

Abb. 4. Durch Abrasion angeschnittene Kalkkegel bei Rongkop
Photo H. Lehmann

einer großen Anzahl von Hohlformen nachzuweisen. Es handelt sich dabei um einen feinkörnigen graugrünen Tuff andesitischer Zusammensetzung, der sich offenbar auf sekundärer Lagerstätte befindet. Seine Auflagerung auf Terra rossa und Kalk ist an mehreren Stellen nachzuweisen, so besonders nördlich Kampoeng Kamadang auf dem Wege von Wonosari nach Baron. Wir sind hier im Bereich des auffällig gerichteten Karstes mit talartigen Hohlformen, die sich im allgemeinen gegen Süden absenken. Rechts von der Straße hat sich ein kleines Tälchen in den anstehenden Kalk des alten Wannenbodens eingeschnitten. Auf der so entstehenden Terrasse liegt Terra rossa und darüber Tuff, beides zur Zeit meines Besuches von in Gang befindlichen Straßenarbeiten frisch aufgeschlossen. Das Profil erweist, daß es sich nicht um anstehende Tuffe etwa des Liegenden handelt.

Das gleiche läßt sich für die Tuffeinschwemmungen in den Hohlformen des Trockentales von Giritontro zeigen. Die Tuffe liegen hier vielfach auf einem tiefschwarzen humosen Ton, der als Ablagerung im stehenden Wasser am Boden der Karstwanne zu deuten ist. Bei Telaga Broenjah und nördlich von Tileng sind fluviatile Bildungen — roter Lehm mit kleinen Kalkgeröllen — unter dem Tuff erschlossen. Dieser selber läßt Zwischenlagen von terra-rossa-ähnlichem roten Ton erkennen. Offenbar ist es dieser selbe Tuff, den Daneš östlich von Panggang als „weichen, braungelben, tonigen Sandstein" beschreibt, ohne sich „dieses so geringe und vereinsamte Vorkommen im Kalkgebiet erklären zu können". Seine Vermutung, daß es sich um Einschaltungen in die Kalkserie handelt, dürfte nach den von uns angeführten Beobachtungen wohl nicht zu Recht bestehen.

Darüber, daß der Tuff, der in der Literatur sonst noch keine Erwähnung gefunden hat, im Goenoeng Sewoe ein Fremdkörper ist, kann kein Zweifel bestehen. Seine Herkunft ist allerdings noch ungeklärt. Wahrscheinlich rührt er von den großen Aschenfällen der jungquartären Ausbrüche des Merapi und Lawoe her und ist nachträglich in den Hohlformen des Goenoeng Sewoe zusammengeschwemmt worden.

c. *Entstehung des Formenschatzes im Goenoeng Sewoe (Morphogenese)*

Die Entstehung des Goenoeng-Sewoe-Reliefs denkt sich van Valkenburg in Anlehnung an Daneš folgendermaßen: „Auf diesem großen gehobenen Riffkalkplateau haben sich allenthalben Auslaugungsstellen (Ponore) gebildet, längs denen das Regenwasser nach unten sickerte. Diese Auslaugungsstellen dienten dann als Erosionszentren, um die sich chemische Erosionswannen formten. Zum Schluß entstand ein ganzes System von dergleichen Wannen, welche voneinander durch Kalkrücken geschieden waren, aus denen die gegenwärtigen Kuppen gebildet wurden" [30].

So einfach, wie sich van Valkenburg die Genese des Goenoeng Sewoe vor-

---

[30] Van Valkenburg en White, a. a. O. S. 9: „Op dit groote opgeheven rifkalkplateau hebben zich alom gevormd uitloogingspunten (ponoren), langs welke het regenwater naar beneden stroomde. Deze uitloogingsputten dienden dan als erosiecentra, waaromhen zich chemische erosiekommen vormden. Ten slotte ontstond een geheel systeem van soortgelijke kommen, welke van elkaar gescheiden waren door kalkruggen, uit welke de tegenwoordige kopjes gevormd zijn."

stellt, ist der Vorgang keineswegs verlaufen. Eine Reihe von Beobachtungen macht eine wesentlich kompliziertere Deutung nötig. Zunächst müssen wir uns die Frage vorlegen, ob der Prozeß, der zu dem heutigen Formenschatz geführt hat, wirklich auf der Oberfläche eines frisch herausgehobenen Riffkalkplateaus begonnen haben kann.

Wenn man aus der Ebenheit von Wonosari gegen den Rand des Goenoeng Sewoe blickt, so präsentiert sich die Masse der Kuppen als ein geschlossenes Ganzes mit grader Horizontlinie, die tausendfach eingekerbt zu sein scheint. Die Köpfe der Kuppen liegen in einem einheitlichen Niveau. Den gleichen Eindruck hat man, wenn man von einem erhöhten Punkt — etwa dem Goenoeng Dowo am Wege von Semanoe nach Rongkop das Gewirre der Kegel überschaut. Ihre Gesamtheit bildet, soweit das Auge reicht, eine deutliche „Gipfelflur", wenn auch das Niveau benachbarter Kuppen gelegentlich um Zehner von Metern differieren mag (vgl. Taf. I. Abb. 1).

Wenn wir in dieser einheitlichen Gipfelflur eine *vererbte Fläche* sehen wollen, müssen wir uns weiter fragen, ob die ursprüngliche Fläche ihrer Anlage nach die natürliche Oberfläche eines gehobenen Riffs oder eine die Schichten schneidende Rumpffläche gewesen ist.

Das Schichtfallen läßt sich nun in dem ganzen Gebiet sehr schwer feststellen, und da für die Entscheidung der Frage schon eine kleine Winkeldifferenz ausschlaggebend sein kann, empfiehlt es sich, die Verhältnisse da zu studieren, wo das Kalkplateau an andere Gesteine grenzt. An zwei Stellen, südlich des Goenoeng Panggoeng zwischen dem Becken von Wonosari und dem von Batoeretno sowie längs der Straße von Batoeretno nach Patjitan grenzen die Goenoeng-Sewoe-Kalke an ein Bergland aus gefalteten miozänen Tuffsandsteinen und vulkanischen Breccien. Die diskordant diesen Gesteinen aufliegenden Kalke brechen je nach ihrer Mächtigkeit in einer 30—50 m hohen Stufe darüber ab. Bei genauerer Betrachtung läßt sich erkennen, daß diese petrographisch bedingte Stufe sekundär ist. Die Fläche, die in der Gipfelflur des Goenoeng Sewoe repräsentiert ist, zieht auch über die angrenzenden gefalteten Gesteine — nun als deutliche Rumpffläche — hinweg, oder mit anderen Worten: sie schneidet die Kalke und ihre Unterlage schräg ab. Diese wichtige Tatsache kann man am besten an der Straße nach Patjitan zwischen Kilometerpaal 24 und 12 (die Paale zählen von Patjitan) erkennen. Hier schließt sich an das Kalkgebiet eine verhältnismäßig ausgedehnte, noch nicht von den Zuflüssen des Solo zerschnittene Tuffsandsteinhochfläche an, auf der die Gewässer, namentlich der Kali Pasang, Kali Baksoka (Oberlauf des obenerwähnten Kali Kladen) und der Kali Djanti-Barong der allgemeinen Abdachung folgend nach Südwesten fließen. Sie haben in das Sandsteinplateau flache Talungen eingeschnitten, so daß hier keine wirkliche Ebenheit auf größere Erstreckung mehr besteht, sondern Reliefunterschiede bis zu 100 m zwischen flachen Talböden und wasserscheidenden Rücken vorkommen. Im ganzen ist das sanftwellige Gebiet als kaum zerschnittene Rumpffläche noch gut erkennbar (vgl. Taf. III. Abb. 6). Südwestlich der Straße macht die normale Entwässerung der Karsthydrographie Platz. Nur die genannten Gewässer vermögen das Kalkgebiet als allochthone Flüsse ganz oder teilweise zu durchqueren. Dazwischen liegt ein mehr oder minder breiter Streifen eines seichten Karstes, in dem schon eine oberflächliche Entwässerung auf

44

undurchlässiger Unterlage zwischen den einzelnen darüber aufragenden Kalkkegeln entwickelt ist (Taf. III. Abb. 5). Diese Kalkrestberge weisen z. T. eine noch steilere Hangneigung als die Kegel des Goenoeng Sewoe auf und erhalten infolge seitlicher Unterschneidung durch die hin- und herpendelnden Gewässer, sowie durch Verwitterung der Unterlage und dadurch bedingte Einstürze oft eine abenteuerliche Form. Wie Zeugenberge stehen solche Kegel weit vor dem geschlossenen Rand des Kalkplateaus und erweisen dessen relativ rasche Zurückverlegung. Legt man nun Profile so durch diesen Rand, daß sie parallel zu den Flüssen über die wasserscheidenden Rücken verlaufen, so erkennt man, daß die „Gipfelflur" des Kegelkarstes sich in diesen mit gleichbleibendem Ansteigen fortsetzt (vgl. Profile Fig. 2). Demgegenüber entsprechen

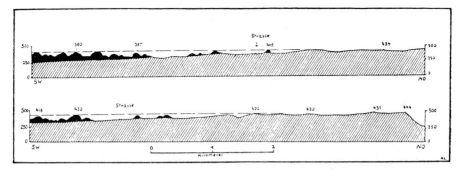

Fig. 2. Profile durch den Rand des Goenoeng Sewoe bei Poenoeng.
Schwarz: Kalk. Schraffiert: Tuffe, Sandsteine und Breccien. Unterbrochene Linie: Niveau der Rumpffläche.

erst die flachen Talungen der Flüsse einem tieferen Niveau, das in den Wannen des Goenoeng Sewoe ein Äquivalent findet [31]. Der scheinbar geschlossene Schichtstufenrand, den man von einigen Punkten der Straße aus zu erkennen meint, ist dadurch bedingt, daß vor dem Kalkgebiet vielfach eine Zone liegt, in der sich die zahlreichen Gerinne des Sandsteinplateaus zu einigen wenigen Wasseradern sammeln, somit die Talböden einen mehr oder minder zusammenhängenden Streifen tieferen Geländes bilden. Ganz ähnliche Verhältnisse liegen auch auf der Höhe des Goenoeng Panggoeng vor. Auch hier schließt sich eine Rumpffläche an das Karstgebiet an. Etwas komplizierter liegen die Dinge am Rand des Goenoeng Sewoe gegen die Ebenheit von Wonosari. Von der Straße von Djokjakarta nach Wonosari aus gesehen erscheint dieser Rand namentlich in seinem westlichen Teil als eine geschlossene, schnurgerade dahinziehende Mauer von 100—150 m relativer Höhe. Weiter im Osten, bei Semanoe, sind ihr einzelne Kuppen und Kuppenzüge vorgelagert, so daß hier die Grenze nicht so scharf ist. Nach der Auffassung von Verbeek und von Daneš ist dieser Rand ein Schichtstufenrand, nämlich der Steilabfall der Stufe m_3b gegen die darunterliegenden Mergelkalken m_3a. Tatsächlich sind die obersten im Becken von Wonosari auftretenden Schichten aber jünger als die Kalke des Goenoeng Sewoe. Es liegt offenbar eine große Flexur vor, mit der die Sewoe-Kalke unter

[31] In den breiten Talungen lassen sich Terrassen beobachten, die den obenerwähnten Randterrassen in den Dolinen entsprechen.

die Schichten des Beckens tauchen. In den nachstehenden Profilen (Fig. 3) ist diese Auffassung den von Verbeek und von van Valkenburg vertretenen Auffassungen gegenübergestellt. Sie gründet sich auf folgende Beobachtungen: Zwischen Bedojo und Semenoe läßt sich ein Fallen 15° Nord der sonst ziemlich flach liegenden Kalke mit Sicherheit feststellen. Die weiter nördlich auftretenden Kuppen zeigen dann sehr deutlich, daß ein Wechsel von der im Goenoeng Sewoe herrschenden groben Bankung zu einer mehr plattigen Absonderung eingetreten ist. Offenbar sind diese Kuppen in jüngeren Schichten ausgebildet, unter die die Sewoe-Kalke einfallen. Noch besser lassen sich

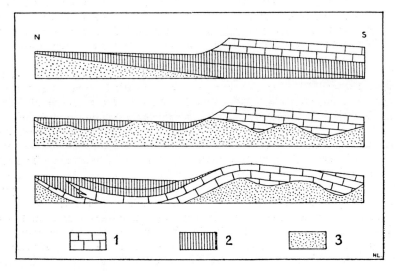

Fig. 3. Schematische Profile durch den Rand des Goenoeng Sewoe bei Wonosari. Oben nach Verbeek, Mitte nach van Valkenburg, unten eigene Auffassung.

1 harte Riffkalke, 2 plattige Mergelkalke (Wonosarischichten), 3 Tuffe und Breccien.

die Lagerungsverhältnisse im Tal des Kali Tegoan südwestlich von Wonosari beobachten. Dieser Fluß sammelt südwärts fließend seine Quellbäche in der Umgebung von Wonosari. Gegen Süden schneidet er sich schluchtartig immer tiefer ein und verschwindet schließlich in einem Ponor.

In der Talschlucht [32] sind zunächst dünnplattige Globigerinenkalke wechsellagernd mit Mergelbänken erschlossen, die ein leichtes Ost- bis Südostfallen aufweisen. Ab und zu begegnen kleine Verwerfungen, die dem Goenoeng-Sewoe-Rand annähernd parallel laufen und gelegentlich ein Absinken der nördlichen Scholle erkennen lassen. Erst weiter im Süden stellt sich ein deutliches Nordfallen ein, das eine Strecke weit mit 5—7° gemessen werden kann. Eine größere Verwerfung mit stark ausgeprägter Ruschelzone quert das Tal kurz vor dem nach Kampoeng Kamal führenden Pfad (im schematischen Profil

---

[32] Ich habe dieses Tal mit dem Geologen Ch. A. D. Bothé vom Dep. Mijnwezen in Bandoeng begangen. Die mitgeteilten Tatsachen beruhen auf gemeinsamen Beobachtungen.

Fig. 4 nicht angedeutet. Unter dem Plattenkalk kommt hier ein löchrig verwitternder grobgebankter Foraminiferen-Algenkalk an den Tag, der in steilen Wänden zu dem klammartigen Flußtal abbricht. Nachdem der Pfad nach Kamal, der eine etwas sanfter geböschte Hangstelle benutzt, gequert ist, sieht man die nun wieder plattigen Kalke mit ost-westlichem Streichen plötzlich mit 28—30° weiterhin sogar mit 40° steil nordwärts einfallen. Unvermittelt steht man vor einem Ponor, in dem der Fluß unter einer ca. 20 m hohen Felswand aus kompaktem Kalk verschwindet, deren Kluftflächen ein senkrechtes Einfallen vortäuschen. Offenbar taucht hier der Sewoekalk in steiler Flexur unter den hangenden Plattenkalken des Beckens von Wonosari auf. Das nun trockene Tälchen führt klammartig weiter zu einem zweiten Ponor im Talboden, das wohl in der Regenzeit mitbenutzt wird. Darüber hinaus läßt sich der Taleinschnitt, sacht aufwärts führend, noch eine ganze Strecke weit nach Süden verfolgen.

Das Auftauchen der kompakten Sewoekalke fällt nun ersichtlich mit dem morphologischen Rand des Goenoeng Sewoe gegen die Ebenheit von Wonosari zusammen, wenn auch dieser Rand an der betreffenden Stelle durch eingreifende Tälchen stärker verwischt scheint als wenige Kilometer östlich oder westlich davon. Für unsere Fragestellung interessiert an diesen Beobachtungen besonders die Folgerung, daß die Sewoekalke wenigstens zum Teil, wenn nicht ganz durch jüngere Ablagerungen bedeckt gewesen sein müssen, die im Becken von Wonosari z. T. noch erhalten sind. Damit ist ein weiteres Argument für den *Rumpfflächencharakter* des durch die Gipfelflur angedeuteten Niveaus gegeben.

Diese Rumpffläche ist das älteste Formelement, das wir im Goenoeng Sewoe und den angrenzenden Gebieten mit Sicherheit nachweisen können. Für das Sandstein- und Brecciengebiet steht ihr Charakter als einer subaerisch gebildeten großen Einebnungsfläche außer Zweifel. Ihre ehemalige Ausdehnung über ein Kalkgebiet, das so sehr zur Verkarstung neigt, wie das Goenoeng Sewoe, bedarf jedoch noch der Erklärung. Zwei Möglichkeiten sind ins Auge zu fassen: Entweder ist die Fläche wenigstens in den küstennahen Gebieten als Abrasionsfläche gebildet worden oder sie ist wie ähnliche Flächen im dinarischen Karst subaerisch nahe dem Meeresniveau entstanden, wobei später abgetragene Deckschichten die Anlage einer normalen Entwässerung begünstigt haben können. Erst mit der stärkeren Heraushebung dieses Gebietes würde dann der Karstprozeß begonnen haben. Welche dieser beiden Erklärungsmöglichkeiten zutrifft, läßt sich heute nicht mehr entscheiden. Doch spricht für die subaerische Entstehung der Rumpffläche das völlige Fehlen von Strandkonglomeraten und ähnlichen Küstenbildungen, die sich in besser erhaltenen Teilen der Rumpffläche doch noch finden müßten, wenn es sich um eine Abrasionsfläche handelte.

Die alte Entwässerung ist ganz allgemein nach Süden bis Südwesten über das heutige Kalkgebiet hinweggegangen. Das bezeugt das noch heute benutzte Tal des Kali Kladen und das große Trockental von Giritontro-Sadeng. Auch im Kali-Ojo, der heute in einem scharf eingeschnittenen Kañon zur Küstenebene von Djokjakarta durchbricht, werden wir den Erben eines solchen im großen und ganzen nach Südwesten auf der Rumpffläche angelegten Flusses kennen lernen. Nur er und der Kali Kladen haben sich als oberflächlich entwässernde Flüsse behaupten können. Die übrigen Gewässer, die noch nicht dem erobernd nach Süden vordringenden Solo-System einverleibt worden sind, suchen heute ihren Weg ganz oder teilweise unterirdisch durch das Karstplateau hindurch, darin noch die alte Entwässerungsrichtung fortsetzend.

Die Vorgänge, die von der normalen Entwässerung zur Karstentwässerung und gleichzeitig zu einer weitgehenden Verbiegung und Zerstörung der alten Rumpffläche geführt haben, lassen sich nun noch näher nachweisen.

Wenn man auf Grund der Karten *Niveaulinien der Gipfelflur* konstruiert, derart, daß man mit jeder dieser Linien das Gebiet umreißt, in dem Kuppen von der durch sie angedeuteten Höhe gerade noch vorkommen, ergibt sich ein Bild, das den ersten Eindruck einer gleichmäßigen Nordsüdabdachung der Sewoeplatte sehr wesentlich modifiziert (vgl. die morphologische Karte im Anhang).

Die durch unsere Isolinien von 50 zu 50 m gekennzeichnete Gipfelflurfläche fällt nämlich nicht nur nach Süden zum Meer, sondern auch nach Norden zu den Becken von Wonosari und Batoeretno-Giritontro ab. Es lassen sich ferner in ihr deutlich drei ausgesprochene Aufwölbungen erkennen, zwischen denen zwei sattelartig eingebogene Regionen (Walmmulden) liegen. Gleich im Westen, unmittelbar südlich des Ojo-Durchbruches erreicht die Karstplatte 420 m Höhe (Goenoeng Bibal). Der Steilrand des Goenoeng Sewoe gegen die Küstenniederung von Djokjakarta schneidet fast genau den Scheitel dieser Aufwölbung.

Östlich davon folgt ein sattelartiges Absinken und zugleich ein deutliches Einbiegen der Isolinien gegen eine etwas asymmetrisch nach Norden verschobene Mittelachse. Die höchste Kuppe am Weg von Wonosari nach Baron erreicht nur 276 m (Goenoeng Krindjing). Von da fällt das Gelände ziemlich gleichmäßig nach Süden. Wieder östlich hiervon hebt sich eine breite Aufwölbung heraus, deren Scheitel man auf dem Weg von Semanoe nach Rongkop quert (Goenoeng Dowo 468 m). Sie setzt sich nach Norden mit einem erneuten Anstieg fort, der das Sewoe-Relief bis über 600 m hinaufführt und geht in den Rücken des Goenoeng Panggoeng über, der das Becken von Wonosari von dem von Batoeretno trennt. Im Osten folgt wieder eine Einschnürung und Erniedrigung der Kalkplatte bis zu einer Sattelhöhe von 300 m. Daran schließt sich eine dritte große Aufwölbung an, die im Goenoeng Bromo nordöstlich von Giritontro 531 m erreicht.

Im Gebiet dieser drei Aufwölbungen drängen sich die Isolinien meerwärts zusammen. Nur hier finden sich die hohen Kliffwände, die zuweilen hundert Meter senkrecht zur Brandung abstürzen. In den Sattelregionen ist die Küste des Goenoeng Sewoe dagegen sehr viel niedriger. An der Bucht von Baron erreichen die Kliffwände nur noch etwa 10—20 m Höhe.

Aus der Betrachtung des Bildes, das sich aus dem Verlauf der Isolinien ergibt, erhält man den Eindruck, daß eine gesetzmäßige Verbiegung der alten Oberfläche der Karstplatte vorliegt. Wir finden die gleichen Züge einer großräumigen Deformation in dem ganzen Gebiet des Zuidergebirges und werden auf ihren Mechanismus an anderer Stelle noch näher einzugehen haben. Im Zusammenhang mit dem Karstproblem interessiert hier zunächst eine auffällige Korrelation. Die erwähnten talartigen Hohlformen des Goenoeng Sewoe zeigen in ihrer Richtung eine klare Abhängigkeit von der gekennzeichneten Verbiegung der Gipfelflurfläche, indem sie *jeweils senkrecht zu den Isolinien* dieser Fläche verlaufen. Ferner zeigt sich, daß auf den Sattelregionen und den breiten Scheiteln der Aufwölbungen nur wenig oder keine *gerichteten* talartigen Hohlformreihen vorkommen. Die Häufung von Blindtälern und talartigen Hohlformen setzt hingegen da ein, wo sich die Isolinien zusammendrängen, d. h. wo ein stärkerer Abfall vorliegt, also in einer Region längs der Südküste und namentlich auch längs des Beckens von Wonosari im Bereich der von uns festgestellten großen Flexur. Auffällig ist besonders die radiale Anordnung der Hohlformreihen rings um den Scheitel der mittleren Aufwölbung (Goenoeng Dowo). Gerade hier in dem scheinbaren Gewirr von langgestreckten Hohlformen wird ihre gesetzmäßige Anordnung überhaupt erst durch die Konstruktion von Isolinien der Gipfelflurfläche aufgedeckt.

Das Trockental von Giritontro-Sadeng schneidet dagegen in seinem nördlichen Teil die Wölbungszone und die Richtung der übrigen talartigen Hohlformen; erst in seinem südlichen wie angeflickt erscheinenden Teil folgt es der Neigung der Gipfelflurfläche.

Die voranstehenden Beobachtungen legen es nahe, in den talartigen Bildungen zum größten Teil die Erben echter Tälchen zu sehen, die erst auf der sich verbiegenden und über die bisherige Erosionsbasis heraushebenden Rumpffläche in der Richtung der jeweiligen Abdachung angelegt worden sind. Bei einer weiteren Heraushebung vermochten diese kurzen Taltorsi, die wahrscheinlich niemals den heutigen Rand der Karstplatte erreicht haben, ihre anfängliche Funktion als streckenweise oberflächliche Abflußrinnen nicht mehr auszuüben. Sie fielen der Verkarstung anheim und die Entwässerung vollzog sich unterirdisch. Das Tal von Giritontro-Sadeng dagegen ist, wie schon Escher richtig erkannt hat, bereits *vor* der Verbiegung der Rumpffläche entsprechend der alten Abdachung angelegt worden, gehört also einer älteren Talgeneration an, als jene kurzen Taltorsi. Es hat sich ebenso wie die weiter östlich auftretenden durchlaufenden Täler dank der Erosionskraft des allochthonen Flusses noch weiter vertiefen und mit der Verbiegung Schritt halten können. Erst einer späten Phase gehört die Enthauptung des Trockentales von Giritontro durch das Einsinken des Beckens von Batoeretno an, wie in einem späteren Abschnitt noch näher ausgeführt werden soll.

Daß sich in einem Kalkgebiet auch ohne Mithilfe solcher allochthoner Flüsse normale Tälchen ausbilden können, ist nichts Außergewöhnliches. Sie sind vor Beginn der eigentlichen Verkarstung vielleicht sogar allgemein anzunehmen [33]. Die Existenz einer die Schichten schneidenden Rumpffläche, wie wir sie für das Goenoeng Sewoe wahrscheinlich gemacht haben und wie sie auch aus den Karstgebieten der Balkanhalbinsel bekannt ist, setzt ja an sich schon die Möglichkeit normaler oberflächlicher Entwässerung und Erosion voraus, allerdings unter bestimmten Umständen. Wahrscheinlich ist es nur nötig, daß das Gebiet in der Nähe der allgemeinen Erosionsbasis liegt. Daß die *reine* Karstdenudation zu Einebnungen über sehr ausgedehnte Flächen führen kann, hat man wohl theoretisch gefolgert, aber noch nicht praktisch nachgewiesen [34].

---

[33] Vgl. das Schema der Karstentwicklung bei E. De Martonne, Traité de Géogr. phys. 4. Aufl. 1926, Fig. 251.

[34] Auch die Ansicht von Blondel (a. a. O.), daß sich in Französisch Indochina weite Peneplains auf Grund reiner Karstdenudation gebildet hätten, bedarf noch der näheren Begründung.

Im übrigen hört auch *nach* dem Einsetzen der Verkarstung die fluviatile Ausgestaltung und Weiterbildung der talartigen Hohlformen keineswegs ganz auf. Denn es sind ja stets nur eine beschränkte Anzahl von Schlucklöchern vorhanden, durch die das Regenwasser den Anschluß an die unterirdische Entwässerung gewinnt. Das Wasser sinkt namentlich bei heftigen Güssen nicht genau an der Stelle in den Boden, wo es gefallen ist. Auf dem Wege zu den Versickerungsstellen kann und muß es in normaler Weise eine Erosionswirkung ausüben und zwar chemisch wie mechanisch. Im Goenoeng Sewoe ist dieser Vorgang klar zu beobachten. Meist führt ein verzweigtes Netz von kleinen Tälchen mit recht steilem Gefälle konzentrisch zu den Karstwannen hin. Gerade in einer solchen *linienhaft* wirkenden oberflächlichen Erosion und chemischen Denudation müssen wir m. E. einen wesentlichen Grund für die Isolierung der einzelnen Kuppen sehen, die auf andere Weise gar nicht erklärt werden kann. Auch die konkave Isohypsenführung der Wannenbegrenzung ist darauf zurückzuführen. Der Vorgang ist so zu denken: die zentralen Teile der Karstwannen vertiefen sich ziemlich rasch, ohne daß es aber zu einem nennenswerten Breitenwachstum kommen kann. Das den Schlucklöchern zuströmende Wasser folgt teils den vorgezeichneten, aus der alten Talanlage vererbten Bahnen, teils auch neu geschaffenen kurzen Rinnen und vertieft diese durch linienhafte chemische und mechanische Erosion. Die Hangpartien dazwischen, von denen das Wasser rasch zu den Sammeladern abfließt, werden weniger angegriffen. So wächst gleichsam der Hang der Kuppen zwischen zwei Tälchen nach unten in dem Maße, wie die Wanne sich vertieft, wobei natürlich das Bild der normalen Hanggliederung — Ausbauchung der Isohypsen zwischen zwei Tallinien — zustandekommen muß.

Oberflächliche, linienhaft gerichtete chemische und mechanische Erosion hat offenbar von vornherein einen großen Anteil an der Ausgestaltung des Reliefs. Die Verkarstung geht im Anfangsstadium sicher nicht von einer intakten Oberfläche, sondern von Erosionsrinnen aus, mit allen Übergängen von der normalen Entwässerung zur Karsthydrographie. Im Verlauf der Weiterentwicklung überwiegt das Tiefenwachstum der entstehenden Karsthohlformen deren seitliche Ausdehnung. Dieser Vorgang führt durch Versteilung der unteren Hangpartien zu einem konvexen Profil der Kegel, das um so ausgeprägter sein muß, je kleiner das Verhältnis des Kegelabstandes zu deren relativer Höhe über dem Boden der Hohlform ist. Mit der stellenweise außerordentlich raschen Eintiefung der Hohlformen hat die Erniedrigung der trennenden Riegel nicht überall Schritt halten können. Diese sind daher vielfach noch auf ein höheres, in schmalen Terrassen oder scharfen Hangknicken erkennbares Niveau eingestellt. Ebenso sind nicht alle ursprünglich angelegten Karstwannen im gleichen Maße weiter in die Tiefe gewachsen. Vielmehr ist im Laufe der Entwicklung eine gewisse Verringerung der Zahl der aktiven Hohlformen eingetreten und so liegen scheinbar tote Wannen gelegentlich ringsum eine besonders stark eingetiefte. Daneben treten ganze Reihen von talartig miteinander zusammenhängenden Hohlformen auf, zwischen denen die trennenden Riegel, wie glatte Felswände zeigen, offenbar über unterirdischen Wasserbahnen abgesackt und zusammengebrochen sind.

Das nachstehende Blockdiagramm (Fig. 4) versucht, die Entwicklung des Sewoe-Reliefs schematisch wiederzugeben, ohne natürlich der ganzen Mannig-

Abb. 5. „Seichter" Karst mit aufgedeckter Unterlage bei Poenoeng
Photo H. Lehmann

Abb. 6. Die Rumpffläche östlich Poenoeng
Photo H. Lehmann

faltigkeit des Formenschatzes gerecht werden zu können. Namentlich vermag es die angedeutete regionale Gliederung des Goenoeng Sewoe nicht zum Ausdruck zu bringen. Auf sie muß daher später noch näher eingegangen werden.

Das hier aufgestellte Entwicklungsschema unterscheidet sich, wie man sieht, recht deutlich von der Entwicklung der „Cockpitlandschaft" nach der Auffassung von Grund. Es dürfte indessen für die meisten tropischen Kegelkarstvorkommen typisch sein. Die Unterschiede im Formenschatz der einzelnen Gebiete

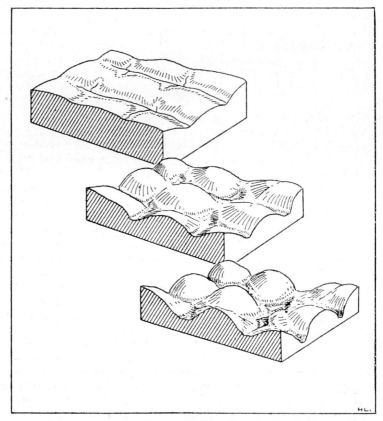

Fig. 4. Schema zur Entwicklung des Kegelkarstes im Goenoeng Sewoe

erstrecken sich, soviel ich sehe, hauptsächlich auf die Form der Kegel. Im chinesischen Kegelkarst scheinen hohe, spitze Kegel vorzuherrschen, „umgeworfene Kreisel", wie Handel-Mazzetti in einem guten Bild sagt. Andere Gebiete weisen vorwiegend bienenkorbartige Kegel auf. Halbkugelförmige Kegel finden sich nicht nur in den Kalkgebieten Javas, sondern auch in Süd-Celebes, auf der Insel Soemba und auf den Philippinen.

Gemeinsam ist allen diesen Variationen die Steilheit der Formen, die große Anzahl der Kegel auf engstem Raum und ihre meist gleichmäßige Zurundung. Diese letztere Eigenschaft verlangt die Annahme von flächenhaft wirkenden

Lösungsvorgängen neben den oben nachgewiesenen linienhaft ansetzenden. Bereits Junghuhn hat die Beobachtung mitgeteilt, daß an überhängenden Wänden unter dem gerundeten Kuppenkopf gelegentlich ein Vorhang von Stalaktiten herabhängt. Das gleiche kann man in Süd-Celebes bei Bantimoeroeng sehen. Derartig starke Lösungsvorgänge stehen scheinbar im Widerspruch mit der theoretisch zu erwartenden geringen Lösungswirkung des warmen, kohlensäurearmen Wassers der tropischen Niederschläge. Tatsächlich fand Kolkwitz in dem von den Pflanzen abtropfenden Regenwasser im Urwald von Tjibodas (Westjava) nur 1 mg CO_2 pro Liter, also so wenig, wie an der Oberfläche reiner Seen [35]. Stärker dürfte die Bildung von CO_2 im Boden selbst sein. Das feuchtwarme Klima regt die Tätigkeit der im Boden befindlichen Mikroben an, die Gärung unter Bildung von Kohlensäure und verschiedenen organischen Säuren hervorrufen. Otto Lehmann hat der Tätigkeit dieser Mikroben wohl mit Recht einen großen Einfluß auf die chemische Abtragung der Karstgebiete zugeschrieben [36].

In welcher Richtung man die Ursachen für die besondere Begünstigung der Karstdenudation in den Tropen zu suchen hat, ist noch nicht restlos geklärt. Einschlägige Untersuchungen über diesen Gegenstand liegen nicht vor. Dies nimmt nicht Wunder, wenn man bedenkt, daß über Ausmaß und Wirkungsweise der Lösungsvorgänge selbst in den klassischen Gebieten der Karstforschung das letzte Wort noch keineswegs gesprochen ist. Fast keine der mir bekannt gewordenen Arbeiten über tropische Karstgebiete versucht eine Erklärung der auffälligsten Züge des Formenschatzes: der aus den Karstgebieten Europas nicht bekannten Steilheit der Kegel, ihrer gleichmäßigen Zurundung und ihrer großen Anzahl pro Flächeneinheit. Meist bleibt es bei der Feststellung, daß der eigentümliche Formenschatz „eine Folge der Karstdenudation" sei. So spricht Blondel dem Kegelkarst in Französisch-Indochina jede Sonderstellung ab. Er hält die Kegel für Restpfeiler des fortgeschrittenen Karstzyklus im Sinne von Grund. Faustino, der einen dem Goenoeng Sewoe außerordentlich ähnlichen Karsttypus von der Insel Bohol (Philippinen) beschreibt [37], kommt zu der nichtssagenden Feststellung, daß der Formenschatz „auf eine Kombination von besonderen Umständen wie Gestein, Hebung, chemische und mechanische Erosion, klimatischen und anderen Faktoren zurückginge und daß diese Faktoren ununterbrochen während einer langen Periode gewirkt hätten". Der Botaniker Handel-Mazzetti schildert einen wundervoll regelmäßig ausgebildeten Kegelkarst bei Loping in Kweitschou (China), streift aber nur kurz die Frage seiner Entstehung: „Was ist es, das solche Verwitterungsformen hervorruft, wie diese Kegel, in einer geologischen Formation (Trias), die uns anderswo ganz anders äußerlich entgegentritt? Das Gebiet liegt mir zu ferne, als daß ich mich an die Beantwortung der Frage machen könnte, aber meinem Gefühl nach dürften die tropenähnlichen Niederschlagsverhältnisse mitgeholfen haben" [38].

---

[35] R. Kolkwitz, Urwald und Epiphyten. Ber. d. Deutsch. Bot. Ges. zu Berlin 1932, S. 114.
[36] O. Lehmann, Karsthydrographie, S. 34.
[37] L. A. Faustino, The development of karst topography in the Philippine islands. The Philippine Journal of Science 49, 2, Manila 1932.
[38] A. a. O. S. 285.

Escher erkennt wohl in der Zurundung der Kuppen „durch Verwitterung" einen typischen Zug im Goenoeng Sewoe, gibt aber keine nähere Erklärung dieser Erscheinung [39]. Auch er kommt somit über die alte Auffassung von Daneš nicht wesentlich hinaus. Am eingehendsten beschäftigt sich der bekannte holländische Bodenkundler J. Mohr mit der Frage. Er sagt: „Wenn nach der Trockenzeit der Regenmonsun wieder einfällt, kommt noch eine Folge des Kalkes in bezug auf den Boden ans Licht. Der grob disperse und trockene Boden wird bei dem ersten schweren Regenguß rasch ein Opfer der Erosion und von höher gelegenen Orten in tiefer gelegene gespült. Der höchste Kalkstein wird dadurch wieder kahl, der niedrigste doppelt bedeckt, so daß hier die meiste Vegetation aufkommt, die höchste CO_2-Entwicklung im Boden stattfindet, der höchste CO_2-Gehalt im Bodenwasser ist und die intensivste Verwitterung des Kalksteingebirges stattfindet. Die höheren Stellen verwittern am wenigsten und heben sich also immer schärfer heraus. So entsteht das charakteristische, leicht schon von weitem erkennbare Profil eines Ostindischen Kalkgebirges" [40]. An dieser Deutung ist sicher soviel richtig, daß die Wannen offenbar Stellen stärkerer Lösungsvorgänge sind, als die benachbarten Hügel. Die Tatsache, daß das Regenwasser bei heftigen Güssen in den Wannen zusammenströmt und hier einige Zeit auf das Gestein einwirken kann, ehe es versickert, scheint mir aber von noch größerer Bedeutung zu sein, als die Vegetation, zumal da auch die Kegel ziemlich dicht bewachsen sind oder waren. (Vgl. Taf. II. Abb. 4.)

Einer freundlichen brieflichen Mitteilung von Otto Lehmann, der seinerzeit das Material von Handel-Mazzetti bearbeitet hat, entnehme ich schließlich noch folgenden Erklärungsversuch. Otto Lehmann glaubt, daß bei den steil eingesenkten Hohlformen des Kegelkarstes teilweise auch Schlote mitverarbeitet sind, die bei heftigen Wasserandrängen zur Zeit stärkerer Regengüsse durch *aufsteigendes* Karstwasser ausgelaugt sind. Derartige Vorgänge mögen tatsächlich bei der Entstehung der steilen trichterartigen Hohlformen in manchen seichten Karstgebieten Chinas mitspielen. Für die breiteren Wannen des Goenoeng Sewoe dürften sie, wenn überhaupt, doch nur von ganz untergeordneter Bedeutung sein. So kann die Entstehung des tropischen Kegelkarstes im einzelnen noch nicht restlos geklärt angesehen werden.

Festzuhalten ist jedoch, daß die geographische Verbreitung des Kegelkarsttypus in den Tropen resp. Monsunländern, sein Auftreten in Kalken ganz verschiedenen Alters, verschiedener Zusammensetzung und verschiedener Lagerung auf eine gemeinsame Entstehungsursache und wohl letzten Endes auf eine klimatische schließen läßt [41].

Kehren wir nach diesen mehr allgemeinen Erörterungen zum Goenoeng Sewoe

---

[39] A. a. O. S. 259.
[40] E. C. Jul. Mohr, De bodem der Tropen in het algemeen, en die van Nederlandsch-Indië in het bijzonder. Kon. Ver. Koloniaal Instituut Amsterd. Mededeeling XXXI. I, 2 S. 297.
[41] K. Sapper (Geomorphologie der feuchten Tropen, Berlin 1935) geht auf die Frage des tropischen Kegelkarstes nicht ein. Er vermerkt (auf S. 16) lediglich, daß in Mittelamerika „bei der großen Regenmenge, dem starken Humussäurengehalt und der verhältnismäßig hohen Temperatur der eindringenden Sickerwasser" das Karstphänomen sehr entwickelt ist. Demgegenüber betont Kolkwitz den geringen Säuregrad des Urwaldbodens von Tjibodas in Java.

zurück. Nicht überall herrscht der in unserem Diagramm wiedergegebene Formenschatz der steilen Kegel vor. Es treten nämlich auch ziemlich flache Formen mit breiten, vielfach von Telagas erfüllten Wannen auf (Taf. II. Abb. 3). Diese Gebiete passen nicht recht zu dem sonst in seiner Steilheit typischen Formenschatz des Kegelkarstes. Daneš faßte sie einfach als „küstenferne Strecken" auf, die „in einem sehr reifen, sogar schon ältlichen morphologischen Stadium ständen". Demgegenüber muß zunächst festgestellt werden, daß die Küstenferne keineswegs maßgebend für das Auftreten eines solchen flachen Formenschatzes ist, da sich auch am Nordrand der Sewoeplatte ein intensives Relief mit ganz jung wirkenden Formen findet. Man kann sich davon überzeugen, wenn man etwa von Semanoe aus das Goenoeng Sewoe betritt. Die Intensität des Formenschatzes nimmt auch nicht einfach linear mit der Entfernung von den Randgebieten ab. Eine gewisse Beziehung läßt sich dagegen zu der Verbiegung der Gipfelflurfläche erkennen. Das flache Relief findet sich fast ausschließlich in den weniger verbogenen Teilen der Fläche, die ein geringes oder gar kein Gefälle aufweisen und die gleichzeitig durch das Fehlen der ausgesprochenen talartig gerichteten Hohlformen gekennzeichnet sind. Sehr auffällig ist z. B. dieses flachere Relief in der Scheitelregion der mittleren Aufwölbung südlich des Goenoeng Dowo. Das fällt um so mehr auf, als man aus engen schluchtartigen Hohlformen hier auf die freieren Höhen hinaufkommt und einen guten Überblick über das ganze Gebiet hat. Auch auf dem Wege von Wonosari nach Baron passiert man nach der Durchquerung einer Zone mit schärfer akzentuiertem Relief eine solche mit weichen, flachen Formen, die mit der Sattelregion der Gipfelflurfläche zusammenfällt. Hier bieten sich Bilder dem Auge dar, die an eine ähnliche Kuppenlandschaft auf der Westseite des istrischen Karstes etwa bei Rovigno entfernt erinnern.

Wir stehen also vor folgenden Beobachtungstatsachen: In den zentralen Gebieten der Aufwölbung meist flache, breite Formen; in den Randgebieten der Aufwölbung steile, enge, jung wirkende Formen ohne Anzeichen eines vorangegangenen „Reifestadiums". Es kann keinem Zweifel unterliegen, daß die „jungen" Formen während des gleichen Zeitabschnittes entstanden sind, wie die scheinbar alten. Eine Erklärung dieser Verhältnisse mag sich aus folgender Überlegung ergeben. Der Karstprozeß kann nicht überall gleich schnell verlaufen. Es ist eine auch im dinarischen Karst vielfach beobachtete Erscheinung, daß die steilen „frischen" Formen vornehmlich in den Randgebieten des Karstes auftreten. So hat K. Kayser darauf hingewiesen, daß die Möglichkeit eines raschen Tiefenwachstumes besonders da gegeben ist, wo sich die unterirdischen Wasserbahnen der Erdoberfläche nähern, während in den Gebieten, wo es mangels guter Kommunikation zu einer Verschmierung und Versinterung der Klüfte kommt, das Breitenwachstum vorherrscht [42]. Man muß sich von dem Gedanken freimachen, daß sich die Hohlformen im Karst etwa auf ein einheitliches, einer „Erosionsbasis" gleichkommendes Niveau beziehen, wie das die stillschweigende oder ausgesprochene Voraussetzung für manche Karstarbeit war. Gebiete mit auffälliger Frische der Formen liegen nicht selten unmittelbar neben karsthydrographisch toten Zonen.

Die Randgebiete des Goenoeng Sewoe sind Zonen karsthydrographisch besonders guter Kommunikation. Am Rand des Beckens von Wonosari ver-

---

[42] K. Kayser, Morphologische Studien in Westmontenegro, a. a. O.

schwindet eine Reihe von Bächen in Schluchtponoren, über denen sich alte Talböden zum Teil noch in das Goenoeng Sewoe hinein fortsetzen, wie wir das vom Tälchen des Kali Tegoean geschildert haben. Die Tälchen schneiden sich auf wenige hundert Meter Entfernung tief in die bis an den Sewoerand heranreichende Ebenheit von Wonosari wie auch in die Karstplatte selber ein und geben Zeugnis von einer außerordentlich raschen Tieferverlegung der Wasserbahnen. Dementsprechend sind auch die Karstwannen in diesem Randgebiet steil und tief. Senkrechte Felswände in den unteren Hangpartien der Kegel zeugen von ruckartigen Nachsackungen und Einstürzen. Es ist möglich, daß das Vorhandensein von Zerrungsklüften und Brüchen, wie sie in den stärker verbogenen Randzonen vorkommen, die Karstdenudation besonders begünstigt, wie das die Theorie von Otto Lehmann fordert, während in den weniger gestörten zentralen Gebieten das Fehlen solcher Klüfte die Kommunikation mit den hier viel tiefer liegenden Wasserbahnen unterbindet.

Demgegenüber deutet nun die geschilderte terrassenförmige Gliederung der Karstwannenböden wie auch der mit ihnen korrespondierenden Blindtäler im seichten Karst auf eine ganz allgemeine Unterbrechung und Neubelebung des Tiefenwachstums. Vorausgegangen ist dieser Neubelebung eine ebenfalls ganz allgemeine Zuschwemmung der vorhandenen Hohlformen mit Terra rossa und feinkörnigem Tuff. Besonders das Trockental von Giritontro läßt diese Vorgänge gut erkennen. Mit der immer weiter fortschreitenden Heraushebung des Goenoeng Sewoe und der Enthauptung des Tales verfiel dieses der Verkarstung, die den einheitlichen Talboden in eine Reihe von Wannen zerlegte. In diese Wannen sind beträchtliche Massen von Terra rossa und Tuff von den benachbarten Hochgebieten hineingeschwemmt worden. Dabei mag es, wie gelegentlich auftretende dünne Geröllagen zeigen, hier und da zu lokalen Gerinnen gekommen sein. Auch lassen Lagen von schwarzem fetten Ton auf zeitweise Seebildungen schließen, in denen wir die Vorläufer der heutigen Telagas sehen können. Die im allgemeinen wohlgeschichteten Schwemmtuffe weisen vielfach ein stärkeres Einfallen zur Mitte der Wanne auf. Nur zum Teil wird man darin die normale Lagerung von Schwemmkegeln erblicken können, vielmehr scheinen auch nachträgliche Rutschungen und Nachsackungen mitgespielt zu haben. Deutlich sind in diese Ablagerungen die heutigen Telagas eingesenkt; kleine Tälchen und kurze Wasserrisse schneiden tief in sie ein und bilden zum Teil regelrechte Badlands heraus. Der Betrag der Eintiefung hat größtenteils den der vorangegangenen Aufschüttung noch nicht wieder erreicht. Die Telagas sind zum Teil über den undurchlässigen Tuffen aufgestaut.

Auch für eine Reihe von geschlossenen Hohlformen außerhalb des Trockentales gilt das gleiche. Beispiele außerordentlich rascher Eintiefung des zentralen Teiles der Wannen, wobei der alte Wannenboden noch in Gestalt einer randlichen Terrasse erhalten ist, lassen sich in beliebiger Zahl anführen. Sie scheinen allerdings an bestimmte Zonen gebunden zu sein, nämlich an die Randgebiete der Karstplatte und an die Nachbarschaft des tief eingesenkten Trockentales von Giritontro.

Auch im Gebiet des „*seichten*" Karstes und dort, wo bereits das Liegende zwischen den Karstrestbergen aufgedeckt ist, sind allenthalben schöne Terrassen zu beobachten. Ihre Verzahnung mit noch nicht zerschnittenen, aber randlich geöffneten Wannen östlich von Poenoeng erlaubt den Schluß, sie als Äquivalente des älteren Karstwannenstadiums anzusehen. Sie weisen auf eine junge Phase relativer Hebung des Goenoeng Sewoe, während an der Küste selbst Senkungserscheinungen in Gestalt von Ingressionsbuchten und ertrunkenen Talmündungen auftreten. Allerdings gehören derartige Senkungserscheinungen bereits einer vergangenen Periode an. Denn in der Ingressionsbucht des Tales von Giritontro-Sadeng kann man heute unter einer gehobenen Brandungshohlkehle entlang laufen. Außerdem scheint sich eine mehrere hundert Meter breite Küstenplattform, die heute gerade noch unter Mittelwasser liegt, langsam herauszuheben.

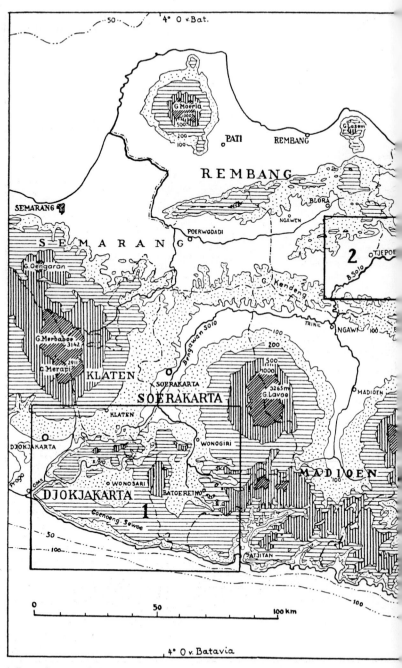

1 Lage der morphologischen Spezialkarte (Tafel VI). 2 Lage der morphologischen

ON MITTELJAVA

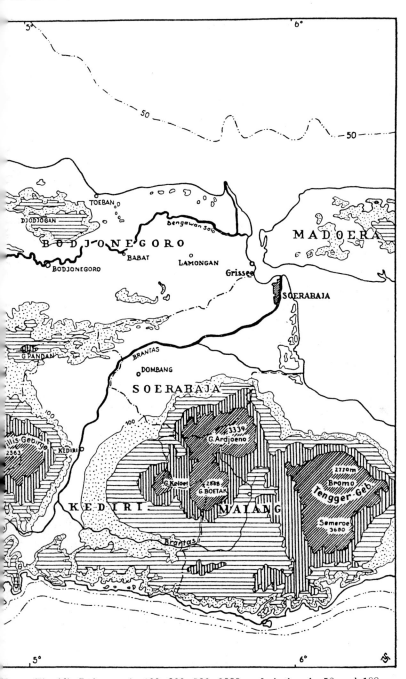

Karte (Fig. 13). Isohypsen in 100, 200, 500, 1000 m, Isobathen in 50 und 100 m.
Heft 9. J. Engelhorns Nachf. Stuttgart

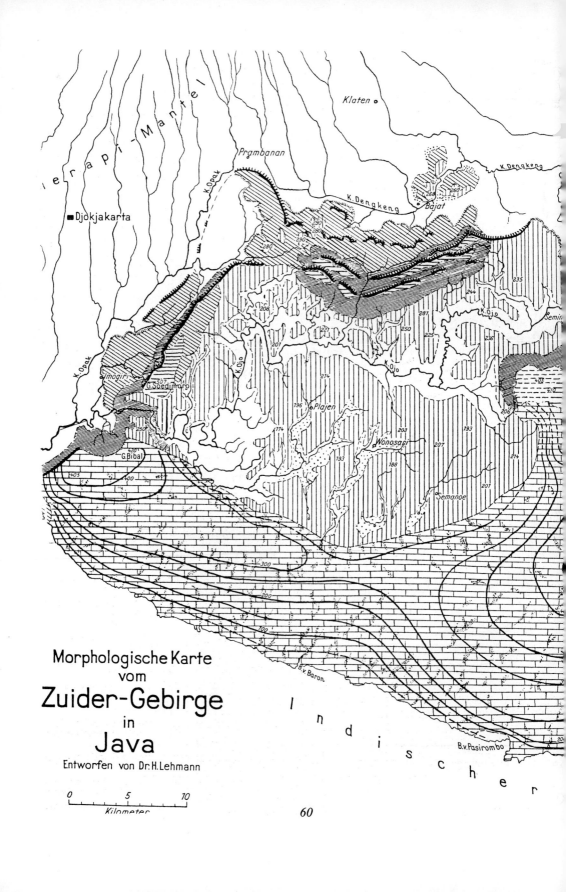

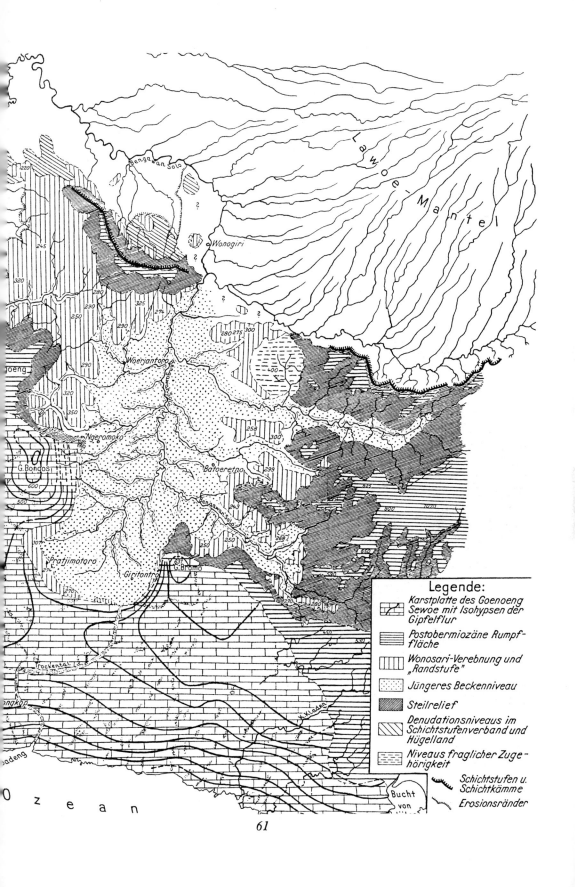

DIE UMSCHAU
IN WISSENSCHAFT UND TECHNIK,
HEFT 18/1953

KARST-ENTWICKLUNG IN DEN TROPEN

Von Prof. Dr. Herbert Lehmann, Frankfurt am Main,
Direktor des Geographischen Instituts der Universität

Bild 1: Karstkegel („Mogotes") am Rande der Sierra de Los Organos, Cuba.

In einigen Gegenden der Tropen, vor allem in Westindien und Ostindien, sowie in den sommerfeuchten subtropischen Provinzen Südchinas treten Landschaftsformen auf, die durch eine Häufung von steilen, zuckerhutförmigen, bienenkorbähnlichen oder halbkugeligen Bergen von annähernd gleicher Höhe ein pittoreskes Aussehen erhalten. Der Reisende wird je nachdem an ein aufgestelltes gigantisches Kegelspiel, ein mit Riesenfiguren besetztes Schachbrett oder an ein Feld von dichtgedrängten überdimensionierten Maulwurfshügeln erinnert (Titelbild und Bilder 1 und 2). Es handelt sich, wissenschaftlich gesehen, um Spielarten des sogenannten „Kegelkarstes", dessen Bildung nach unseren heutigen Kenntnissen an das feuchtwarme tropische bzw. sommerfeuchte subtropische Monsun-Klima gebunden ist.

Unter „Karst" versteht man in der Geographie einen Formenschatz, wie er sich in löslichen Gesteinen, also Kalken, Dolomiten und Gips bei vorwiegend unterirdischer Drainage ausbildet. Die Bezeichnung ist einem Landschaftsnamen aus dem klassischen Land der Karstforschung, Jugoslawien, entlehnt. Die hier angetroffenen Oberflächenformen wurden gleichfalls unter örtlichen Namen zu typischen Leitformen des Karstes ganz allgemein erklärt. In der Tat sind bestimmte oberflächlich abflußlose Hohlformen von granattrichterähnlicher Gestalt, die sogenannten „Dolinen" (von Dolina = Tal), größere, geschlossene Wannen („Uvalas") und allseitig bergumrahmte Beckenebenen („Poljen") nicht nur für den jugoslawischen Karst, sondern für den Karst der gemäßigten Breiten überhaupt charakteristisch.

Indessen fügt sich der Formenschatz des tropischen Kegelkarstes nicht in dieses Bild. Für ihn sind die Vollformen charakteristisch, eben jene Kegel, Türme und

Bild 2: Zusammenbruch eines Karstkegels durch Lösungsunterschneidung bei Kweilin, Ost-Kwangsi. Aufn. Dr. Lau Tai Chi.

Halbkugeln, im Gegensatz zum Karst der gemäßigten Breiten, bei dem die Hohlformen die Physiognomie der Landschaft bestimmen. Das Kartenbild eines tropischen Karstes etwa auf Java (Bild 3) oder Jamaica wirkt wie die Umkehr einer Karte vom Karst der gemäßigten Breiten (Bild 4). Noch stärker tritt der Gegensatz in Erscheinung, wenn wir Luftbilder aus beiden Gebieten miteinander vergleichen: hier eine pickelübersäte, dort eine blatternarbige Landschaft. Diese Tatsache ist lange Zeit hindurch übersehen worden. Daher konnte der Kegelkarst als das fortgeschrittene Stadium des allgemeinen Karstzyklus erklärt werden, gemäß der in der Geomorphologie herr-

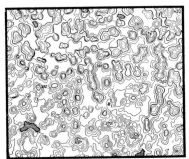

Bild 3: Kegelkarst in Java. Ausschnitt aus einer Karte. Durch Höhenlinien deutlich erkennbare Kalkkegel beherrschen das Bild.

(Bilder 3 und 4 im gleichen Maßstab!)

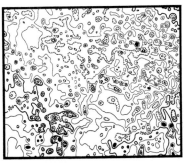

Bild 4: Dolinenlandschaft in Indiana (USA) bei Ramsey. Die Hohlformen sind durch einwärts gerichtete Strichelchen an den Höhenlinien gekennzeichnet.

Bild 5: Karren auf der Oberfläche der Kalkkegel, Sierra de Los Organos, Cuba.

Bild 6: Deckenkarren (keine Stalakliten!) in einer Höhle bei San Vicente, Sierra de Los Organos, Cuba.

schenden Methode, räumlich voneinander getrennte Formenbilder gedanklich zu einer Entwicklungsreihe, einem „Zyklus" aneinanderzufügen. In Wahrheit führt die Entwicklung einer Dolinenlandschaft in gemäßigten Breiten aber niemals zu einem Formenbild, das dem tropischen Kegelkarst gleicht, ganz abgesehen davon, daß dieser in der Regel nicht älter ist als jene. Wir kennen in den Tropen ausgeprägte Kegelkarstformen, deren Ausbildung nicht weiter als in das Pliozän zurückreicht. Andererseits findet sich in den außertropischen Karstgebieten nirgends ein Formenschatz, der dem tropischen Kegelkarst an die Seite zu stellen wäre, obgleich die Karstentwicklung hier ebenso alt oder noch älter ist. So bleibt nur der Schluß, daß der Karst in den Tropen eine eigene Entwicklungsreihe durchmacht, die sich von dem Karstzyklus in den gemäßigten Breiten in einigen wesentlichen Punkten unterscheidet.

Diese grundsätzliche Erkenntnis, die sich gut in das Gebäude der neueren klimatischen Morphologie einfügt, erklärt jedoch noch nicht den Vorgang, der zu dem abweichenden Formenbild führt. Hierzu bedarf es eines sorgfältigen Formenstudiums. Die Beobachtung entspricht nun hier nicht den theoretischen Erwartungen. Die Lösungsvorgänge, auf denen die Karstentwicklung beruht, müßten an sich in den gleichen geologischen Zeiträumen in den tropischen Gebieten einen geringeren Effekt haben als in den gemäßigten Breiten. Denn im Gegensatz zur normalen Verwitterung, deren Tempo wie die meisten chemischen Prozesse durch die größere Wärme beschleunigt wird, hängt die Löslichkeit des Kalkes im Wasser weit mehr von dem Vorhandensein von Kohlensäure ab. Während nun die Löslichkeit des kohlensauren Kalkes im reinen Wasser mit der Temperatur zunimmt, nimmt sie bei Vorhandensein von CO_2 im Wasser mit steigender Temperatur ab. Der Verkarstungsprozeß müßte danach in den Tropen eher langsamer vor sich gehen als in den gemäßigten Breiten. Auch ist, wie Untersuchungen von *Träufelwasser* im Urwald von Tjibodas auf Java ergeben haben, der CO_2-Gehalt des tropischen Regenwassers gering; selbst nach dessen intensiver Berührung mit pflanzlichen Organen konnte nur etwa 1 mg CO_2 im Liter festgestellt werden, also nicht mehr als im Regenwasser gemäßigter Breiten.

Indessen lehrt schon die Beobachtung von messer-

Bild 7: Seichter Karst bei Punung. Zwischen den Kegeln ist das Liegende der Kalke (Tuffe und Breccien) aufgeschlossen. Übergang von der Karsthydrographie zur normalen Entwässerung.

scharfen Karren an der Oberfläche tropischer Kalkkegel
(Bild 5), von ausgeprägten sogenannten „Deckenkarren",
wie sie in diesem Ausmaß noch nie beschrieben worden
sind *(Bild 6)*, und von „Stalaktitenvorhängen" an der
Außenseite von Halbhöhlen, daß die Lösungsvorgänge
entgegen dem nach den Laboratoriumsversuchen zu erwartenden Ergebnis tatsächlich sehr intensiv sind.

Noch deutlicher lassen die Großformen das energische
Wirken der Lösungsvorgänge erkennen. Während
die Dolinen im Karst der gemäßigten Breiten verhältnismäßig seicht bleiben, wachsen die entsprechenden durch
die Lösungswirkung des in ihnen zusammenströmenden
Wassers entstandenen Hohlformen rasch in die Tiefe und
werden zu steilen Trichtern, deren Grundriß nicht die bei
den „normalen" Dolinen übliche mehr oder minder rund-
liche Form, sondern eine mehr sternförmige Gestalt mit
konkav nach innen eingebogenen Seiten zeigt. Zwischen
ihnen „wachsen" die stehengebliebenen Pfeiler mit deutlich konischem Grundriß und Querschnitt relativ in die
Höhe.

Nach meinen Beobachtungen auf Java, in Celebes sowie in den westindischen Karstgebieten auf Cuba, Jamaica
und Puerto Rico kommt das Tiefenwachstum der Hohlformen erst dicht über der undurchlässigen Unterlage der
Kalke oder nahe dem Niveau des Meeresspiegels zum
Stillstand, weil in beiden Fällen eine weitere Verlegung
der unterirdischen Wasserbahnen in die Tiefe nicht möglich ist *(Bild 7)*. Nun ist nur noch eine seitliche Verbreiterung des Bodens der Hohlformen möglich. Dies
geschieht in der Hauptsache durch „Lösungsunterschneidung" am Fuße der Kegel. Das auf dem Boden der
Hohlform nach den schweren tropischen Regengüssen
zeitweilig gestaute Wasser greift nämlich am Fuß der
Kegel den Kalk länger und damit intensiver an, als das
auf der Kegeloberfläche selbst rasch abfließende bzw. einsickernde Regenwasser. Zuweilen bilden sich regelrechte
Hohlkehlen, vor allem aber zahlreiche, sich immer mehr
verbreiternde „Fußhöhlen", die den Kegel gewissermaßen unterminieren. Von Zeit zu Zeit stürzen die
unterhöhlten Partien des Kalkkegels nach, so daß es zu
steilwandigen, oft völlig isoliert aufragenden Türmen
kommt, die auf Cuba den Lokalnamen „Mogotes" tragen.
Die abgestürzten Massen unterliegen im Bereich des ge-
stauten Grundwassers, eingebettet in die fast ständig
durchfeuchtete „Terra rossa", sehr rasch der chemischen
Auflösung. In den durch „Lösungsunterschneidung" seitlich weiterwachsenden Karstrandebenen und Karst-
beckenebenen im Innern der Kalkgebiete zeugen noch
einzelne, die Terra-rossa-Decke durchspießende Karrensteine von der völligen Aufzehrung einzelner Kalkkuppen.

Der typische Formenschatz der über solchen Karstverebnungen aufragenden steilwandigen „Mogotes" und der
ihnen entsprechenden Formen in China, auf Celebes usw.
läßt sich an dem nachstehenden, aus exakten Einzelbeobachtungen gewonnenen Querschnitt verdeutlichen
(Bild 8). Er findet sich als Spätstadium der tropischen
Karstentwicklung überall dort, wo massige Kalkschichten
von ziemlich reiner Konsistenz vorliegen. In unreinen,
mergeligen Kalken bilden sich dagegen Formen aus, die
stärker an diejenigen des Karstes der gemäßigten Breiten
erinnern. Dagegen spielt weder das geologische Alter der
Kalke noch der Unterschied zwischen massigen Riffkalken
und geschichteten Kalken eine Rolle.

Die Anordnung der Kegel einerseits, der Hohlformen

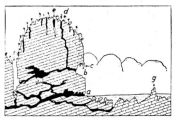

*Bild 8: Schematischer Schnitt durch einen Karstkegel (Mogote)
auf Cuba. — a Fußhöhle mit Deckenkarren. — b Halbhöhle
(Balme) mit Stalaktitenvorhang (c). — d und e Karstschlote
(Jamatyp), teilweise mit Terra rossa verstopft. — f Karstgasse.
— g isolierter Karrenstein, aus Terra-rossa-Bedeckung aufragend.*

andererseits zeigt in den untersuchten tropischen Karstgebieten vielfach eine gewisse, oft schachbrettartige
Regelmäßigkeit, die besonders auch auf den Luftbildern hervortritt, und die es nahelegt, von „gerichte-
tem" Karst zu sprechen. Drei Ursachen, in der Natur
teilweise miteinander kombiniert, sind hierfür maßgebend.
Einmal kann eine gewisse Richtung als Folge eines
regelmäßigen Gewässernetzes sein, das sich auf der Oberfläche des noch nicht der Verkarstung anheimgefallenen
Kalkgebietes vor dessen Heraushebung über die allgemeine Erosionsbasis ausgebildet hat, so wie ich es am
Gunung Sewu („Tausendgebirge") auf Java gezeigt habe,
und wie es auf dem Entwicklungsschaubild *(Bild 9)* dargestellt ist. Sodann können Kluftsysteme bevorzugte
Angriffszonen für den Verkarstungsprozeß bilden und
somit zu einer regelmäßigen Anordnung der Kalkkegel
und Hohlformen längs der tektonischen Leitlinien führen,
wofür das berühmte Cockpit-country auf Jamaica das
beste Beispiel abgibt *(Bild 10)*. Endlich kann — wie in
Puerto Rico — die reihenförmige Anordnung der Kalkkegel auch dem Ausstreichen der geologischen Schichten
folgen, also durch die Lagerungsverhältnisse bedingt sein.
Welche dieser drei Ursachen jeweils maßgebend ist, muß
von Fall zu Fall untersucht werden.

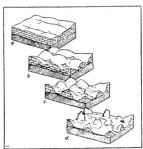

*Bild 9: Schema der Kegelkarstentwicklung in den Tropen. —
a) Anlage eines rudimentären Gewässernetzes bei Lage der Landoberfläche in geringer Höhe über der allgemeinen Erosionsbasis.
— b) Verkarstung bei Hebung: Anlage von abflußlosen Karsthohlformen und deren Tiefenwachstum. Unterirdische Entwässerung in karsthydrographisch wirksamen Klüften (schwarz). —
c) Bei Erreichung der stauenden Unterlage Übergang zu oberirdischer Entwässerung. Beginnende Verschmelzung der Hohlformböden, Versteilung der Restkegel. — d) Völlige Isolierung und
weitere Versteilung der Restkegel durch „Lösungsunterschneidung".
Entwurf und Zeichnung H. Lehmann.*

Zum Schluß sei noch kurz die Frage erörtert, **warum der Karstprozeß in der gleichen geologischen Zeiteinheit in den Tropen einen größeren Effekt erzielt als in den gemäßigten Breiten**, bzw. warum er zu dem geschilderten andersartigen Formenschatz führt. Eine der Ursachen für dieses Faktum muß zweifellos darin gesucht werden, daß der Karstprozeß in den Tropen während des Quartärs **nicht durch die Kälteperioden der Eiszeiten unterbrochen oder herabgemindert wurde**, wie wir das für die meisten Karstgebiete der gemäßigten Breiten annehmen müssen. Ferner spielt wohl auch der Charakter der tropischen Niederschläge eine Rolle, die zu einer **häufigen vollständigen Durchflutung** der karsthydrographisch wirksamen unterirdischen Wasserbahnen und zu einem Wasserandrang in den Schwundlöchern am Boden bzw. an den Rändern der Karsthohlformen führen. Entscheidend aber dürfte die **Rolle der in dem warmen Klima üppig wuchernden Vegetation** sein. In den verwesenden Pflanzenteilen, die sich allenthalben in den Löchern, Fugen und Wannen der Kalkschratten ansammeln, ruft die gesteigerte Tätigkeit der Mikroben Gärung unter Bildung von CO_2 und organischen Säuren hervor. Ihr Einfluß bedarf qualitativ und quantitativ noch genauerer mikrobiologischer Untersuchungen. DK 551.44

Bild 10: Kegelkarstlandschaft in Westindien („gerichteter Karst"). Luftaufnahme. Die Kluftsysteme können bevorzugte Angriffszonen für den Verkarstungsprozeß bilden und somit zu einer solch regelmäßigen Anordnung der Kalkkegel und Hohlformen längs der tektonischen Leitlinien führen.
Bilder 1, 5, 6 u. 7: H. Lehmann.

3. DER TROPISCHE KEGELKARST AUF DEN GROSSEN ANTILLEN

H. *Lehmann*

Mit 11 Abbildungen und 6 Bildern

1. Verbreitung und Alter

Der Typus des tropischen Kegelkarstes ist in den Großen Antillen auf Cuba, Jamaica, der Dominikanischen Republik [1]) und Puerto Rico verbreitet in Kalken verschiedenen Alters, unterschiedlicher petrographischer Beschaffenheit und Tektonik. Keineswegs aber ist das Kegelkarstgebiet identisch mit der Verbreitung der Kalke überhaupt. Es gibt sowohl auf Cuba wie auf Jamaica mehr oder minder ausgedehnte Kalkgebiete, die nicht den Formenschatz des tropischen Kegelkarstes aufweisen, sondern nur die gewöhnlichen Karsterscheinungen wie Karren, flache Dolinen, Flußschwinden usw. Sie liegen bezeichnenderweise meist in geringer Höhenlage über dem Meer. Wo dies nicht der Fall ist, kann das Fehlen der sonst typischen Kegelkarstformen in ursächlichen Zusammenhang mit der unreinen, kreidigen oder mergeligen Beschaffenheit der Kalke gebracht werden.

Der Kegelkarst selbst zeigt in Westindien die gleichen Variationen vom niedrigen Kuppenkarst bis zum steilen Turmkarst, wie sie aus Südostasien bekannt sind, wenn auch so bizarre Bilder fehlen, wie sie der voll entwickelte südchinesische Turmkarst bietet. Dies liegt wohl in erster Linie an dem relativ geringen Alter der westindischen Karstentwicklung. Selbst da, wo mesozoische Kalke von ihr betroffen werden (Cuba), geht die Entwicklung des heutigen Formenschatzes von einer die Kalke und die angrenzenden undurchlässigen Gesteine kappenden Rumpffläche frühestens miozänen Alters aus. Der Beginn ihrer Verkarstung (oder Wiederverkarstung) fällt auf Cuba und Puerto Rico mit einer pliozänen oder gar pleistozänen Hebungsphase zusammen (vgl. *Massip, Marrero, Meyerhoff*), nur für Jamaica wird er von den dortigen Geologen (*V. A. Zans*) — vielleicht zu Unrecht — bis in das Miozän zurückdatiert.

Die allgemeinen Züge des tropischen Kegelkarstes auf den Großen Antillen sind von mir bereits an anderer Stelle dargelegt worden (Umschau 1953, Heft 18; Deutscher Geographentag in Essen 1953). Hier sei daher ergänzend auf einige besondere Fragestellungen eingegangen, die für die Diskussion des Karstphänomens in den Tropen von Bedeutung sind.

2. Entstehung und Weiterentwicklung von Karstrandebenen und intramontanen Karstverebnungen (Poljen, interior valleys) in den Tropen.

Wo das Kegelkarstgebiet nicht durch junge Brüche bzw. Flexuren begrenzt ist oder in einer geschlossenen Schichtstufe abbricht, wie dies im S. des puertoricanischen Kegelkarstes der Fall ist, finden sich häufig K a r s t r a n d e b e n e n (im Sinne von *K. Kayser*) ausgebildet, die von den undurchlässigen Gesteinen auf den anstehenden Kalk übergreifen und, mit einer mehr oder minder mächtigen Schicht von verschwemmten Lösungsrückständen bedeckt, die morphologische Basis der unvermittelt über sie aufragenden Kegel oder Türme bilden. Eine solche Karstrandebene, die sich weiter im Innern des Karstgebietes ausgebildeten Verebnungen verzahnt, ist in sehr klarer Weise an der Südseite der Sierra de los Organos auf Cuba bei Viñales (Provinz Pinar del Rio) ausgebildet (Bild 1). Dieses aus mesozoischen Kalken bestehende Gebirge hat seinen Namen von der orgelpfeifenartigen Auflösung der Gebirgsmasse in Pfeiler und Türme, die hier „Mogotes" genannt werden. Der geologische Bau ist kompliziert; er wird in den Publikationen über Cuba (*Massip*,

---

[1]) Auf das bisher unbekannte Vorkommen des Kegelkarstes in der Dominikanischen Republik hat mich Frau Dr. *G. von Koblinski* geb. *von Siemens* auf Grund der Auswertung von Luftbildern hingewiesen.

Marrero, Meyerhoff) verschieden und z. T. zu stark vereinfacht wiedergegeben (vgl. Abb. 1). Die Hauptmasse des Gebirges besteht aus sehr reinen, grobgebankten kristallinen Kalksteinen jurassischen und unterkretazischen Alters (La-Jagua- und Viñales-Formation). Sie sind stark gefaltet und z. T. auf die mittelkretazische Pizarras-Formation (Schiefer und

von steilen Wänden rings umschlossenes geräumiges Polje (interior valley) (Abb. 3). Die Straße nach Bagno San Vicente, die durch das Polje hindurchführt, benützt einen schmalen Einschnitt, der offenbar durch Niederbrechen eines untertunnelten Teiles der Bergumrahmung entstanden ist, dessen Paßhöhe aber 10 bis 15 m über dem Poljenboden im anstehenden Gestein

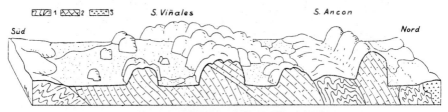

Abb. 1: Schnitt durch die Sierra de los Organos auf Cuba
1 Pizarras-Formation
2 Unterkretazische und jurassische Kalke
3 Serpentin (Tektonik vereinfacht)
Links die Karstrandebene von Viñales.

Sandsteine) in südlicher Richtung überschoben worden. Die von *Marrero* vertretene Auffassung der vor der Front der Viñales-Kette aufragenden Mogotes als „Klippen" vermag ich indessen nicht zu teilen, da die Ebene zwischen ihnen und der Viñales-Kette — wie vereinzelt aufragende Karrensteine und Trümmer von nahezu aufgezehrten Mogotes erweisen — unter einer dünnen Decke von angeschwemmtem Material aus Kalk besteht. Erst am Fuß der Sierra de Ancon treten etwas nördlich von Bagno San Vicente wieder stark gefaltete und gestörte Schiefer auf, die der Pizarras-Formation angehören. Jedenfalls ist die Ebene von Viñales, über der die Mogotes und isolierten Kegelkarstgruppen aufragen, eine echte Karstrandebene, die heute noch auf Kosten des höheren Reliefs in aktiver Weiterbildung begriffen ist. Die steilen, vielfach senkrechten Hänge der Mogotes, der isolierten, in Auflösung begriffenen Kegelkarstketten vor der Sierra Viñales und deren Fuß selbst werden unterschnitten von „Fußhöhlen". Steilwände von 30, 40 und mehr Meter Höhe weisen auf junge Einstürze. Das abgestürzte Material ist jedoch verschwunden, offenbar weil es im Niveau der Karstrandebene verhältnismäßig rasch durch Lösung aufgezehrt wird (Abb. 2). Oberflächliche Erosion fehlt durchaus nicht ganz, wie die Schwemmkegel am Fuß steiler Einschnitte zeigen. Auf intensive oberflächliche Korrosion deuten die tiefen Karrenrillen an den jungen Steilwänden und überall zu beobachtende „Stalaktitenvorhänge" vor Halbhöhlen, aber natürlich auch die für den Kegelkarst typische Zurundung der durch talartige Einschnitte, tiefe Karrengassen und yamaartige Dolinen voneinander getrennten Kuppen in den Ketten, deren „Skyline" noch die das Schichtfallen schneidende Ausgangsfläche des Verkarstungsprozesses anzeigt.

Etwa in gleicher Meereshöhe wie die geschilderte Karstrandebene liegt in der Sierra de Viñales selbst, etwa halbwegs zwischen Viñales und San Vicente ein

liegt. Die Hänge fallen, von einigen eingeschalteten Schwemmkegeln abgesehen, meist senkrecht zum Poljenboden ab und weisen in dessen Niveau (z. T. auch etwas darüber) zahlreiche Fußhöhlen auf, durch die das Polje nach den tropischen Regengüssen entwässert, und zwar n a c h a l l e n S e i t e n. Der Boden ist nicht ganz eben, und die Schichtfluten verteilen sich, wie auch aus der Verheerung der Felder in den etwas tiefer gelegenen Randpartien hervorgeht, ungleichmäßig über den ganzen Poljenrand. Hier liegt die aktive Zone, während der Boden des Polje selbst durch eine mindestens mehrere Meter mächtige Schicht von gelbbraun bis rötlichem terra-rossa-ähnlichem Verwitterungslehm dicht verschmiert ist. Nur in der Mitte ragt noch eine kleine Kalkkuppe heraus.

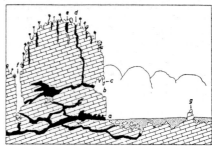

Abb. 2: Schnitt durch einen Karstkegel in der Sierra de los Organos
a = „Fußhöhle"
b = Halbhöhle
c = Stalaktitenvorhang
d = Jama
e = rudimentäre Jama
f = Karstgasse
g = isolierte Karrensteine

Abb. 3: Das Polje (interior valley) von Bagno San Vicente (nach Photographie und Geländeskizze)
Rings um das Polje sind die als Ponore dienenden Fußhöhlen erkennbar.

Wodurch wird das Niveau des Poljebodens, das auch von anderen „Interior Valleys" der Sierra de los Organos ungefähr eingehalten wird, bedingt? Die Kalke der Sierra Viñales setzen sich in die Tiefe fort; eine wasserstauende undurchlässige Unterlage dürfte also wenigstens für dieses Polje nicht anzunehmen sein. Dagegen liegt der Vorfluter in der benachbarten Karstrandebene in etwa der gleichen Höhe wie der Poljenboden. Diese Karstrandebene zeigt oberflächliche Wasserläufe. Sie kommen — wie der Rio de Ancon — aus dem südlich anschließenden, von der undurchlässigen Pizarras-Formation gebildeten Hügelland, das die Hauptwasserscheide der Provinz Pinar del Rio trägt, oder aber aus Karstquellen und verschwinden am Fuß der Sierra Viñales bzw. weiter westlich in der vorgelagerten Kette. Auf der Nordseite der Viñales-Kette tritt das Wasser in einer Reihe von Karstquellen wieder zutage, wobei aber gerade die Quelle des nördlichen Rio de Ancon keinen Höhlenflußcharakter zeigt. Es ist anzunehmen, daß diese Vorfluter die Höhenlage des Poljenbodens im Innern der Sierra Viñales bestimmen. Auch im „Cockpit Country" auf Jamaica sind Karstrandebenen zu beobachten. Eine solche ist sehr schön entwickelt westlich von Balaclava am Oberlauf des Black-River und des One-Eye-River, die beide aus dem Kegelkarstgebiet des Cockpit Country kommen (Abb. 4). Hier vollzieht sich der Übergang von der unterirdischen Hydrographie zur oberflächlichen Entwässerung unter Ausbildung einer Ebenheit, die sich mit den Kuppen des Kegelkarstes verzahnt. Bedingt ist sie durch das Auftreten undurchlässiger Gesteine der eozänen „Cambridge Beds", die das Liegende der mitteloligozänen Kalke bilden und in der zentralen Aufbiegungsachse zutage kommen, ebenso wie weiter östlich in dem „Aufbruch" der Black Grounds. Sie zieht aber von diesen Gesteinen über anstehenden Kalk hinweg. Die Verhältnisse liegen also — von der einfacheren Tektonik abgesehen — ähnlich wie bei Viñales in der Sierra de los Organos. Nur sind die von ihr isolierten Kegel des Cockpit Country keine Türme sondern Kuppen. Der Unterschied liegt in der geringeren Höhenspanne zwischen der Karstrandebene und der „Gipfelflur" des Cockpit Country begründet. Die sog. Poljen oder Interior Valleys am Nordrand des Cockpit Countrys werden uns weiter unten beschäftigen.

Einen anderen Typus von Karstrandebenen stellen die mehr oder minder breit entwickelten, von Schwärmen von „Haystakes" (Karstkuppen) durchzogenen Küstenebenen in Nordwest-Puerto-Rico dar. Ihre Ausbildung ist nicht an das Auftreten eines undurchlässigen Gesteines gebunden, sondern an die Nachbarschaft des Meeres. Dies muß so vorsichtig ausgedrückt werden, da wir seit dem Pliozän mit eustatischen Schwankungen des Meeresspiegels und gleichzeitig mit einer Hebung des Landes (in West-Puerto Rico zweifellos mit einer Hebung) zu tun haben, so daß die heutige Lage des Meeresspiegels nicht für die ganze Dauer des Verkarstungsprozesses maßgebend gewesen sein kann. Das Kegelkarstgebiet von NW-Puerto-Rico wird gebildet durch ein nach N. gekipptes aber ungefaltetes Schichtpaket von Kalken oligo- bis miozänen Alters, in dem mehrere nach ihrer petrographischen Beschaffenheit und dementsprechend karstmorphologisch verschiedenwertige Formationen unterschieden werden (vgl. Abb. 5). Das Schichtpaket wird von einer postmiozänen Rumpffläche (Cagua-Peneplain) gekappt, die ihrerseits gehoben, um etwa 1° nach N. gekippt und verkarstet ist. Die in dem küstennahen Gebiet entwickelten Karstrandebenen sind offensichtlich auf das im Mittel 10—25 m hohe Niveau einer die

69

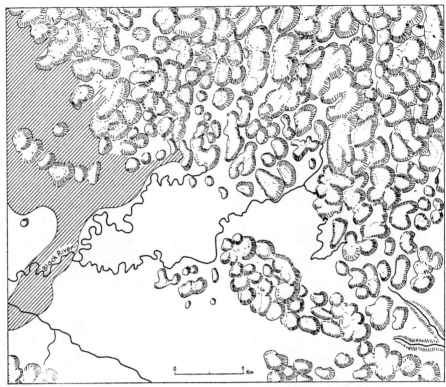

Abb. 4: *Karstrandebene bei Balaklava im Cockpitcountry auf Jamaica*
(Im schraffiert gezeichneten Gebiet ist der undurchlässige Untergrund aufgeschlossen)

Küste säumenden, von versumpften Schlenken und Lagunen durchzogenen Küstenplattform eingestellt, die selbst keine Karstkegel aufweist und auch nicht die Züge einer Karstrandebene trägt. Die Küstenplattform senkt sich von W nach E infolge einer tektonischen Schrägstellung. Östlich San Juan und in den Virgin Islands ist sie unter das Meer getaucht. Die Talsohlen der Flüsse, die im offenen epigenetischen Lauf das Kalkgebiet queren — von ihnen fließt nur der Rio Camuy eine kurze Strecke unterirdisch — sind im Mündungsgebiet deutlich in die Küstenplattform und damit auch in die angrenzenden Karstrandebenen eingesenkt. Diese Karstrandverebnungen, wie sie besser genannt werden dürften, bilden keineswegs eine völlig zusammenhängende Ebene. Sie setzen sich vielmehr zusammen aus einer Anzahl mehr oder minder geneigter, bis zu 100 m Meereshöhe ansteigender, zuweilen auch sanft welliger Verflachungen zwischen den meist reihenweise im Ausstreichen der Schichtköpfe angeordneten Karstkuppen (Abb. 6). Sie schneiden also

die nach N. einfallenden Schichten und sind eingesenkt in die durch das Kuppenniveau angedeutete, durch Verkarstung völlig aufgelöste „Cagua-Peneplaine" *Meyerhoffs*, die landeinwärts bis auf über 500 m ansteigt. Es sind echte Verebnungen, bei deren Bildung offenbar seitliche karstkorrosive Unterschneidung der Kuppen, oberflächliche Erosion und flächenhafte Zusammenschwemmung der Verwitterungsrückstände zusammenarbeiten. Deutlich ist zu erkennen, wie die oft sehr steilwandigen, wenn auch relativ niedrigen Kuppen allmählich aufgezehrt werden und die Verebnungen seitlich zusammenwachsen. Die primäre Ursache für das Aufhören des Tiefenwachstums einige Dekameter über dem (heutigen) Meeresspiegel muß meines Erachtens in der Stauwirkung des Meeres selbst gesucht werden. Sekundär spielen Verschmierung und Verschlemmung der abwärtsführenden Wasserbahnen angesichts der Mächtigkeit der rotbraunen bis gelbbraunen Verwitterungsrückstände gewiß eine Rolle. Trotzdem bleibt die unterirdische Entwässerung wenigstens

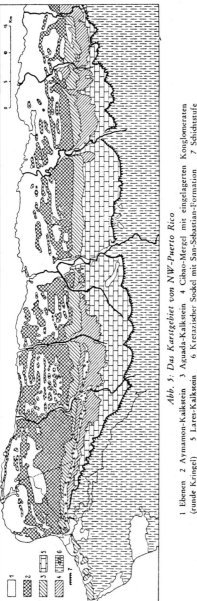

Abb. 5: Das Karstgebiet von NW-Puerto Rico
1 Ebenen 2 Aymamon-Kalkstein 3 Aguada-Kalkstein 4 Cibao-Mergel mit eingelagerten Konglomeraten (runde Kringel) 5 Lares-Kalkstein 6 Kretazischer Sockel mit San-Sebastian-Formation 7 Schichtstufe

zu einem guten Teil erhalten, nur liegen die Wasserbahnen relativ dicht unter der Oberfläche.

Das Beispiel von Puerto Rico lehrt also, daß die Kegelkarstbildung in der Nähe des Meeres aufhört (schon in Höhenlagen + 100 m) und die Hohlformen zu Ebenheiten auf Kosten der immer mehr zusammenschrumpfenden Kegel in horizontaler Richtung wachsen. Auf diese Weise mag ein Teil der ausgedehnten Karstverebnungen ohne Kuppenrelief gebildet worden sein, die sich namentlich auf Cuba, aber auch in der Küstenzone von Jamaica finden. Die Wiederverkarstung bzw. Umwandlung zu einem kuppigen Relief dürfte bei erneuter Hebung im Initialstadium erst allmählich einsetzen. Namentlich bei größerer Mächtigkeit der die Karstebenheit bedeckenden Verwitterungsrückstände dürften dabei oberflächliche Gerinne bzw. ein System von Tälchen bilden, die dann verkarsten und sich in Form von Dolinenreihen und Blindtälern vererben.

3. Frage des gerichteten Karstes

Auf diese Weise entsteht gleichfalls ein „gerichteter Karst", d. h. die Ausrichtung der Kegel in der Richtung des örtlichen Gefälles der Ausgangsfläche. Dies konnte ich bereits auf Java zeigen (*H. Lehmann* 1935). Es läßt sich aber auch ausgezeichnet auf Puerto Rico beobachten. Die Hohlformen zwischen den Kegeln zeigen — namentlich auch in der besonders zur Verkarstung geeigneten Laresformation — langgestreckte Formen in Richtung nach Süden, also dem Gefälle der Cagua-Peneplaine folgend und sind auffällig parallel angeordnet, wodurch eine reihenförmige Anordnung der Kuppen zwischen ihnen hervorgerufen wird (Abb. 7 u. Bild 2). *Meyerhoff* (1933) möchte diese Hohlformen generell durch Einsturz der Decken über unterirdischen Kanälen erklären, und in der Tat sind solche Einstürze von Höhlensystemen nicht allzu selten. Namentlich der Lauf des Rio Camuy ist ein gutes Beispiel dafür. Im allgemeinen spielen solche Einstürze aber wohl nur eine zusätzliche Rolle; vielfach genügt ein rasches Tiefenwachstum reihenförmig angeordneter Dolinen, um die fraglichen langgestreckten Hohlformen zu schaffen, ähnlich wie es auf Java der Fall ist. Die Anordnung der Dolinen, Schlucklöcher etc. in parallelen Reihen ist von der oberflächlichen Ausgangszertalung im Initialstadium der Verkarstung vorgezeichnet; sie vererbt sich auf die unterirdischen Wasserbahnen, anders wäre eine so strenge Abhängigkeit von dem Gefälle der — rekonstruierbaren — Ausgangsfläche nicht möglich.

Dies gilt wenigstens für Java und Puerto Rico, wo diese Verhältnisse auch an Hand der guten topographischen Karten nachgeprüft werden können, sowie für Guadeloupe. Aber bereits *Pannekoek* (1948) hat an Hand der Luftbildauswertung von Karstgebieten auf Neuguinea darauf hingewiesen, daß auch K l u f t - s y s t e m e eine entscheidende Rolle für die Ausrichtung des Kegelkarstes spielen können. Dies läßt sich besonders gut im Cockpit Country auf Jamaica zeigen, wo *V. A. Zans* (1951) die Verhältnisse untersucht und in einem Kärtchen niedergelegt hat. Die Anordnung der Hohlformen in diesem wohl unzugänglichsten Karstgebiet Westindiens folgt nachweislich den Bruchlinien, die hier in Richtung der generellen

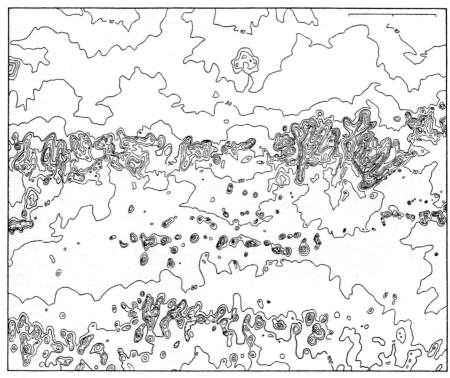

Abb. 6: *Karstrandverebnungen am Küstensaum von NW-Puerto Rico zwischen Manati und Baja Vega.*
(Maßstab = 1 km).

Landabdachung und senkrecht dazu verlaufen. Eine von mir vorgenommene Auswertung der Luftbilder zeigte in dem Gewirr von tausend und aber tausend Kuppen markante durchlaufende Linien, die keine Täler im eigentlichen Sinne darstellen (wie die Flußdurchbrüche in Puerto Rico) sondern eine Folge von Hohlformen, die sich an eine durchziehende Kluft anlehnen. (Vgl. Bild 3 und Abb. 8.)

Selbstverständlich spielt das herrschende Kluftsystem stets eine Rolle, da es das Eindringen des Karstprozesses erleichtert. Auch die Auflösung der steilen Wände an den Mogotes Cubas folgt vielfach — aber nicht ausschließlich — den durch das Kluftsystem vorgezeichneten Linien. Allein ist es jedoch nicht maßgebend, sonst könnten die Höhlensysteme im großen nicht jene immerhin auffällige Unabhängigkeit von Klüftung und Schichtung zeigen, die man tatsächlich beobachten kann. Auch wäre die gewässernetzartige Verästelung der Hohlformen, wie sie auf Java und Puerto Rico vorliegt, nicht durch ein Kluftsystem allein zu erklären.

Es gibt also v e r s c h i e d e n e Ursachen für den gerichteten Karst, die alle drei auf den Großen Antillen beobachtet werden können und natürlich innerhalb eines Karstgebietes zusammenwirken: Vererbung oberflächlicher Abdachungstälchen — Einfluß von Kluftsystemen (besonders in tektonisch stark beanspruchten Gebieten) — endlich Ausstreichen von widerstandsfähigen und weniger widerstandsfähigen Schichtpaketen an der Oberfläche (selektive Karstdenudation). Die letzte kann bei steilem Einfallen der Schichten zu einem „Sägegrat" oder „Orgelpfeifenkarst" führen, wie er in der Ancon-Kette der Sierra de los Organos, aber auch in vielen südchinesischen Karstgebieten vorliegt.

4. Einfluß der Gesteinsbeschaffenheit

Wie im Dinarischen Karst so beeinflußt auch in den tropischen Karstgebieten die physikalische und chemische Beschaffenheit des Kalkes die Art der Verkarstung. Die Bildung des typischen Kegelkarstreliefs setzt offenbar ziemlich reine Kalke voraus. Das geologische Alter und die Art der Lagerung spielen dabei keine Rolle. Riffkalke bilden ebenso typische Kuppen und Türme aus, wie gebankte Kalke. Dagegen ändert sich der Typus des Reliefs sofort, wenn kreidige, unreine oder gar mergelige Kalke vorliegen. Diese verkarsten zwar auch, aber es kommt nur zur Bildung wenig tiefer Dolinen, Uvalas und größerer, an Poljen erinnernder Wannen. Flache Formen herrschen vor. Oberflächengerinne und kleine Seen stellen sich ein.

Ein solcher Formenschatz, der weit mehr dem des Dinarischen Karstes als dem des typischen tropischen Kegelkarstes gleicht, ist beispielsweise auf Puerto Rico

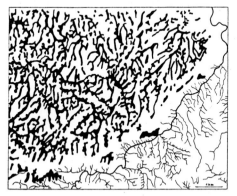

Abb. 7: „Gerichtete" Karst-Hohlformen in den Lareskalken bei Ciales (Puerto Rico)
In der rechten unteren Ecke oberflächliche Entwässerung in der San-Sebastian-Formation.
(gezeichnet nach Soil map of Puerto Rico 1936)

im Bereich der Cibao-Formation, die aus relativ weichem, weißem, kreidigem Material besteht, dessen relative Löslichkeit nach *Meyerhoff* gering ist. Der Unterschied zu dem Formenschatz der südlich von der Cibao-Formation ausstreichenden reinen Lareskalke ist so auffällig, daß die Gesteinsgrenzen ohne weiteres einfach nach dem Formenschatz auf der topographischen Karte oder auf den Luftbildern angegeben werden können.

Aber auch die in ihrer Hauptmasse als Riffkalke ausgebildeten Laresschichten, in deren Bereich die wildesten Kegelkarstformen zu beobachten sind, werden nach Westen zu immer unreiner, und hier ist der Kegelkarsttypus denn auch weniger gut entwickelt. Auch am Nordrand des Cockpit Country auf Jamaica tritt ein Karstrelief auf, das nicht dem Kegelkarsttypus angehört. In dem Küstenstreifen der Parish Trelawny können nur mehr oder minder flachwellige Formen beobachtet werden, obgleich sich das Gelände bis über 200 m über den Meeresspiegel hebt. Breite, zuweilen mit Wasser gefüllte Dolinen und große poljenartige Becken sind für dieses Gebiet charakteristisch. Ausgesprochene Kuppen fehlen so gut wie ganz. Der Karst ist mit einer mehr oder minder zusammenhängenden Bodendecke bedeckt. Oberflächlich fließende Gewässer stellen sich ein. Besonders stark fällt der Unterschied zu dem angrenzenden wild bewegten Cockpit Country bei Clarks Town auf, von wo aus die Straße in das Cockpit Country eintritt. Dieses hebt sich längs einer Verwerfung als geschlossene Mauer heraus. Bis Clark Town ist die Landschaft offen und dicht besiedelt. Von hier ab beginnt der nackte urwaldbedeckte Kegelkarst, der außerhalb der Straße so gut wie unpassierbar ist. Dieser auffällige Unterschied geht offenbar in erster Linie auf die Verschiedenartigkeit des Gesteinsmaterials zurück. Längs der Randverwerfung des Cockpit Country ist die White-Limestone-Formation abgesunken und ihre oberen kreidigen, po-

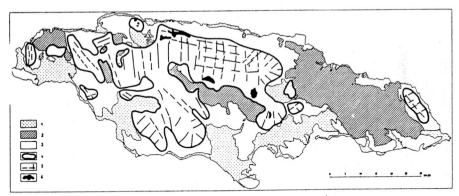

Abb. 8: Morphologisches Kärtchen von Jamaica (Entw. H. Lehmann)

1 Küstenebenen
2 Berg- und Hügelland in undurchlässigen Gesteinen
3 Kalkstein ohne typische Kegelkarstformen
4 Kegelkarstgebiet
5 die schwarzen Striche geben die Richtung der Kegelreihen bzw. der Hohlformen wieder
6 große Hohlformen im Kegelkarstgebiet.

Bild 1: Karstrandebene bei Viñales am Südsaum der Sierra de los Organos auf Cuba mit einzelnen isolierten „Mogotes"
Bild 2: Kegelkarst in der Laresformation (NW-Puerto Rico)
Bild 3: „Gerichteter" Kegelkarst im Cockpitcountry auf Jamaica
Bild 4: Karrengrate auf der Oberfläche des Kegelkarstes bei Bagno San Vicente (Cuba)
Bild 5: Fußhöhle mit „Deckenkarren" bei Viñales (Cuba)
Bild 6: Sehr gut ausgebildete Deckenkarren (Keine Stalaktiten!) bei San Vicente (Cuba)

Abb. 9: Schnitt durch das Cockpitcountry auf Jamaica nach van Zans (1951), etwas vereinfacht.
1 kreidige Kalke (Montpellier-beds)   3 Yellow-Limestone Formation
2 White-Limestone Formation   4 Schiefer

rösen, mit Flint durchsetzten Horizonte — die Montpellier-beds Hills (1899) — bilden zusammenhängend die Oberfläche (Abb. 9). In diesem Horizont sind ähnliche Formen entwickelt wie in der Cibao-Formation auf Puerto Rico. Die ziemlich ausgedehnten „Interior Valleys", die *Zans* für typische Poljen anspricht, sind nicht völlig eben. Sie werden teilweise oberflächlich durchflossen. Ihr Boden wird von lehmigem Verwitterungsmaterial bedeckt, das teilweise in bauxitische Terra Rossa übergeht und eine Mächtigkeit von 30 m und mehr erreichen kann. Kleinere flache Dolinen sind in den Boden dieser Interior Valleys eingesenkt.

In den anschließenden reinen, sehr dichten, kristallinen Kalken der im Cockpit Country herausgehobenen tieferen Horizonte der White-Limestone-Formation ist dagegen das klassische Kegelkarst-Relief entwickelt, das zuerst von *Danes* hier studiert wurde. Die tiefen als „Cockpits" bekannten Dolinen und die länglichen blindtalartigen Uvalas, die „Glades" genannt werden, sind gerade am Rand des Cockpit Countrys außerordentlich tief eingesenkt, oft bis zu mehreren 100 m, doch soviel ich sehe nirgends unter das Niveau der Randzone. Gleich anfangs auf dem Wege von Clarks Town durch das Cockpit Country trifft man eines dieser charakteristischen Glades an, das Barbecue bottom genannt wird (Abb. 10). Es wird von außerordentlich steilen Kegeln umsäumt, und sein Grundriß zeigt deutlich die konvex nach innen vorspringende Begrenzung, die ich für charakteristisch für die Kegelkarst-Gebiete halte, während die im kreidigen Material ausgebildeten Uvalas und Poljen mehr die vom Dinarischen Karst bekannten rundlichen Grundrisse aufweisen.

5. Oberflächliche Korrosion der Kegel

In den von mir auf den Großen Antillen besuchten Kegelkarst-Gebieten sind die Kuppen nicht von Verwitterungsrückständen bedeckt. Die urwaldartige Vegetation, die übrigens trotz der hohen Niederschläge gelegentlich einen xerophytischen Einschlag hat, stockt unmittelbar auf dem Kalk, der außerordentlich tief und scharfkantig zerschrattet ist. Die durchweg sehr gut ausgebildeten Karren grenzen mit messerscharfen Graten aneinander, die das Erklimmen der Mogotes zu keinem Vergnügen machen (Bild 4). Zuweilen sind die Karrengrate noch durchlöchert (Abb. 11). Die senkrechten Wände, die von relativ jungen Einbrüchen infolge von Unterschneidung herrühren, sind

Abb. 10: Barbecue-Bottom,
Karsthohlform bei Clarks Town, Jamaica
(Geländeskizze)

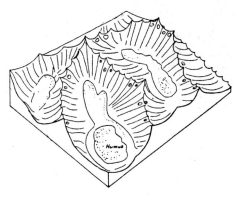

Abb. 11: Karrenwannen, von messerscharfen, z. T. durchlöcherten Karrengraten getrennt
Sierra de los Organos, Cuba.

75

gestriemt durch lange, tiefe Karren. Die senkrechten Klüfte sind oft bis auf mehrere Meter erweitert und bilden tiefe in die Mogotes hineinführende Karrengassen. Kreisrunde, röhrenförmige Jamas führen zwischen den Karrenpyramiden senkrecht in die Tiefe. Sie können sehr gut beobachtet werden, wo ein Kegel durch den Straßenbau angeschnitten ist, oder das Gelände zum Zweck eines kümmerlichen Anbaus gerodet worden ist. An einer solchen Stelle südlich des Cockpit Country auf Jamaica betrug der Abstand zwischen den einzelnen Jamas nur 4 bis 5 m.

Diese Verhältnisse zeigen, daß die oberflächliche Korrosion außerordentlich stark ist. Dies wird auch deutlich durch die bereits erwähnten „Stalaktiten-Vorhänge" an überhängenden Partien. Sie bilden sich dadurch, daß das oberflächlich über den zerschratteten Kalk abrinnende Wasser, das bei seinem kurzen Lauf bereits sehr viel Kalk gelöst haben muß, beim Herabtropfen über den Überhang verdunstet. Die gleichmäßige Zurundung der Kuppen, die vielleicht das augenfälligste Phänomen des tropischen Kegelkarstes darstellt, erklärt sich zwanglos aus der großen Intensität der oberflächlichen Korrosion. Wie stark im übrigen auch das periodisch in die Fußhöhlen einströmende Wasser selektiv korrodiert, zeigen die außerordentlich schönen „Deckenkarren", die man in vielen Fußhöhlen bei Viñales und in der oben beschriebenen Polje beobachten kann (vgl. Bild 5 u. 6). Sie setzen voraus, daß die Fußhöhlen zeitweise ganz von Wasser erfüllt werden.

Literatur

H. Lehmann: Der tropische Kegelkarst. Umschau f. Naturwiss. u. Techn. 1953, H. 18.

H. Lehmann: Der tropische Kegelkarst in Westindien. Verh. d. dt. Geogr.-Tages. Essen 1953. (In Vorbereitung)

Levi Marrero: Geografía de Cuba. La Habana 1951.

Salvador Massip: Introducción a la Geografía de Cuba. La Habana 1942.

V. A. Zans: On Carst Hydrology in Jamaica. Union Géodésique et Géophysique Internat. Bruxelles 1951, T. 2.

H. A. Meyerhoff: Geology of Puerto Rico. Monogr. of the Univ. of Puerto Rico. Series B, Nr. 1. 1933.

H. A. Meyerhoff: The Texture of Carst Topography in Cuba and Puerto Rico. Journal of Geomorphology. 1938.

A. J. Pannekoek: Enige Karsttereinen in Indonesie, in Tijdschr. Kon. Nederl. Aardrijksk. Genootsch. 65, 1948.

KARSTMORPHOLOGISCHE, GEOLOGISCHE UND BOTANISCHE STUDIEN IN DER SIERRA DE LOS ORGANOS AUF CUBA

H. Lehmann, K. Krömmelbein u. W. Lötschert

Mit 6 Abbildungen und 13 Bildern

Karst morphological, geological and botanical studies in the Sierra de los Organos, Cuba

Summary: In the autumn of 1955 a research team from Frankfurt University carried out field investigations in the Sierra de los Organos, Cuba. Altogether an area of approximately 400 sq. Km. was mapped and investigated geomorphologically (by *H. Lehmann*), geologically (by *K. Krömmelbein*) and botanically (by *W. Lötschert*). In addition chemical research was pursued on karst corrosion processes under tropical conditions. The main object of the field investigations taken altogether was the study of the tropical type of karst and its genesis.

The Sierra de los Organos, the "Organ Pipe Range", forms a mountain chain in western Cuba stretching from La Palma to Guane. It is of "Laramic" folding, and its highest parts, which hardly exceed 500 m., consist of Jurassic to Cretaceous and possibly also Eocene limestones and a series of sandstones and shales, the so-called "Pizarras" or Cayetano-formation. These latter, which occur on both sides of the limestone sierras, form a maturely dissected area of hills of an average altitude of 300 m., as for instance between the Ancón and the Viñales-Inferno-Chain; in part, however, this hill area is considerably lower. Contrary to *Palmer* (1945), the Cayetano formation is, because of its pre-Oxfordian age, to be considered older than the limestone in which, for the first time, fossils (Trigonia sp.) were found. Neither can *Vermunt's* opinion be maintained that the limestone is embedded within the Cayetano formation. Tectonically the mountains show an ordinary imbrication structure in which the succession of strata — Cayetano formation, Jagua-formation (Upper Oxfordian), Viñales limestone of Upper Jurassic to Cretaceous age — is repeated several times. The extent of the thrust faults is far smaller than was thought by *Palmer;* their dip is mainly northwards. The longitudinal and transversal faults are characterised by the occurrence of serpentine masses which are frequently joined to and kneaded with layers of the Habana formation. The age of the imbrication is Post-Eocene or Late-Eocene; the Eocene strata which have been affected tectonically and which superimpose normally the unstratified limestone of Cretaceous age still require a more exact stratigraphical classification.

As regards the morphology, the existing relief originated from an arch whose axis nearly coincides with the present watershed. The highest hills, however, the limestone sierras, are located north of this axis in the northern part of the arch. The results of the geomorphological research showed that three different levels were formed in the course of erosion and denudation. The oldest may be considered comparable to the Upper Miocene peneplain of other parts of Cuba. It corresponds with the level of the plateau-like limestone sierras taken as a whole, which are dissected into single limestone cones. A considerably lower level cuts the steeply dipping "Pizarras" and part of the limestone rocks. A third level is formed by plains and enclosed basins which surround the limestone sierras. Individually the limestone sierras show the typical "Kegelkarstrelief" of rounded cones and chimney like sinkholes or "Yamas". Their surface is completely covered by pointed lapies ("Karren"). Those beds which consist of other than the Upper Oxfordian pure limestone show no tendency towards formation of "Kegelkarst", though they too display karst topography.

It is a new observation that basins and plains, for which I suggest the name "Randpolien" (marginal poljes), without surface drainage, have formed around the limestone sierras. They all show the features of a polje, i. e. they are surrounded by higher ground, are without surface drainage, have a fairly flat bottom, but are bordered on one side by insoluble rocks ("Pizarras"). As is shown by isolated limestone towers ("Mogoten") which rise above the polje bottoms, these marginal poljes ("Randpolien") have expanded into the limestone from the boundary between the limestone and the shale. The drainage of these poljes takes place subterraneously through the limestone mountains. Evidently detritus of insoluble matter is also carried away subterraneously since sand and gravel of shale and serpentine occur at the mouths of cavernous rivers. In those cases where surface drainage is found, I suggest the adoption of the term Karst margin plains ("Karstrandebenen") as understood by K. Kayser, since these plains are mostly situated still within the limestone area. Both marginal poljes and karst margin plains always lie deeper than the neighbouring shale area and lie considerably deeper than the limestone sierras which rise out of them with steep cliffs of often more than 100 m. in height. In addition the genuine poljes completely surrounded by limestone are found (Jaruko Hoye, Portreito Hoye, etc.). The development of the poljes, marginal poljes and karst margin plains is a result of undermining by karst corrosion as described by H. Lehmann elsewhere. The level of their bottoms depends on the level of the "Vorfluter", i. e. the surface streams into which they are being drained and which form a local base level.

The karst formation process advanced under tropical conditions at considerable speed. Although the warm tropical rainwater contains only small quantities of CO_2 (2.5—3.5 milligrams per litre) a great quantity of CO_2 is brought into the ooze water and the water running down the lapies ("Karren") by the carbon dioxide which becomes available through the respiration of the microorganisms of the endolothic limestone rows (Verrucaria sp.) and the macro vegetation. Our analysis showed that water which had been running down on limestone for only a short distance already contained up to 21 m.g. of free CO_2 per litre. Consequently the corrosion effect is unusually great; analyses of water trickling down limestone showed up to 157 m.g. $CaCO_3$ per litre. These quantities are considerably greater than those measured in Europe.

As regards the vegetation in the area of the Sierra de los Organos, according to the different ecological conditions three types of woods have developed. The xerophytic vegetation of the limestone is characterised by the joint occurrence of Spathelia brittonii, Bombax emarginata and Carissia princeps. The hilly Pizarras are covered with dry oak woods (with Quercus virginiana) and in the higher parts with woods of Pinus tropicalis and Pinus carribbea. Both oaks and pines form a mesophytic mixed forest.

Vorbemerkung:

Die in den Monaten August bis einschließlich Oktober 1955 in der Sierra de los Organos (Provinz Pinar del Rio, West-Cuba) mit Unterstützung der Deutschen Forschungsgemeinschaft von H. Lehmann (Geomorphologie), K. Krömmelbein (Geologie) und W. Lötschert (Botanik) durchgeführten Arbeiten galten einem der ausgeprägtesten und landschaftlich reizvollsten Karstgebiete Westindiens.

Die Bezeichnung Sierra de los Organos (Orgelpfeifengebirge) ist ein bald im engeren, bald im weiteren Sinne gebrauchter Sammelname für mehrere teils parallele, teils gegeneinander gestaffelte Kalkketten zwischen La Palma und Guane in der Provinz Pinar del Rio. Die Untersuchungen beschränken sich auf den orographisch durch breite Scharten im Gebirgswald klar begrenzten mittleren Abschnitt zwischen der isolierten Kalkgruppe des Mogote La Jagua und dem Ostende der Sierra Quemado (s. Abb. 1). Eine frühere Bereisung des Gebietes durch H. Lehmann im Jahre 1952 hatte gezeigt, daß sich gerade hier nicht nur der beste Einblick in den Bau und die morphologische Entwicklung des Gebirges gewinnen ließ, sondern auch einige zentrale Fragen der Formgenese des tropischen Kegelkarstes besonders gut studiert werden konnten. Darüber hinaus bietet sich das wechselvolle Relief sowie die zonale Gliederung in Kalk- und Schieferzonen für vegetationskundliche und ökologische Studien an. Sehr erschwerend erwies sich zunächst das Fehlen brauchbarer topographischer Unterlagen. Für das Gebiet der Sierra de los Organos stehen — wie für ganz Cuba — bis jetzt nur die völlig unzulänglichen Militärkarten 1:100 000 zur Verfügung. Ihre horizontalen Distanzen weisen Fehler bis zu mehreren Kilometern, die Höhenangaben solche bis zu 200 m und mehr auf. Die Geländedarstellung dieses Kartenwerkes läßt einen erheblichen Aufwand von freispielender Phantasie erkennen. Glücklicherweise wurde uns für unsere Arbeitsgebiete durch die freundliche Vermittlung von Dr. *Gerardo Canet* (Havana) ein vollständiger Satz der im Maßstab 1:40 000 gehaltenen Luftbild-Reihenaufnahme sowie die Kopie eines nach ihnen angefertigten — freilich noch unvollendeten — entzerrten Planes gleichen Maßstabes vom Landwirtschaftsministerium zur Verfügung gestellt. Auf Grund dieser Unterlagen sowie zusätzlicher, mit dem Meßtisch durchgeführter graphischer Triangulierung und barometrischen Höhenmessungen konnte eine Karte des Arbeitsgebietes entworfen werden, die rund 400 qkm umfaßt. Die gleichen Unterlagen dienten für die geologischen und botanischen Arbeiten.

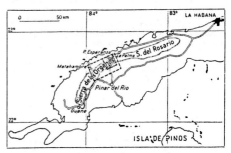

Abb. 1: West-Cuba
Lage des kartographisch erfaßten Arbeitsgebietes (gestricheltes Rechteck) und des in Abb. 2, 4 u. 6 wiedergegebenen Kartenausschnittes (schraffiert)

1. Zur Stratigraphie und Tektonik der Sierra de los Organos

(K. Krömmelbein)

a) Stand der Forschung

Geologisch wird unter der Sierra de los Organos im weitesten Sinne das laramisch gefaltete Gebiet W-Cubas verstanden. Der ungefähr W-E, im W-Teil mehr SW-NE verlaufende Gebirgszug läßt sich im Streichen in drei Zonen aufgliedern: In eine südliche Pizarras-Zone[1]), in eine mittlere Zone der Kalk-Sierren (Sierra de los Organos i. e. S.), die zuweilen durch Pizarras-Züge voneinander getrennt sind, und in eine nördliche Pizarras-Zone (die einen oder mehrere, morphologisch als Senken ausgebildete Kalkzüge enthalten kann). Eine Übersicht über diese Verhältnisse gibt u. a. die Karte von *Vermunt* 1937 sowie der „Atlas von Cuba" von *G. Canet.*

Seit *A. v. Humboldt* ist das Gebiet berühmt; er war es, der in den morphologisch bemerkenswerten Kalken die Jura-Formation vermutete. Unter den späteren Arbeiten sind die von *C. de la Torre* hervorzuheben, der das Jura-Alter durch Fossilien belegte; unter den neuen die der nordamerikanischen Geologen (*Lewis* 1932, *Palmer* 1945) und die Arbeiten der holländischen Schule (für das bearbeitete Gebiet *Vermunt* 1937). Die neueren Landeskunden von Cuba geben manchen Hinweis *(Massip, Marrero, Canet, Jimenez)*; ihre geologischen Profile gehen entweder auf *Massip* (Profile entworfen von *E. Raisz*) oder auf *Palmer* zurück. Die vorliegenden Ausführungen stützen sich auf eigene Feldbeobachtungen und setzen sich mit den bisherigen Auffassungen kritisch auseinander.

Ein erstes Problem, das einer Klärung zugeführt werden mußte, bieten die gegenseitigen Beziehungen der aufgeführten streichenden Zonen von Pizarras und Kalk, denn die einzelnen Bearbeiter sind in diesem Punkte zu erheblich voneinander abweichenden Meinungen gelangt. Die Gründe hierfür liegen in der noch nicht durchgeführten stratigraphischen Aufgliederung der mächtigen, an Makrofossilien ausgesprochen armen Kalkpakete, der vielfach fehlenden oder unklaren Aufschlüsse am Kontakt Kalk/Pizarras sowie der Unsicherheit in der Altersbestimmung der Pizarras-Schichten (= Cayetano-Formation). Auch die hier vorgelegte Bearbeitung konnte in manchen Fragen zu keiner eindeutigen Lösung gelangen und darf daher vielfach nur als Anregung für weitere Einzeluntersuchungen gelten. Zur Klärung von Schichtenfolge und Tektonik wurden mehrere Profile abgegangen und zum Teil eingehender aufgenommen. Das vorläufige Ergebnis ist in dem Kartenausschnitt (Abb. 2) und in dem etwas generalisierenden Profil (Abb. 3) niedergelegt. Die endgültige Auswertung des Materials wird erst nach der Bestimmung der aufgesammelten Fossilien möglich sein. Das Hauptprofil liegt an der Straße von Pinar del Rio nach San Cayetano; es beginnt dort, wo der steile Anstieg der südlichen Pizarras-Zone die aus tertiären Schichten gebildete Küsten-Ebene abschließt. Schwerpunkte der Untersuchung lagen in der Gegend zwischen Viñales und San Vicente. Der Vervollständigung dienten Teilprofile links und rechts der Straße. Übersichtsbegehungen, die bis nach Guane und zwischen Cabezas und Matahambre ausgeführt wurden, schlossen sich Luftbild-Auswertungen an. Das so gewonnene Bild der Stratigraphie und Tektonik beruht auf einer Reihe von neuen Beobachtungen, es kann jedoch nur einen generellen Überblick vermitteln, da die zur Verfügung stehende Zeit keine vollständige und eingehende Kartierung des Arbeitsgebietes erlaubte. Es mußten daher manche der sich ergebenden Einzelprobleme offen gelassen werden.

b) Schichtenfolge

Die Jagua-Schichten *Palmers* (= Ober-Oxford) sind der Angelpunkt für die Stratigraphie. Fossilreich und im Streichen lang aushaltend, sind sie das einzige Schichtglied, über dessen Alter es bisher keine nennenswerten Meinungsverschiedenheiten gegeben hat. Über ihnen liegen die dick gebankten Kalke, der Viñales-Kalk[2]) mehrerer Autoren, der Mogoten-Kalk schlechthin. Er reicht vom höchsten Jura bis weit in die Kreide hinein[3]). Unter den Jagua-Schichten liegen nach meiner Auffassung die Sandsteine und Ton-

---

[1]) „Pizarras" bedeutet allgemein: Schiefer; es handelt sich um die Sandsteine und Tonschiefer der Cayetano-Formation.

[2]) Unter Viñales-Kalk oder Mogoten-Kalk sollen hier alle kompakten Kalke von Jura- und Kreide-Alter verstanden werden, die über den Jagua-Schichten liegen, mit Ausnahme der Habana-Formation, die zwar Kalke enthält, aber doch mehr durch Sandsteine und vulkanisches Material gekennzeichnet ist. Diese weite Fassung des Viñales-Kalkes scheint mir z. Z. richtiger als eine engere, die im Gelände doch noch nicht anwendbar ist. Praktisch sind wohl schon die meisten Kalke irgendeinmal als Viñales-Kalk angesprochen worden. Zudem ist der Begriff weder durch eine genaue Ortsangabe noch durch ausreichend petrographische oder faunistische Untersuchungen festgelegt.

[3]) Wie vollständig diese Jura-Kreide-Folge entwickelt ist, entzieht sich noch der genaueren Kenntnis. Den Herren Dr. *P. Brönnimann* und *P. B. Truitt*, Havanna, verdanke ich die Angaben, daß mehrere Kreide-Horizonte nachgewiesen werden können, und daß stellenweise sogar noch Eozän, offenbar konkordant über der Kreide folgt.

schiefer der Cayetano-Formation, anscheinend durch Übergänge mit diesen verbunden.

Erstmals konnten bei San Cayetano und südlich der Ancón-Kette am Weg zur Finca El Ancón in den Sandsteinen dieser Formation marine Fossilien gefunden werden, die Aussicht bieten für eine paläontologisch gesicherte Datierung (Trigonia-Bank).

Über das Alter der Cayetano-Formation gingen die Auffassungen bisher weit auseinander. Paläozoikum und wohl auch älteres Mesozoikum müssen nach den neuen Fossilfunden ausscheiden, aber auch eine vielfach angenommene (z. B. von *Schuchert* 1935, Taf. nach S. 410) Gebirgsbildung zwischen Mittel- bis Oberjura/Unterkreide verliert an Wahrscheinlichkeit, da nach meiner Meinung eine konkordante Folge Cayetano-Jagua-Viñales-Formation vorliegt.

Lewis (1932 S. 536 und Profil S. 535) und *Brown* und *Connells* (1922) Angaben: „Pre-Middle-Jurassic" lassen sich nach Bearbeitung der Trigonien wohl präzisieren.

Zu entgegengesetzter Ansicht kam *Palmer* (1945, Tab. 1). Nach ihm hat die Cayetano-Formation oberkretazisches Alter und liegt über dem Viñales-Kalk. Zu dieser Auffassung kann man in der Tat leicht gelangen, da entlang einem Profil z. B. zwischen Viñales und San Cayetano ein N-Fallen der Schichten überwiegt und so die Cayetano-Formation normal über dem Viñales-Kalk zu liegen scheint. Gegen diese hohe Einstufung der Cayetano-Formation durch *Palmer* sprechen jedoch einige Beobachtungen: Z. B. die an manchen Stellen wahrzunehmende tektonische Natur des Kontaktes zwischen Viñales-Kalk und Cayetano-Formation; zum anderen scheinen fazielle Übergänge zwischen den Schiefern und Sandsteinen und dem Kalk zu bestehen (beobachtet in den Bachläufen E Viñales, wo in der Übergangszone zwischen den typischen Cayetano-Gesteinen und den kompakten Kalk-Bänken sandig-mergelige Bildungen, Kalksandsteine und Sandlinsen in unreinen Kalken vorkommen[4]).

Trotz alledem besteht immer noch die Möglichkeit eines oberkretazischen Alters wenigstens für einen Teil der Cayetano-Formation; erst die weitere Klärung der Stratigraphie und vielleicht auch die Bearbeitung der von mir gesammelten Trigonien können den exakten Altersbeweis erbringen. Große Bedeutung ist dabei der Aufgliederung des Viñales-Kalkes beizumessen. Läßt sich erweisen, daß jeweils verschieden alte, zur Zeit noch als Viñales-Kalk zusammengefaßte Gesteine am Kontakt gegen die Cayetano-Formation anstoßen, dann dürfte damit ein wesentliches Argument für ein oberkretazisches Alter entfallen, denn dieses basiert wohl wesentlich auf der scheinbaren Überlagerung auf den als unterkretazisch aufgefaßten Viñales-Kalk.

Vermunt (1937) anderseits faßte alle Kalke und die Cayetano-Gesteine als fazielle Glieder seiner „San Andres-Formation" (Jura-Kreide) zusammen; er hält die Kalkzüge stets für Einlagerungen in die Cayetano-Fazies und kommt auf diese Weise in seiner geologischen Karte der Provinz Pinar del Rio zu einem recht störungsarmen Bild. Allerdings weist auch er auf die nicht normalen Kontakte zwischen Kalk gegen Serpentin und Habana-Formation besonders hin (S. 25). Diese Deutung *Vermunts* wird aber schon durch die Beobachtung der wenigstens zweimaligen Wiederholung der Folge Cayetano-Jagua-Viñales-Formation grundsätzlich unwahrscheinlich. Normal über den Kalken liegende Cayetano-Sandsteine- und Schiefer gibt es nach meiner Beobachtung nicht. Auch der Nachweis von weiteren, häufig durch Serpentin und metamorphen Schiefern kenntlichen Störungen spricht ebenso dagegen.

c) Tektonik

Der tektonische Stil ist ein ausgesprochener Schuppenbau. Viele Kilometer lange streichende Störungen zerlegen das Gebirge in Streifen von etwa einen bis mehrere Kilometer Breite, in denen zumeist die stratigraphische Folge Cayetano-Formation / Jagua-Formation / Viñales-Kalk auftritt (z. B. in der Ancón-Zone), oder auch der Kalk (Valle de Viñales) oder die Cayetano-Formation allein vorkommen können (südliche und nördliche Cayetano-Zone). Häufig sind die Störungslinien durch das Auftreten von ± schmalen oder linsenförmigen Serpentin-Massen gekennzeichnet, die ihrerseits vielfach mit Gesteinen der Habana-Formation verknüpft, durchgeknetet oder verschuppt sein können, so daß beide kartiermäßig meist nicht getrennt werden können[5]). Das Alter der Verschuppung ist post-

---

[4]) Diese Beobachtungen wurden zusammen mit Mr. P. W. *Truitt* gemacht, dem ich auch sonst manchen Hinweis und klärende Diskussion verdanke. Eine dreiwöchige gemeinsame Gelände-Arbeit hat die vorliegende Arbeit ergebnisreicher gemacht, als ich ursprünglich hoffen konnte. Seine Mitarbeit kommt besonders auch in der geologischen Karte (Abb. 2) zum Ausdruck.

[5]) Das häufige Zusammenvorkommen von Serpentin und Habana-Formation scheint mir bemerkenswert, bietet aber manches Rätsel. Ebenso ist die Rolle und die Herkunft des Serpentins recht unklar. An dieser Stelle sei nur auf die Beobachtungen verwiesen, ohne daß Erklärungen versucht werden sollen.

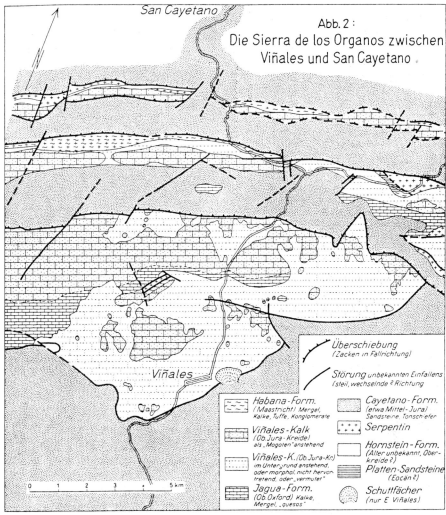

Abb. 2: Vereinfachte geologische Karte der Sierra de los Organos zwischen Viñales und San Cayetano. Auf der Grundlage von Luftbildern 1 : 40 000. Genauer aufgenommene Einzelprofile ergänzt durch Auswertung der Luftbilder, sowie örtlicher Überprüfung besonders wichtig erscheinender Punkte im Gelände. Von der Vereinfachung besonders betroffen sind folgende Gebiete und Formationen:

1. *Das Gebiet im östlichen Teil des Valle de Viñales („Laguna de piedra"). Die dort verbreiteten Jagua-Mergel sind in der Signatur „Viñales-Kalk im Untergrund" dargestellt worden.*
2. *Einzelne, kleinere Serpentin-Vorkommen sind nicht eingezeichnet.*
3. *Das Alter der als „Jagua-Formation" eingetragenen Kalke am westlichen Kartenrand ist paläontologisch nicht gesichert. Kleinere Vorkommen oberkretazischer Kalke sind nicht eingezeichnet.*
4. *Der nördliche und mittlere Cayetano-Zug enthält stellenweise fossilführende Gesteine der Jagua-Formation, bes. S der Ancón-Kette und E von Balneario San Vicente.*

eocän oder späteocän, da die rötlichen, dünnplattigen Eocänkalke die Kreideschichten offenbar normal überlagern[6]).

Die Überschiebungen sind nirgendwo befriedigend aufgeschlossen zu beobachten. Sie fallen, wie es scheint, stets nach Norden ein, zeigen somit einen Südvergenz. Diese (steile?) Südvergenz wurde aus dem Faltenbau der Cayetano-Schichten besonders nördlich der Ancón-Kette erschlossen. Dort, und auch an der Straße zwischen San Vicente und La Palma treten spitze, oft isoklinale Falten auf, deren Achsenebenen meist steil nach N einfallen. Das streichende Störungssystem wird ± rechtwinklig von NS verlaufenden Störungen gekreuzt, die meist nur kleinere Versetzungen hervorrufen; beide Störungsrichtungen machen sich auch morphologisch bemerkbar und sind auf den Luftbildaufnahmen oft hervorragend gut zu erkennen.

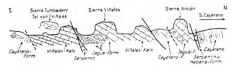

Abb. 3: Querprofil durch die Sierra de los Organos zwischen Viñales und San Cayetano. Länge etwa 12 km. Stark vereinfacht. Des leichteren Vergleichs wegen in Anlehnung an die Profile von Palmer, 1945, und H. Lehmann, 1954, gezeichnet.

Die durch unsere Gelände-Arbeit gewonnene tektonische Auffassung schließt sich somit weit weniger an jüngere Profil-Wiedergaben an als an manche ältere sowie an das jüngst von *Lehmann* (1954) entworfene Profil, das der Auffassung von *Massip*, nicht aber der *Palmers* nahekommt. Gegenüber diesen generalisierenden Profilen müssen jedoch wesentlich mehr Störungen des zumeist allzu einfach dargestellten Gebirgsbaues angenommen werden. Die ganz alten Darstellungen (weit gespannter Groß-Sattel mit den Kalken im Kern, *de Golyer* 1918) müssen ebenso wie die jüngeren (zwei Decken von Kalken wurzellos auf Cayetano-Schichten zwischen dem Ort Viñales und der Sierra Ancón, *Palmer* 1945; oder normale Einlagerung der mächtigen Kalk-zonen in die Cayetano-Fazies, *Vermunt* 1937) abgelehnt werden.

2. Studien zur Morphologie und Karsthydrographie (H. Lehmann)

(Vgl. hierzu die morphologische Übersichtskarte der Umgebung von Viñales und San Vicente, Abb. 4.)

a) Morphogenese der Sierra de los Organos als Ganzes

Das heutige Relief ist selbstverständlich nicht das Ergebnis der post- oder späteocänen Orogenese. Im Oligocän und Miocän dürfte das Gebiet als niedrige Schwelle über das Meer aufgeragt haben. Von seiner frühen Entwicklung läßt sich wenig mehr sagen, als daß es im Alttertiär eine sich langsam heraushebende morphologische Aufwölbung (Großfalte) bildete, deren Achse etwa der heutigen Wasserscheide folgte. Die untermiocäne Transgression hat nur den Süden der Provinz Pinar del Rio, nicht aber die Sierra de los Organos betroffen. Aber da die diskordant das alttertiäre Relief überlagernden untermiocänen Guines-Kalke auf Cuba ihrerseits verstellt sind und nach meinen Beobachtungen in der Provinz Havanna von einer Fastebene geschnitten werden, dürfen wir am Ende des Miocäns auch im Gebiet der Sierra de los Organos ein Flachrelief als Ausgangsniveau des gegenwärtigen Erosionszyklus und des Verkarstungsprozesses annehmen. Hierfür spricht die besonders aus der Ferne gesehen recht eindrucksvolle einheitliche „Gipfelflur" der in Karstkegel aufgelösten, als Ganzes aber doch plateauartigen Sierren.

Sie bilden das oberste morphologische Stockwerk. Ein zweites Stockwerk wird repräsentiert durch das wesentlich niedrigere, reif zerschnittene Hügelland der Pizarras, dessen auffällig einheitliches Riedelniveau sich z. T. auch in das Kalkgebiet hinein fortsetzt. Besonders südlich und östlich Viñales ist dieses Niveau als einheitliche, das Valle Viñales umsäumende Randstufe in 175—200 m deutlich ausgebildet.

Ein drittes Stockwerk endlich bilden die „Valles" — die Böden der Karstrandebenen und Randpoljen, die uns als ein karstmorphologisches Charakteristikum des Gebietes noch besonders beschäftigen werden. Sie liegen am Südrand der Sierren in durchschnittlich 100—130 m, am Nordrand in 50—80 m Meereshöhe. Die Niveaus dieser drei Stockwerke schneiden ausnahmslos den mehr oder minder komplizierten Schichtbau.

Betrachtet man ihre räumliche Anordnung, so fallen vor allem zwei Tatsachen ins Auge: die höchsten Erhebungen, nämlich die Kalk-Sierren,

---

[6]) Vgl. Fußnote 3. Die besagten Eocänkalke können am besten studiert werden im W-Teil des Polje El Ancón und westlich Mina Constancia bei San Vicente. An diesem letzteren Fundpunkt sind die Gesteine mehr plattig, schiefrig-sandig, z. T. treten Gerölle auf.

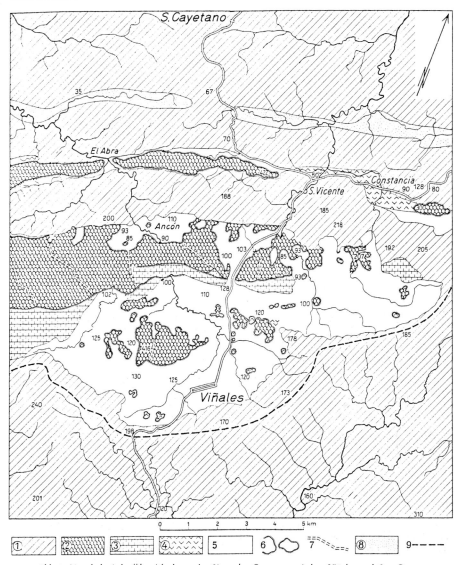

Abb. 4: Morphologische Übersichtskarte der Sierra los Organos zwischen Viñales und San Cayetano.
1 reif zerschnittenes Pizarras-Hügelland
2 Kalk-Sierren mit Kegelkarstrelief
3 verkarstete Gebiete ohne Kegelkarstrelief, vorwiegend schräge Rampen im Bereich der Ober-Oxfordschichten
4 Karrenfelder im Niveau der Randpoljen
5 Randpoljen
6 durch Korrosionsunterschneidung gebildete Steilwände im Kalk
7 größere durchlaufende Karstgassen
8 Tiefenzonen im Bereich eingefalteter Kalke
9 Hauptwasserscheide.
Die Zahlen geben die Höhe über NN an.

liegen auf dem Nordflügel der morphologischen Großfalte und bilden nicht die Wasserscheide. Diese verläuft vielmehr südlich von ihnen auf dem niedrigeren Stockwerk des Pizarras-Hügellandes — bei Viñales in nur 175 m Höhe —, während die unmittelbar nördlich von ihr gelegenen Kalk-Sierren bis zu 500 m aufragen.

Da weder rückschreitende Erosion noch junge — etwa pliozäne — blockartige Heraushebung der Sierren in Frage kommt, bleibt nur der Schluß, daß die Kalk-Sierren quasi als morphologische Härtlingszüge gegenüber den rascher abgetragenen Sandsteinen, Tonschiefern und Serpentinen herauspräpariert sind. Gerade die Verkarstung der Kalke erklärt den Härtlingscharakter der Sierren als G a n z e s, unbeschadet der Tatsache, daß sich örtlich an den Kalk morphologische Tiefenzonen in Gestalt von Randpoljen oder Karstrandebenen knüpfen. Die Entwässerung konnte von dem weit unter das Niveau der Sierren erniedrigten Aufwölbungsscheitel dank der Verkarstung auch ihre generelle Nordrichtung durch die Sierren hindurch beibehalten.

b) Morphologie der Kalksierren

Karstmorphologisch nimmt die Sierra de los Organos innerhalb der Karstgebiete Westindiens scheinbar eine besondere Stellung ein. Im Gegensatz zu den jüngeren tertiären Kalken, die besonders im Cockpitcountry auf Jamaica, im Karstgebiet von Puertorico und stellenweise auf Cuba selbst den Typus des Kegelkarstes zeigen, wie wir ihn von Java kennen (Gunung Sewu-Typus), bilden die tektonisch stärker zerstückelten und verschuppten mesozoischen Kalke im Bereich der Sierra de los Organos ausgesprochene Bergketten, die sich oft mit vorgelagerten isolierten Kalktürmen („Mogoten") als geschlossene Mauern aus den sie umsäumenden Karstrandebenen bezw. Randpoljen erheben. Die Front der Sierra Ancón-Sierra Galeras (Bild 1), bezeichnenderweise auch „costa nera" genannt, bietet von Norden her einen ebenso imposanten Anblick wie die steile Flanke der Sierra Viñales-Sierra inferno von Süden her (Bild 2). Die charakteristischen Kegelkarstkonturen haben dem Gebirge den bezeichnenden Namen „Orgelpfeifengebirge" eingebracht. Diese Steilwände stehen zwar im indirekten Zusammenhang mit der alttertiären Tektonik des Gebietes, sind jedoch nicht als Bruchränder oder gar Überschiebungsstirnen aufzufassen. Morphologisch handelt es sich vielmehr um karstkorrosiv bedingte „Unterschneidungswände", die von der Kalk-Schiefer-Grenze zurückfliehen. Auch die Mogoten in der Sierra de los Organos sind überwiegend steilwandig, so wie wir es von den Turmkarstgebieten Chinas kennen.

Die Frage nach den physiognomischen Unterschieden der Karstgebiete von Puertorico und Cuba hat *Meyerhoff* beschäftigt. Er glaubte eine einfache mathematische Relation zwischen der Anzahl der Kegel pro qkm und ihrer Höhe feststellen zu können. Eine solche Relation besteht jedoch nach meinen — durch Auswertung der Luftbilder ergänzten — Beobachtungen nicht. Das Kuppenrelief auf den plateauartigen Sierren bzw. auf der Höhe einzelner Mogotengruppen weicht der räumlichen Struktur und Größenordnung nach nicht wesentlich von demjenigen Puertoricos oder Jamaicas ab (Bild 3). Der Unterschied besteht nur darin, daß die Steilwände in der Sierra de los Organos wesentlich höher bzw. die schlotartigen Cockpits zwischen den Kegeln wesentlich tiefer sind, als es in den übrigen Gebieten zu beobachten ist. Dies ist eine Folge der tiefen Lage der ausgereiften Karstentwässerung und der primären tektonischen Zerstückelung des Gebietes.

Die Auflösung in isolierte Türme (Mogoten) erfolgt von den Rändern her. Sie wird begünstigt durch tektonische Störungszonen, denen tiefe und langhinziehende „Karstgassen" folgen. Solche Karstgassen kerben den geschlossenen Block der Sierra Viñales und Sierra inferno in auffälliger Weise. Es scheint mir nicht unmöglich, daß einige von ihnen aus älteren Talsystemen — die ihrerseits wieder tektonisch vorgezeichnet waren — hervorgegangen sind. Im Durchbruch des Rio Ancón durch die schmale nördliche Kalkkette hat sich ein solches Talsystem bis heute durchgesetzt. Die übrigen sind bis zur Unkenntlichkeit verkarstet. Daß Karstgassen bzw. linear aneinandergereihte Cockpits alten Bruchlinien folgen, ist von *Zans* auf Jamaica nachgewiesen worden. Ich habe demgegenüber gezeigt, daß „gerichteter" Karst auch aus einem oberflächlich angelegten Entwässerungssystem hervorgehen kann (*Lehmann* 1953, 1955).

Bild 1: Die Sierra Ancon von NW gesehen. (In der Mitte der vom Rio Ancon benutzte Einschnitt bei El Abra Ancon. Im Vordergrund und hinter der Sierra Hügelland der Cayetano-Formation.)

Bild 2: Die Sierra Viñales mit den vorgelagerten, aus dem Randpolje von Viñales aufragenden „Mogoten".

Bild 3: Die Sierra de Sumidero. (Typisches Kegelkarstrelief mit den Poljen P o r t r e r i t o und P i c a - P i c a.) Im Hintergrund erhebt sich über der Karstrandebene von Luis Lazo das Hügelland des Pizarras mit normaler fluviatiler Erosion.

c) Randpoljen und Karstrandebenen

Ein äußerst charakteristischer Zug der Sierra de los Organos sind die „Randpoljen" und „Karstrandebenen", die in geschlossener Folge die Kalksierren umsäumen. Bei den ersteren handelt es sich um allseitig von höherem Gelände umgebene Becken mit mehr oder minder flachem Boden, die durch Ponore unterirdisch durch das Kalkgebiet entwässern. Von echten Poljen unterscheidet sie nur die Tatsache, daß sie nicht völlig vom Kalk umgeben sind, vielmehr eine Seite durch undurchlässige Gesteine (Schiefer) mit normalen Erosionsformen gebildet wird. Die Entwässerung ist stets gegen das Kalkgebiet gerichtet, und dementsprechend senken sich die Böden der Randpoljen sanft gegen die aus Kalk gebildeten Steilwände. Hier verschwinden die perennierenden oder periodisch fließenden Flüsse in Höhlen. Das beste Beispiel solcher Randpoljen sind das Valle Viñales und das Polje südlich San Vicente (vgl. Abb. 4). Im Gegensatz zu diesen Randpoljen haben die Karstrandebenen eine oberflächliche Entwässerung. Aber ähnlich wie die Randpoljen greifen sie buchtartig in das Kalkgebiet ein. Auch sie sind deutlich gegenüber dem angrenzenden Schiefergebiet eingesenkt und ihr Untergrund besteht — wenigstens größtenteils — aus Kalk, der mit Lösungsrückständen und angeschwemmtem Material bedeckt ist, sich aber in den daraus aufragenden Karrensteinen und größeren Mogoten kundgibt. Ähnlich wie die Poljen im dinarischen Karst sind die Randpoljen und Karstrandebenen der Sierra de los Organos, die fruchtbaren, besonders dem Tabakanbau dienenden Gebiete zwischen dem urwaldbedeckten Karstgelände und dem steinigen Schieferhügelland.

Die Entwicklung der Karstrandebenen und Randpoljen ist offensichtlich ursächlich an die Kalk-Schiefer-Grenze geknüpft. Von den kleinen Randsenken, die untrüglich den Gesteinswechsel im Untergrund anzeigen, bis zu den großdimensionierten Ebenen von Viñales oder Isabell Maria umgibt die Sierren eine Tiefenzone, die in den Kalk hineingearbeitet ist. Die von Kalk gebildeten Seiten sind stets steil, meist sogar mauerartig und werden von offenen oder verdeckten Ponoren in dichter Folge begleitet („Fußhöhlen"). Nur im Bereich der Jagua-Formation (Obere Oxfordschichten) mit ihren unreinen Kalken sind schräge Hänge ausgebildet.

Das Zurückweichen der Wände wie auch die Isolierung der Mogoten erfolgt durch die von mir bereits früher geschilderte Korrosions-Unterschneidung. Die durch Schiefer gebildeten Randartien werden dagegen durch normale Erosionstälchen zerschnitten, wobei die Abtragungsprodukte des undurchlässigen Gesteins teils in Form von sehr feinen rötlichbraunen suspendiertem Material, als Flußtrübe, teils aber auch in Form von Sand und Kies durch die Kalkkette unterirdisch hindurchtransportiert werden. Allochthones Material findet sich reichlich in den Kiesbänken der Höhlenflüsse weit im Berginnern, sowie bei ihrem Austritt, z. B. finden sich im Bett des Höhlenflusses von San Vicente frisch abgelagerte, haselnußgroße Schotter von Sandstein und Serpentin. Ohne einen solchen unterirdischen Materialtransport wäre die Entstehung der Randpoljen auch kaum denkbar, da stets ein beträchtlicher Prozentsatz nichtlöslicher Gesteine ausgeräumt worden sein muß. Ein gutes Beispiel dieser Verhältnisse gibt das kleinere Randpolje von Santo Thomas (vgl. Abb. 5).

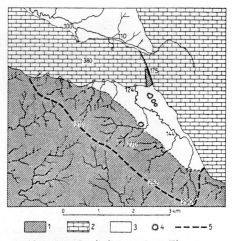

Abb. 5: Das „Randpolje" von Santo-Thomas.
1. Cayetano — Schieferhügelland
2. Kalkkette
3. Randpolje (im N: Karstrandebene)
4. isolierte Kalkkegel
5. Wasserscheide.
Die Zahlen geben die Höhen über NN an

Soweit die Böden der Randpoljen bzw. Karstrandebenen von (heute meist wieder zerschnittenen) Ablagerungen bedeckt sind, beteiligen sich daran dementsprechend außer den terrarossaähnlichen Rückständen des Kalkes auch mehr oder minder feinkörnige Einschwemmungen aus allochthonem Material. Die Randpoljen sind also komplexe Gebilde, doch trägt die Karstkorrosion den Hauptanteil ihrer Entstehung. Dolinenartige

Senken im Poljeboden — sowohl in den höhergelegenen Teilen, wie besonders am Rand der Steilwände bzw. der Mogoten — erweisen, daß die Korrosion auch unter einer mehr oder minder mächtigen Bodendecke weiter fortschreitet (Bild 9)

d) Karsthydrographische Niveaus.

In der Höhenlage korrespondieren die Niveaus benachbarter Randpoljen auffällig, auch wenn sie durch eine mehrere Kilometer breite Kalkkette voneinander getrennt sind. So liegen die Randpoljen rings um die Sierra Viñales, Sierra del Inferno, Sierra Celada und Sierra Quemado durchweg in 90—120 m Höhe, die südlichen jeweils wenige Meter höher als die nördlichen. Der Boden der Poljen bzw. Karstrandebenen ist nicht völlig eben, sondern gegen den Steilrand der Sierren geneigt. Außerdem zeigen sich überall Spuren einer flachwelligen Zerschneidung der Poljeablagerungen, die jedoch nirgends bis zum Liegenden hinabreicht.

Diese übereinstimmende Höhenlage kann nicht bedingt sein durch die zufällig gleiche Lage des stauenden undurchlässigen Untergrundes, denn mindestens beim Valle Viñales, dem Randpolje von San Vicente und dem Randpolje von Ancón fallen die Kalke entsprechend der Schuppenstruktur steil unter den Poljeboden ein.

Dagegen scheint sich die Vermutung, daß die Höhenlage der Poljeböden durch den Vorfluter bestimmt wird, zu bestätigen. Dies besagt nicht, daß das Vorflutniveau die untere Grenze der Höhlenbildung oder gar der Wasserbewegung darstellt. Doch sind für die Höhenlage der Randpolje beiderseits der Viñaleskette maßgebend der Rio Ancón und der Rio San Vicente, die beide in 90 m Meereshöhe dem Kalk in den Schiefer übertreten. Das Gefälle der Höhlenflüsse bzw. der bereits außer Funktion gesetzten Höhlensysteme im Kalk selbst ist, soweit man sie verfolgen kann, dabei auffallend gering. Auf mehrere Kilometer Luftlinie beträgt sie meist nur wenige Meter. Die meisten Höhlen sind daher relativ leicht begehbar, ja man kann in ihnen gelegentlich Sierren durchqueren und dadurch weite Umwege sparen. Ein einheitliches karsthydrographisches Niveau wird auch bestätigt durch die mit den Randpoljen in der Höhenlage korrespondierenden echten Poljen (Hoyos), von denen das Jarukohoyo südwestlich von San Vicente ein gutes Beispiel ist.

Sein Boden liegt in der gleichen Höhe wie der des benachbarten Randpoljes; die Entwässerung erfolgt unterirdisch durch eine flache Doline in Poljenboden. Weiter im Westen, in der nicht mehr in unserem Arbeitsgebiet liegenden Sierra Sumidero, gibt es bebaute Hoyos, die überhaupt nur durch eine Höhle zugänglich sind, z. B. das Potrerito-hoyo (Bild 3). Für diese Hoyo — aber nicht für alle — läßt sich die Entstehung über einem unterirdischen Flußlauf nachweisen. Cockpit und Hoyo unterscheiden sich nur durch die Größenordnung und den flachen Boden des letzteren, genetisch sind sie jedoch eng verwandt. Die Höhenlage der Hoyos stimmt in allen von mir untersuchten Fällen mit der der benachbarten Randpoljen überein. Ein wasserstauender Horizont an der Basis der Kalke kann erst in sehr beträchtlicher Tiefe unter dem Hoyo-Boden angenommen werden, für dessen Höhenlage also nicht verantwortlich sein. So weisen auch die Hoyos auf die Existenz eines nicht petrographisch bedingten Korrosions-Niveaus hin, das als ein örtliches (d. h. auf einen einheitlichen Vorfluter bezogenes) und zeitliches (also nicht endgültiges) Basisniveau gelten kann. Dieser Befund in Zusammenhang mit der oben erwähnten Beobachtung eines ungehinderten Materialtransportes auf den unterirdischen Wegen der Höhlenflüsse erlaubt gewisse Rückschlüsse auf die Karsthydrographie des Gebietes. Die heute ständig durchflossenen Karstgerinne und Höhlenflußsysteme sind offenbar auf die Höhe des Vorfluters, d. h. die Lage der Abflußrinnen beim Austritt aus dem Karstgebiet eingestellt. Nirgends treten Karstquellen über dem Niveau der Polje auf. Dieser einheitliche Horizont ist aber nicht identisch mit dem von *A. Grund* angenommenen Karstgrundwasserspiegel, da die durch Materialtransport erwiesenen unterirdischen Entwässerungssysteme der Definition des Grundwassers widersprechen. Die unterirdische Drainage hat mehr oder weniger den Charakter eines offenen Systems. Dieser klärt das unmittelbare, höchstens nach Stunden zählende Reagieren der Wasseraustritte auf die tropischen Regengüsse, sowie den geringen z. T. völlig fehlenden ‚Filtrationseffekt' der unterirdischen Drainage.

Den heutigen Höhlenflußsystemen sind in der Sierra de los Organos meist höhere, außer Funktion gesetzte Stockwerke zugeordnet. Sie werden heute höchstens auf kurze Strecken — aber nie durchlaufend — intermittierend nach stärkeren Regengüssen von dem an der Karstoberfläche eindringenden Wasser benutzt[7]).

Mehrere der über den heutigen Poljeböden liegenden Höhlen tragen den Namen ‚Zyklonhöhle', da sie der Bevölkerung der Poljen bei tropischen Zyklonen und den sie begleitenden

---

[7]) Die etwa 50 m über dem Poljeboden von Balneario San Vicente liegende Höhle konnte ich nahezu trockenen Fußes durchqueren, während eine spätere Expedition der speleologischen Gesellschaft Havanna in der gleichen Höhle nach stärkeren Regengüssen erheblich mit Wasser zu kämpfen hatte.

Regenfluten sicheren Schutz bieten. Die Höhle, die 10—15 m über dem unterirdischen Lauf des Santo-Thomas-Flusses die Sierra Quemado quert, zeigt keine Anzeichen rezenter Benutzung durch den Fluß. Ihr Entdecker, Dr. *Nuñez Jimenez*, fand an ihren Wänden Indianerzeichnungen möglicherweise vorcolumbianischen Alters, ein Zeichen dafür, daß auch der Vorbevölkerung eine Durchflutungsgefahr nicht bekannt war[8]). Dagegen finden sich in vielen, heute noch zeitweilig als ‚sumidero' (Ponor) benutzten Fußhöhlen zwischen den Stalaktiten und zapfenförmigen Deckenkarren (siehe unten) subrezente Höhlenlehmablagerungen in 3—4 m Höhe über dem Höhlenboden.

Die Wasseranstiege dürften also selbst nach sehr heftigen Regengüssen nur wenige Meter betragen[9]). Verbunden sind die Höhlensysteme untereinander durch mehr oder weniger senkrechte Schächte. Ebenso führen, bei nicht zu tiefer Lage der Höhle, Jama-ähnliche Schächte an die Karstoberfläche bzw. in die cockpits — alles Zeichen einer ausgereiften Karsthydrographie.

e) Das Karrenphänomen in der Sierra de los Organos

In den Karsthöhlen der Sierra de los Organos spielen eine besondere Rolle die Deckenkarren, auf die ich bereits in einer früheren Veröffentlichung hinweisen konnte. Sie sind geradezu kennzeichnend, angefangen von Fließmarken (scallops, vgl. Bild 4) über eine an Rillen- oder Mäanderkarren erinnernde Ziselierung der Decke (Bild 5) sowie der oberen Wandteile, zapfenförmigen Deckenkarren (Bild 6) bis zu regelrechten, von der Decke bis zum Boden durchlaufenden Karrensäulen, die keineswegs mit Stalaktitensäulen zu verwechseln sind (Bild 7). Da Deckenkarren in diesem Ausmaß in der Literatur nirgends erwähnt werden[10]), verdient das Phänomen eine besondere Beachtung. Es weist auf eine beträchtliche Korrosionsarbeit des einst, bzw. gelegentlich noch heute die Höhlen durchströmenden Wassers. Im Bereich der Deckenkarren treten Stalaktiten zurück und umgekehrt, obgleich sich beide nicht ausschließen. Im letzteren Fall sind die Stalaktiten offensichtlich jüngere Gebilde, da sie vielfach an Deckenkarren ansetzen.

An der Oberfläche des Kegelkarstes ist das Karrenphänomen — meist freilich verborgen unter einer ziemlich dichten Urwaldvegetation — großartig entwickelt. Die senkrechten Wände sind oft in brett- oder pilasterähnliche Pfeiler aufgelöst mit sehr tiefen kluftartigen Kerben dazwischen; die Wände der Pfeiler selbst von tiefen Karrenrillen kanneliert. Abgestützte Blöcke zeigen jung gebildete Karrenrillen, die sich mit den alten, noch erkennbaren Karrenrillen kreuzen, und auf wagerechten Flächen schön ausgebildete Näpfchenkarren (Bild 8). Die als Ganzes halbkugelartig zugerundete Oberfläche der Karstkegel besteht aus einem Wirrwarr überaus scharfkantiger Spitz- oder Pyramidenkarren und Karrengrate.

Nicht minder gut ausgebildete Karren zeigen auch die niedrig gelegenen Karrenfelder — etwa zwischen dem Ostende der Sierra Ancón und der Mogote La Mina oder der Lagune de piedra (Bild 9). Die aus der Roterdebedeckung aufragenden mehr oder minder großen Karrensteine weisen mitunter äußerst bizarre Formen auf. Nur die unreinen und dünnplattigen Kalke der Jagua-Schichten lassen wohl Verkarstungserscheinungen, aber keine scharfkantigen Karren erkennen, ebenso wie in ihnen auch das typische Kegelkarstrelief fehlt, völlig in Übereinstimmung mit den von *Wissmann* und mir gemachten Beobachtungen über die Rolle der Gesteinsverschiedenheit im tropischen Karst.

f) Das Verhältnis von Karstkorrosion und fluviatiler Abtragung.

Das Verhältnis von Karstkorrosion in den Kalk-Sierren und normaler fluviatiler Erosion im Schiefergelände fällt im Gesamteffekt zu Gunsten der letzteren aus. Denn die in der Scheitelregion

---

[8]) Diese Zeichnungen, die ich unter der Führung von Dr. *Nuñez Jimenez* besichtigen konnte, liegen dicht über dem mit Höhlenlehm und Sinterbildungen bedeckten Boden der Höhle. Dr. *Nuñez Jimenez* sei an dieser Stelle für seine freundschaftliche kenntnisreiche Mitarbeit herzlichst gedankt.

[9]) Diese Erkenntnisse dürfen allerdings nicht ohne weiteres für alle tropischen Karstgebiete verallgemeinert werden. Der Karst der Sierra de los Organos besitzt verhältnismäßig geringfügige Ausdehnung.

[10]) Das umfassende Werk von *C. H. D. Cullingford* zeigt zwar auf Tafel IIb, IIa und XLVIIa sehr schöne Deckenkarren verschiedener Typen, doch finden sie entweder keine oder ungenügende Erklärung unter Hinweis auf *J. H. Bretz* (1942).

Bild 4: *Fließmarken (scallops) an der Wand der Cueva del Indio, San Vicente.*
Bild 5: *Deckenkarren (roof sponge work) in der Cueva del Indio, San Vicente.*
Bild 6: *Decken- über Bodenkarren der Ruiz Señor-Höhle.*
Bild 7: *Karrensäule in der Ruiz Señor-Höhle (kein Stalaktit!).*
Bild 8: *Näpfchen- und Rillenkarren bei Laguna de piedra.*
Bild 9: *Karrenbildung bei der Doline Laguna de piedra in dem Randpolje von Viñales.*

der Aufwölbung liegenden Schiefer sind allgemein unter das Kuppenniveau der Sierren erniedrigt worden. Örtlich eilt jedoch der Korrosionsprozeß der fluviatilen Erosion voraus. So bilden in dem Kalkschieferkomplex die Kalke einerseits die höchsten Erhebungen, andererseits aber auch ausgesprochene Tiefenzonen. Dies trifft nicht nur allgemein für die Randpoljen bzw. Karstrandebenen zu, sondern auch für die in die Schiefer eingelagerten bzw. als kleinere Schollen in sie eingesenkten Kalke zu. In der nördlichen Schieferzone ist eine im Streichen der Schichten verlaufende Zone von talartigen Senken an Kalke gebunden. Das beckenartige Cayo San Felipe im Schieferhügelland südlich der Sierra del Inferno ist gleichfalls durch das Auftreten von Kalk bedingt. Schließlich bilden die niedrig gelegenen Karrenfelder im Zuge der nördlichen Kalkzone zwischen der Sierra Ancón und der Mogote La Mina eine ausgesprochene Tiefenzone zwischen dem beiderseitigen Schiefergelände. In ihrem Bereich hat die Karstkorrosion zu einer völligen Einebnung der Kalke und damit zu einer breiten Lücke in der morphologisch sonst besonders markant ausgebildeten Nordkette geführt. Die Ursache liegt wohl in der Tatsache, daß die Kalke hier besonders stark von tektonischen Störungen betroffen waren und sellenweise bis auf wenige 100 m ausdünnen. Die Sierren dagegen sind dank der großen Mächtigkeit bzw. Breitenausdehnung der Kalke selektiv herauspräparierte „Härtlinge", die durch Korrosion zwar regelrecht „durchlöchert" sind, in der Hauptsache aber von der Seite her, d. h. von den Karstrandebenen aus durch „Korrosionsunterschneidung" aufgezehrt werden. Verursacht durch den Wassertau des angrenzenden Schiefergeländes liegt hier die Zone der stärksten Korrosionswirkung, während die darüber aufragenden, von Sickerwasser rasch durchflossenen Partien zwar deutliche Spuren einer fortdauernden Korrosion zeigen, in ihrer Zerstörung aber zurückbleiben.

3. Lösungsvorgänge im tropischen Karst
(H. Lehmann u. W. Lötschert)

Die Formenanalyse weist also allgemein auf eine intensive aktive Karstkorrosion. Über ihr quantitatives Ausmaß im Vergleich zur Karstkorrosion in den gemäßigten Breiten und ihre Ursachen lagen bisher aus den Tropen noch keine einschlägigen Untersuchungen vor. Die von uns vorgenommene chemische Analyse des an den Karren abrinnenden Regenwassers, sowie den Karst durchdringenden Sickerwassers konnte nunmehr den Nachweis erbringen, daß die starke Korrosionswirkung in der Hauptsache auf einen hohen Gehalt des Wassers an aggressiver Kohlensäure zurückgeht. Dabei handelt es sich offensichtlich um Atmungskohlensäure der höheren Vegetation und der Mikroorganismen, die bei der gesteigerten Atmung infolge der hohen Temperaturen vom Wasser erst in der Rizophäre bzw. an der Oberfläche der Kalke aufgenommen wird. Während das frei aufgefangene Regenwasser (bei einer Temperatur von 22°) mit großer Konstanz einen Gehalt von nur 2,5 mg—3,5 mg CO_2 im Liter aufwies, und das aus dem Laubdach der Baumkronen *(CECROPIA PELTATA* und *FICUS SPEC.)* aufgefangene Träufelwasser zwichen 3 u. 4 mg CO_2 im Liter enthielt, konnte in dem in Karren abrinnenden Wasser und im Sickerwasser bis zu 21 mg CO_2 nachgewiesen werden. Die Analysen wurden während und unmittelbar nach tropischen Regengüssen an Ort und Stelle durchgeführt und zwar an einer fast senkrechten, von tiefen Karrenrillen und Kluftkarren gefurchten Wand unmittelbar neben dem Austritt des Höhlenflusses von San Vicente sowie in den benachbarten Höhlen. (Cueva del Indio).

Der Lauf bzw. der Sickerweg des Wassers betrug in den meisten Fällen kaum mehr als 10 m. Auf diesem kurzen Weg hatte das Wasser in der Regel bereits 90—150 mg $CaCO_3$ pro Liter aufgenommen, was etwa 9—15 französischen Härtegraden entspricht. Ein Teil der nachgewiesenen Kohlensäure wird benötigt, um das Bestehen von Bicarbonaten in der Lösung zu ermöglichen, der Überschuß aber ist als sogenannte „aggressive Kohlensäure" in der Lage, noch weitere Mengen Kalk zu lösen[11])! Bei unseren Messungen erwies sich der Betrag der freien CO_2 stets als beträchtlich größer, als der zur Aufrechterhaltung des chemischen Gleichgewichts erforderliche Betrag[12]). Das abrinnende und einsickernde Wasser ist also in hohem Maße aggressiv.

Auch der Höhlenfluß San Vicente, sowie die sich nach Regen vor den Flußhöhlen bildenden Lachen wiesen einen ungewöhnlich hohen Betrag an aggressiver CO_2 bei 100—150 mg

---

[11]) Der Betrag der freien Kohlensäure, die nötig ist, um das chemische Gleichgewicht aufrecht zu erhalten, errechnet sich aus der bekannten Formel: $CaCO_3 + CO_2 + H_2O$ Ca$(HCO_3)_2$. Zur Feststellung der aggressiven Kohlensäure ist er vom Gesamtbetrag der gemessenen CO_2 abzuziehen.

[12]) Der quantitative Nachweis von $CaCO_3$ erfolgte durch Titrieren des mit zwei Tropfen 0,1%iger Methylorange versetzten Wassers mit 1/10n HCl bis zum Umschlag von Gelb und Rosa; die Bestimmung der freien CO_2 durch Titrieren des mit einer genormten Menge Phenolphtalein-Lösung versetzten Wassers mit n/22 Natronlauge bis zur 5 Minuten anhaltenden eben erkennbaren Rotfärbung. Vgl. *H. Oertli* (1953). — Herrn *Oertli* sei an dieser Stelle der Dank dafür ausgesprochen, daß er uns seine in Jugoslawien gemachten Erfahrungen zur Verfügung stellte.

$CaCO_2$ im Liter auf. Daraus erklärt sich hinreichend die (u. a. in den Deckenkarren zum Ausdruck kommende) starke chemische Wirkung der Höhlenflüsse, sowie das für die „Unterschneidungskorrosion" weitgehend mitverantwortlichen stagnierenden Wassers am Fuß der Steilwände. (Vgl. hierzu Abbildung 2 bei *Lehmann* 1954).

Chemische Analyse des Karstwassers bei San Vicente (Sierra de los Organos):

Art des Wasserweges:	Gehalt an $CaCO_3$ pro Liter	Gehalt an CO_2 pro Liter
1. Frei aufgefangenes Regenwasser, 22° C	—	2,5 mg
2. Träufelwasser aus Laubdach v. Ficus sp.	—	4 mg
3. Träufelwasser aus Laubdach v. Ficus sp. und Cecropia peltata	—	3 mg
4. Tropfwasser aus Anthurium venosum Polster auf überhängendem Karren	100 mg	11—12 mg
5. Tropfwasser von moosbewachsenen Außenstalaktiten, 3 Stunden nach Aufhören des Regens sehr langsam abtropfend	75 mg	7 mg
6. An teilweise mit Moos- und Selaginella-Polstern bewachsenen Karren abrinnendes Wasser	100—115 mg	15—16 mg
7. An Karren mit Moospolster tropfenweise abrinnendes Wasser	135 mg	21 mg
8. An vegetationslosen Karren abrinnendes Wasser nach 10 m Weg	90 mg	7,5 mg
9. Von einer vorspringenden, oben mit Ficus, Bombax, Gaussia, Rhipsalis, Vanille, Clusea rosea und Polypodium aureum bewachsenen etwa 8 m hohen Karrenrippe abtropfend	75—97,5—100 mg	6,5—8 mg
10. Sickerwasser in offener Kluft, Weg mehrere Meter	97,5 mg	8,5 mg
11. In Außenzone einer Höhleabtropfendes Wasser, etwa 4 m Weg durch das Gestein	150 mg	13 mg
12. 10 m vom Eingang der Cueva del Indio rasch abtropfendes Wasser (überlagernder Kalk, etwa 10 m mächtig)	152 mg	13 mg
13. Zweite Sickerstelle daneben	137 mg	9 mg
14. Am Eingang der Cueva del Indio sehr rasch abtropfendes Wasser	157 mg	15,5 mg
15. Am Fuß der Steilwand stagnierendes Wasser, von der vorangegangenen Regennacht stammend, etwas getrübt	90—105 mg	7,5—12,5 mg
16. Durch Flußtrübe hell schokoladenbraun gefärbtes Wasser des Rio San Vicente nach unterirdischem Lauf (11 Messungen zu verschiedenen Zeiten)	140—150 mg	16,5—20 mg

Die von uns festgestellten $CaCO_3$ Mengen stimmen der Größenordnung nach mit den von *H. Oertli* (1953) in Innerkrain gefundenen Maximalwerten des Sickerwassers und des Höhlenflußwassers überein. Das 150 und 220 mg $CaCO_3$ enthaltende Sickerwasser in der Höhle von Postonja (Adelsberger Grotte) hatte allerdings vorher 130 m und nicht nur 10 m Gestein passiert. Für das an Karren abrinnende Wasser sind keine so hohen Werte bekannt. *Boegli* (1951) fand in der Schweiz Werte von maximal 27 mg $CaCO_3$ für das versickernde Wasser in Humusfreien Karren, jedoch bei Karren mit Humuspolster 85 mg $CaCO_3$. Also auch hier (in der Schweiz) zeigte sich das Wasser nach Passieren einer Schicht von organischer Substanz wesentlich härter, was auf eine Anreicherung von CO_2 schließen läßt, während Humussäuren aus chemischen Gründen wohl weniger in Betracht kommen. Die von *Boegli* gemessenen Werte liegen jedoch durchschnittlich erheblich unter den von uns gefundenen.

Direkte Messungen von CO_2, die zum Vergleich herangezogen werden könnten, liegen nur in geringer Zahl vor. *Kirle*[1] fand bei der Untersuchung eines Höhlenbaches in der Steiermark, daß das freie CO_2 zwischen 4,4 und zwischen 22,0 mg/l an einer anderen Stelle zwischen 2,2 und 15,4 mg/l schwankte[13]. Systematische Messungen zur Ermittlung des Einflusses der Mikroorganismen und der Vegetation auf Anreicherung des Regenwassers mit CO_2 sind meines Wissens noch nicht vorgenommen worden. Im übrigen beschränken sich die Arbeiten über die Löslichkeit — nicht Lösungsgeschwindigkeit! — von Kalken auf Laboratoriumsversuche, die nicht ohne weiteres auf die in der Natur gegebenen Verhältnisse anwendbar sind. Auch *John P. Miller* (1952) warnt in seiner verdienstvollen Arbeit ausdrücklich vor einer solchen Übertragung. Nach ihm vermag das Regenwasser bei 25° unter einem CO_2 Druck von $(3,5 \times 10^{-4}$ bars$)$ 44 mg $CaCO_3$ zu lösen. *J. E. Williams* ermittelte bei 0° fast den doppelten Wert, nämlich 81 mg $CaCO_3$. Unsere Untersuchungen zeigen aber, wie falsch es wäre, auf Grund solcher theoretischer Überlegungen darauf zu schließen, daß der Verkarstungsprozeß in den subpolaren Gebieten wesentlich rascher verliefe, als in den Tropen.

[13] Zitiert bei *Oertli* (1953).

Vielmehr ist das Umgekehrte der Fall. Bereits O. *Lehmann* (1932) hat darauf hingewiesen, daß es keineswegs auf die theoretische Löslichkeit ankommt, die mit steigendem CO_2-Druck und fallender Temperatur wächst, sondern auf die Lösungsgeschwindigkeit. Praktisch ist nämlich das Karstwasser nur in Grenzfällen (bei Verdunstung oder bei plötzlicher Druckabnahme) mit $CaCO_3$ gesättigt. In der Regel ist noch ein Überschuß von Kohlensäure vorhanden, auf den das Fortschreiten des Verkarstungsprozesses zurückgeht.

Der sekundären Anreicherung des Regenwassers an CO_2 — andere Säuren spielen wohl eine wesentlich geringere Rolle — kommt damit eine entscheidende Bedeutung zu. Es ist das in den Tropen selbst auf scheinbar völlig nacktem Kalkstein üppig wuchernde organische Leben, das als CO_2-Produzent die Intensität des Karstprozesses in diesen Breiten bedingt. Dazu tritt die Tatsache, daß der Prozeß in den Tropen nicht durch Eiszeiten unterbrochen bzw. verlangsamt worden ist, vielmehr das heutige Klima mit unwesentlichen Schwankungen seit dem Beginn des Verkarstungsprozesses (Obermiocän) geherrscht hat.*)

Studien über die Vegetationsverhältnisse der Sierra de los Organos
(W. Lötschert)

(Vergl. hierzu Abb. 6)

Wie wir sahen, geht der hohe CO_2-Gehalt des korrosionsbewirkenden Sickerwassers ohne Zweifel auf die bei den erhöhten Temperaturen gesteigerte Atmung der Mikroorganismen, der endolithischen Kalkflechten (*VERRUCARIA*-Arten) und besonders der höheren Vegetation zurück. Diese stellt eine durch viele xerophytische Merkmale ausgezeichnete Urwaldformation besonderer Art dar. Sie wird, abgesehen von den Besiedlern der durch hohe Luftfeuchtigkeit ausgezeichneten schattigen Steilwandpartien, vorwiegend aus xerophilen Kalkpflanzen aufgebaut und als Mogoten-Vegetation bezeichnet. (Bild 10—12). Da sich auf den Mogoten Trockenheit und Feuchtigkeit in schroffem Wechsel ablösen, weist die Mogoten-Vegetation eine Reihe von Anpassungen an die extremen Standortbedingungen auf. Sie bestehen in der Ausbildung sukkulenter, flaschenförmiger Stämme (*BOMBAX EMARGINATUM, GAUSSIA PRINCEPS*), der Entwicklung eines reich verzweigten langen Wurzelsystems (*THRINAX MICROCARPA*), dem Abwerfen der Blätter zu Beginn der Trockenzeit (*BURSERA SHAFERI, PLUMERIA OBTUSA, BOMBAX EMARGINATUM*), der Entwicklung hoher Trockenresidenz (*TILLANDSIA FASCICULATA*) sowie der Ausbildung von Wasserspeichergeweben (*AGAVE TUBULATA, LEPTOCEREUS PROSTRATUS, RHIPSALIS CASSUTHA*). Neben der Wasserversorgung erfordern Keimung und Entwicklung auf den schroffen, korrodierten, von Karrenwannen bedeckten Felsen besondere Anpassungen (Vgl. *H. Marie-Victorin* u. *H. Leon* 1942/44).

Im allgemeinen zeigt die Mogoten-Vegetation eine charakteristische Vertikalgliederung. Die für *BOMBAX* angeführten Anpassungen des Blattabwerfens und der Wasserspeicherung machen dem Baum eine Besiedlung der unzugänglichsten Partien meist an den Steilabstürzen unmittelbar unter den gerundeten Kuppen möglich, während auf den Mogotengipfeln die Rutacee *SPATHELIA BRITTONII* die Physiognomie beherrscht. An den Fußhöhlen der Mogoten hängen *PHILODENDRON SCANDENS, RHIPSALIS-* und *LEPTOCEREUS*-Arten über die Stalaktiten-Vorhänge hinab, während zwischen dem *BOMBAX*-Gürtel und der untersten Zone *GAUSSIA PRINCEPS* und *THRINAX MICROCARPA* eingeschaltet sind. *AGAVE TUBULATA, ANTHURIUM VENOSUM, PHILODENDRON LACERUM* und *HOHENBERGIA PENDULIFLORA* finden sich über die ganze Steilwand an vorwiegend glatten kluftfreien Stellen.

Wichtig für die Mogoten von Pinar del Rio ist vor allem die Artenkombination *SPATHELIA BRITTONII, BOMBAX EMARGINATUM* und *GAUSSIA PRINCEPS*, von denen die letztere als Endemit nur in der Sierra de los Organos vertreten ist und schon auf den Mogoten von Matanzas fehlt. Darüber hinaus beherbergt die Mogoten-Vegetation, die in ihren ökologischen Anpassungen mit dem laubabwerfenden Trockenwald von EL Salvador *(Lötschert* 1956) vieles gemeinsam hat, eine große Anzahl von Endemiten, deren Anteil unter den 6000 Blütenpflanzen Cubas 60% beträgt (Jamaica 50%, Puerto Rico 20%, *H. Alain* 1953). Zu den zahlreichen Endemiten des Gebietes der Sierra de los Organos, deren Entstehen in den wechselhaften Untergrundsverhältnissen (Serpentin, Limonit, Kalkstein), dem Mogoten-Klima mit seinen schroffen Insolations- und Feuchtigkeitswechseln und der

---

*) Nach Abschluß dieses Berichtes ging uns eine Darstellung über den Chemismus der Lösungsprozesse im Karst aus der Feder von *A. Boegli* zu (enthalten in: Report of the Commission on Karst phenomena, XVIII Intern. Geogr. Congress Rio de Janeiro 1956) wonach die durch die Wärme bedingte erhöhte Reaktionsgeschwindigkeit für den Karstprozeß in den Tropen eine meist unterschätzte Rolle spielt. Die Lösungsgeschwindigkeit soll dadurch etwa den vierfachen Betrag derjenigen der alpinen und arktischen Gebiete erreichen.

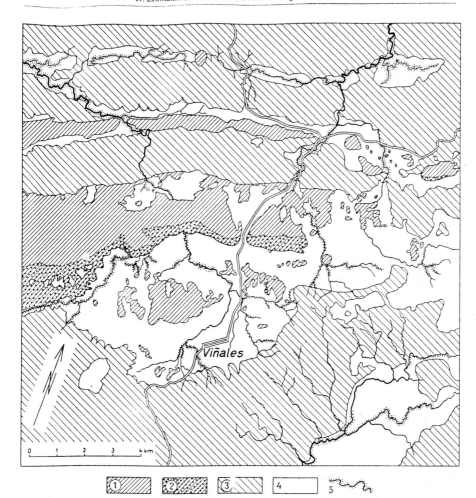

Abb. 6: Vegetationskarte des zentralen Teiles der Sierra de los Organos. (Entw. W. Lötschert)
1 Xerophytische Mogotenvegetation (mit BOMBAX EMARGINATUM, SPATHELIA BRITTONII und GAUSSIA PRINCEPS)
2 weniger xerophytische Mogotenvegetation wie 1) doch mit FICUS SSP.
3 Kiefern-Eichenwald (mit QUERCUS VIRGINIANA, PINUS TROPICALIS, PINUS CARRIBAEA und Malatomataceen-Strauchschicht)
4 Kulturland
5 Bachbegleitender Eugenia-Jambos-Wald

isolierten Lage Cubas seine Erklärung findet, gehören *MARCGRAVIA CALCICOLA, PORTLANDIA PENDULA, ERYTHRINA CUBENSIS, GESNERIA CELSOIDES, GESNERIA RUPICOLA* und der berühmte Palmfarm *MICROCYCAS CALOCOMA*, der auch auf den Sandsteinen der Cayetano-Formation in den Eichenwäldern von Pinar del Rio vorkommt[11]).

Die Mitwirkung der xerophytischen Mogoten-Vegetation bei der Morphogenese des tropischen Kegelkarstes besteht neben der CO_2-Produktion auf mechanischer Einwirkung durch das Wurzelsystem, jedoch muß es unter den aus Moosen, Selaginellen und Farnen bestehenden Krautpolstern auch zur Säureabscheidung kommen, wie die weiche Beschaffenheit des substratbildenden ehemaligen Kalksteines beweist. Eine Ansammlung von Humus findet allerdings bei der Geschwindigkeit der chemischen Austauschreaktionen und der Reinheit der unterlagernden Kalke nicht statt. Die anfallende organische Substanz wird vielmehr sofort in die Umsetzungen einbezogen und vermag die Acidität des Substrates kaum zu beeinflussen. Das in den Karrenwannen (vgl. *H. Lehmann* 1954, Abb. 11) angetroffene, durch seinen Humusreichtum schwarz gefärbte Material sowie die in den Jamas und auf Steilabsätzen vorhandene terra rossa-ähnliche Erde wies pH-Werte von 7,7—9,2 auf (Ermittlung mit Ionometer nach Lautenschläger, Kalomel-Chinhydron-Elektrode). Die Reaktion des nach Regenfällen in den Kleinkarren angetroffenen Wassers betrug pH = 7,2—7,5 (Bestimmung mit Lyphan- und Merck's Spezial-Indikatorpapier).

Die Bindung der Mogoten-Vegetation an das alkalische Substrat der spätjurassischen bis kretazischen Kalke wird durch eine unmittelbar hinter Rancho San Vincente quer über den Berg verlaufenden Vegetationsgrenze zwischen der dichten urwaldartigen Mogoten-Vegetation und dem lockeren aus *QUERCUS VIRGINIANA* gebildeten Eichenwald (oak-savana-woodland, *Seifriz* 1943) demonstriert, der ebenso wie die Kiefernwälder stets auf die sauren Cayetano-Sandsteine und -Schiefer (pH = 5,0—5,5) beschränkt ist. Der Eichenwald zeigt alle Übergänge von einer steppenartig trockenen, nur auf sterilen Sandsteinböden verbreiteten Assoziation von *QUERCUS VIRGINIANA, BRYA EBENUS, HYPERICUM STYPHELIOIDES* und *TABEBUIA LEPIDOPHYLLA* bis zur in Bachtälern verbreiteten Mischformation (savana-conglomerate) mit einer großen Anzahl hygrophiler Laubbäume,

unter denen *CECROPIA PELTATA, DIDYMOPANAX MOROTOTONII, XYLOPIA AROMATICA, ANDIRA INERMIS, GENIPA AMERICANA* und *PITHECOLOBIUM OBOVALE* die wichtigsten sind.

Ganz ähnlich liegen die Verhältnisse in den Kiefernwäldern, die aus der endemischen *PINUS TROPICALIS* und *PINUS CARIBAEA* aufgebaut werden. (Bild 13). Sie sollen nach *Seifriz* auf die sauersten Stellen der Provinz beschränkt sein, finden sich jedoch nach meinen Beobachtungen auf den höheren Lagen der Cayetano-Hügel. Ihre Strauchschicht wird ähnlich wie in den aus *PINUS OOCARPA* gebildeten mesophytischen Kiefernwäldern El Salvadors aus zahlreichen Melastomaceen *(PACHYANTHUS POIRETII, CLIDEMIA DELICATULA, CLIDEMIA HIRTA, CONOSTEGIA XALAPENSIS)* aufgebaut. An trockenen Standorten zeigen sich im Auftreten von *BYRSONIMA CRASSIFOLIA* und *CURATELLA AMERICANA* Anklänge an die zentralamerikanischen Chaparrales (vgl. auch *Lauer* 1954). Sehr typisch sind ferner für den Kiefernwald die weißblühende, derbblättrige *RONDELETIA CORREIFOLIA*, die parasitische Lauracee *CASSYTHEA AMERICANA*, die acidophile genetisch südamerikanische *BEFARIA CUBENSIS* sowie die Gramineen *ANDROPOGON VIRGINIANA* und *SORGHASTRUM STIPOIDES*. Für die steil einfallenden Grabenwände kleiner Bachtäler ist eine aus den Farnen *DICRANOPTERIS FLEXUOSA, BLECHNUM SERRULATUM, ODONTOSORIA ACULEATA* sowie dem pantropischen *LYCOPODIUM CERNUUM* bestehende Vergesellschaftung bezeichnend, während in größeren Tälern die Palme *COPERNICIA PAUCIFLORA*, gelegentlich sogar *ROYSTONEA REGIA* und der Strauch *CRYSOBALANUS PELLOCARPUS* auftreten. Als Kostbarkeiten in den Sumpfstellen dieser Täler seien Xyridaceen *(XYRIS AMBIGUA, XYRIS GRANDICEPS)* Eriocaulaceen *(SYNGONANTHUS, PAEPALANTHUS, ERIOCAULON), BURMANNIA BICOLOR, DROSERA-* und *GENLISEA-* Arten genannt.

Eine scharfe Grenze zwischen Kiefern- und Eichenwald läßt sich jedoch an vielen Stellen nicht ziehen. Vielmehr gehen beide bei erhöhter Feuchtigkeit und damit verbundener tieferer Aufbereitung der Sandsteine und Schiefer in eine Mischformation über (savan. conglomerate), die zwischen dem von *Seifriz* (1943) für Cuba ausgeschiedenen forest einerseits und der Kiefernsteppe vermitteln (Vgl. *Carr* 1950). In ihrer Gesamtheit lassen sich Eichen- und Kiefernwälder als mesophytischer Kiefern-Eichen-Mischwald dem xerophytischen Mogoten-Urwald gegenüberstellen.

---

[11]) Dem derzeitigen Bearbeiter der Flora von Cuba, Herrn *H. Alain*, sei an dieser Stelle herzlich für seine Unterstützung bei der Bestimmung der eingesammelten Pflanzen im Herbarium des Colegio de la Salle in Vedado-Habana sowie für manche mündliche Auskunft gedankt.

Bild 10: Mogoten-Vegetation an der N-Seite der Sierra Ancón. In der Mitte Zone aus BOMBAX EMARGINATUM, im Hintergrund SPATHELIA BRITTONII.

Bild 11: Gipfel-Vegetation eines Mogoten. Zwischen der „palmenähnlichen" SPATHELIA BRITTONII die Fächerpalme THRINAX MICROCARPA. (Sierra Ancón, Telyt 20 cm.)

Bild 12: GAUSSIA PRINCEPS, die Charakterpalme der Mogoten-Vegetation, vorn THRINAX MICROCARPA, im Hintergrund SPATHELIA BRITTONII.

Bild 13: Wälder aus PINUS TROPICALIS auf Cayetano-Sandstein bei St. Thomás. In der Mitte vorn eine Copernicia-Gruppe, dahinter talabwärts ROYSTONEA REGIA. Im Vordergrund auf beiden Seiten Melastomataceen-Sträucher.

Die Bilder 1, 3—9 sind von *Nuñez Jimenez,* die Bilder 10—13 von *W. Lötschert,* Bild 2 von *H. Lehmann* aufgenommen.

Literaturnachweis:

Alain, H.: El endemismo en la flora de Cuba, Mem. Soc. Cubana, Hist. Nat. 21, 187, 1953.

Boegli, A.: Probleme der Karrenbildung, Geogr. Helvetia, VI, 3, 1951.

Brown, B. and *O'Connel, M.:* Correlation of the jurrassic formations of Western Cuba, Bull. Geol. Soc., America 33, S. 639—664, 1922.

Bretz, J. H.: Vadose and phreatic features of limestone. Journ. of Geol. 1942.

Canet, G.: Atlas de Cuba, Cambridge, Mass. 1949.

Carr, A. F.: Outline for a classification of animal habitats in Honduras, Bull. Am. Mus. Nat. Hist. 94, 1950.

Cullingford, C. H. D.: British Caving, An introduction to Speology, London 1953.

de Golyer, E. L.: The Geology of Cuban petroleum deposits. Bull. Americ. Ass. Petrol. Geol. Z. S. 133—167, 1918.

Lauer, W.: Zentralamerika, Bericht über eine Forschungsreise, Erdkunde 8, 1954.

Lehmann, H.: Morphologische Studien auf Java, Stuttgart 1936.
Lehmann, H.: Der tropische Kegelkarst, Umschau für Naturw. u. Technik 1953.
Lehmann, H.: Der tropische Kegelkarst auf den großen Antillen, in: Das Karstphänomen in den verschiedenen Klimazonen, Erdkunde 8/2, 1954.
Lehmann, H.: Der tropische Kegelkarst in Westindien. Tagungsbericht Deutscher Geographentag in Essen, Wiesbaden 1955.
Lehmann, H.: Report of the commission on Karst phenomena, XVIII Intern. geogr. congress Rio de Janeiro 1956 (Intern. Geogr. Union, New York 1956).
Lehmann, O.: Die Hydrographie des Karstes. Leipzig und Wien 1932.
Leon, H. y Alain, H.: Flora de Cuba, Contrib. Ocas. Unis. Hist. Nat. Colegio de la Salle, Bd. 1—3, La Habana 1946—1953.
Lewis, J. W.: Geology of Cuba. Bull. Americ. Ass. Petrol. Geol. 16, S. 533—555, 1932.
Lötschert, W.: Ökologische und Vegetationsstudien in El Salvador. Abh. Senkenb. Naturf. Ges. Frankfurt 1956.
Marie-Victorin, F. et Leon, F.: Itineraires botaniques dans l'ile de Cuba. Contrib. Inst. Bot. Univ. Montreal, 41 u. 50, 1942, 1944.
Marrero, L.: Geografia de Cuba. La Habana 1951.
Massip, S.: Introduccion u la geografia de Cuba. La Habana 1942.

Meyerhoff, H. A.: The texture of Karsttopography in Cuba and Puerto Rico. Journal of Geomorphology, 1938.
Miller, J. P.: A Portion of the System Calcium Carbonate-Carbon-Dioxide Water, with geological implications. Americ. Journal of Science, Vol. 250, März 1952.
Nuñez Jimenez, A.: Geografia de Cuba. La Habana 1955.
Oertli, H.: Karbonathärte von Karstgewässern. „Stalactite", Schweizer Ges. für Höhlenforschung Nr. 4, 1953.
Palmer, R. H.: Outline of the geology of Cuba. Journ. Geol. 1945, H 1, 1945.
Schuchert, Ch.: Historical Geology of the Antillean-Caribbean Region, New York 1935.
Seifriz, H.: The plant life of Cuba. Esol. Monogr. 13, 375, 1943.
de la Torre, C.: Comprobation de l'existence d'un horizon jurassique dans la region occidentale de Cuba. C. R. Congr. intern. geol. Bull. XI, S. 1020—22, 1910.
Uphof, J.: Cuba, Vegetationsbilder. 18. Reihe. Jena 1928.
Vermunt, L. W. Z.: Geology of the province of Pinar del Rio. Cuba. Geogr. en geol. Mededeelingen, Utrecht, Phys. Geol. Reeks. 13, 1937.
Williams, J. E.: Chemical Weathering at low Temperatures. Geogr. Rev., Vol. 39.
Wissmann, H. v.: Der Karst der humiden heißen und sommerheißen Gebiete Ostasiens. In: Das Karstphänomen in den verschied. Klimazonen. Erdk. VIII, 2, 1954.

1. DER EINFLUSS DES KLIMAS
AUF DIE MORPHOLOGISCHE ENTWICKLUNG DES KARSTES

Von H. Lehmann, Frankfurt am Main (Deutschland).

Summary

There are only three regions of the earth where climate conditions regarding their effect on morphological processes did not repeatedly change during the ice age: the humid tropics, the Arctic and the interior of the great deserts. In view of the fact that the development of Karst depends on climatic conditions, it was not fortunate that the classical Karst research started out with the Karst regions of the middle latitudes. The landforms of Karst are complex in this zone and are no pure formes of corrosion because they were exposed to changing climamorphological conditions during their development. In the humid tropics, the process of corrosion has been active, without any interruption, since the younger Tertiary epoch. Therefore, the cycle of corrosion is developed undisturbed in this region. But the process of corrosion in the tropics is specific for the hot climate and cannot be transmitted to other climates. On the other hand frostweathering and solifluction lead to other forms of Karst in the periglacial region. In he permafrost zone the circulation of Karst water is interrupted or prevented by the frozen ground, often for the depth of several 100 m. Hence each climate has its „clima-specific" Karst development.

The questions of the clima-specific variations of Karst development was the topic of a symposium held by the Karst Commission in Frankfurt 1953 (published in the periodical „Erdkunde", Bonn 1954). Up to now the studies of the influence of climate on the development of Karst were based on the comparasion of forms. In the future quantitative chemical research on the processes of corrosion has to be performed in the different climates such as those done by Bögli *in the Alps,* Örtli *in Yugo-Slavia and* H. Lehmann *in Cuba.*

Die klassische Karstforschung hatte gemäß der in der Morphologie üblichen Methode aus dem räumlichen Nebeneinander von Formen auf ihr zeitliches Nacheinander geschlossen, d. h. die auf der Erdoberfläche tatsächlich an verschiedenen Stellen vorgefundenen Karstformen unter gedanklicher Einfügung hypothetischer Zwischenglieder zu einer genetischen Reihe, zu einem „Zyklus" geordnet. Dabei war man stillschweigend von dem Grundsatz des Aktualismus ausgegangen, wonach die Formen aus den heute wirksamen Kräften erklärt werden müssen. Der Karstzyklus, wie ihn A. Grund nach dem Vorbild von W. M. Davis aufgestellt hatte und wie er sich mit gewissen Abwandlungen in den meisten Lehrbüchern der allgemeinen Geographie bzw. der Morphologie findet, ist ein deduktiv abgeleitetes Denkbild, das die Forschung eher gehemmt als gefördert hat. Es wurde in der Praxis aus einer Arbeitshypothese zu einem Klischée, das die Formen erklären sollte aus denen es abgeleitet war. Obgleich vorwiegend am dinarischen Karst entwickelt, wurde es auf andere Karstgebiete mit völlig anderen Voraussetzungen, — z. B. auf die tropischen Karstgebiete — übertragen.

Solange die Fülle der Karstformen auf der Erde unter die Begriffe subsummiert wurden, die auf den Erfahrungen aus einem relativ eng begrenzten Gebiet aufgebaut waren, konnten echte Fortschritte in der Erkenntnis nicht mehr erzielt werden. Es war nötig, an die Stelle des „normalen" Karstzyklus einen klimaspezifisch jeweils modifizierten zu setzen, dessen Stadien aus Formen ein und desselben Klimagebietes abgeleitet werden müssen. Dies hatte A. GRUND versäumt, indem er Formen aus verschiedenen Klimagebieten gedanklich zu einem Zyklus zusammengefügt hatte. Er setzte die für den dinarischen Karst (und analoge Karstgebiete der gemäßigten Breiten) typische Schlüsseldoline an den Anfang und das in diesem Gebiete faktisch nicht angetroffene, aber theoretisch geforderte und durch falsch interpretierte Beobachtungen aus tropischen Gebieten belegte „Cockpitstadium" ziemlich an das Ende des Karstzyklus.

Die Karstforschung ist seither wieder in Bewegung geraten. Sie kann sich nicht mehr mit einem allgemeinen und überall gültigen Schema der Karstentwicklung begnügen. Wir wissen heute, daß es zur Aufstellung einer klimaspezifischen genetischen Formenreihe noch nicht genügt, die Beispiele aus ein und demselben Klimagebiet zu wählen. Wie die meisten morphologischen Zyklen beansprucht auch der Karstzyklus zu seinem Ablauf eine sehr lange Zeit. Die vorgefundenen Formen gehen in ihrer Anlage meist in das junge Tertiär zurück und haben sich während des Quartärs weitergebildet. Ihre Bildung erfolgte also in der Regel nicht unter konstanten Klimaverhältnissen.

Es gibt eigentlich nur drei ziemlich begrenzte Zonen auf der Erde, in denen das Diluvium keine morphologisch entscheidende Änderung des Klimas gebracht hat: die feuchten Tropen, die Hocharktis und bestimmte Teile der Kernwüsten. Denn das Absinken der Mitteltemperaturen um wenige Grade bedeutet in diesen Gebieten im allgemeinen keinen Wechsel des „Prägestocks" (BÜDEL), das heißt keine qualitative sondern höchstens eine quantitative Änderung der morphologischen Prozesse. Nur hier können wir einen Formenschatz erwarten, dessen Bildung sich wenigstens seit dem Pliozän unter mehr oder minder konstanten Bedingungen vollzogen hat. In allen übrigen Gebieten haben sich in der genannten Zeit die klimatischen Bedingungen in morphologisch wirksamer Weise mehrfach grundlegend geändert. Die hier vorgefundenen Formen entsprechen zum großen Teil nicht dem heutigen Klima sondern sind nur wenig veränderte Vorzeitformen.

Von diesem Gesichtspunkt aus gesehen war es unglücklich, daß die Karstforschung gerade von den gemäßigten Breiten ausgegangen war, in denen der Karstprozeß während der periglacialen Klimaperioden wenn nicht unterbrochen, so doch zweifellos stark modifiziert und von anderen Vorgängen überdeckt ist. Die hier vorgefundenen Formen können also keine „reinen", also weder für das heutige Klima noch für den Korrisionsprozeß als solchen spezifischen Formen sein. In den tropischen Karstgebieten sind solche „reinen" Formen viel eher zu erwarten. Soviel wir sehen, hat der Korrosionsprozeß im Laufe der Entwicklung dieser Gebiete keine klimatisch bedingte Änderung oder Unterbrechung erfahren. Wir können in einigen wohldefinierten Karstgebieten der Tropen (Java, Westindien) den Beginn des gegenwärtigen Karstzyklus bis in das Pliozän, frühestens bis in das Ende des Miozän zurückdatieren, also den Ablauf eines reinen Korrosionsprozesses wesentlich besser übersehen als im Dinarischen Karst, wo die Perioden des periglazialen Klimas während des Diluviums eine in ihrem Ausmaß noch nicht völlig übersehbare Überdeckung des Karstprozesses durch Solifluktionserscheinungen und fluviatile Erosion gebracht haben, und wo die Großformen des Reliefs bereits im älteren Neogen angelegt worden sind.

Dennoch können die in den Tropen gewonnenen Erkenntnisse nicht ihrerseits verallgemeinert und für den Karstprozeß schlechthin geltend gemacht werden. Der tropische „Kegelkarst" stellt zwar ein reines aber doch klimaspezifisches Ergebnis des Karstprozesses dar. Wie Bögli in seinem Rapport (S. 7 ff) im einzelnen nachweist, verläuft der chemische Prozeß der Lösung bei den hohen tropischen Temperaturen anders als in den gemäßigten Breiten, selbst abgesehen von dem hohen Betrag der in den Tropen zur Verfügung gestellten „biologischen" Kohlensäure (CO_2), auf den ich mehrfach, zuletzt an Hand von vergleichenden Messungen auf Cuba hingewiesen habe. In den periglacialen Gebieten mit oder ohne Permafrost kann theoretisch mehr Kohlensäure im Wasser gelöst werden, aber die Reaktionsgeschwindigkeit ist geringer und die „biologische Kohlensäure" tritt an Bedeutung zurück. Daneben spielt hier die Frostsprengung eine große Rolle, was sich unter anderem in der Bereitstellung von Lockermaterial für den fluviatilen Abtransport bzw. durch Solifluktion äußert. Auch fehlen die frischen und scharfgratigen Karren aus diesem Grunde[1]). In den polaren Gebieten ist die Karsthydrographie wegen des Permafrostes nur embryonal entwickelt, oder ganz unterbunden. Sie kann sich nur an der Untergrenze der Permafrostschicht entwickeln, sofern sie von dem in dieser Zone schmelzenden Bodeneis ernährt wird (J. Corbel). Über die Verhältnisse in den tieferen Schichten der Permafrostgebiete wissen wir noch wenig. Soweit Höhlensysteme in der Permafrostzone selbst bekannt sind, kann es sich wohl nur um Vorzeitformen aus wärmeren Klimaperioden handeln.

Auch aus Trockengebieten, die allerdings nicht den Kernwüsten angehören, sind spezifische Karstformen bekannt (H. v. Wissmann). In den gemäßigten Breiten sind die Formen der periglazialen oder auch tropischen Vorzeitprozesse zur Zeit noch nicht scharf genug zu trennen.

Die Erkenntnis, daß jedem Klima eine auch aus dem Formenschatz ablesbare spezifische Art des Karstprozesses zukommt und daß für die Beurteilung des Formenschatzes in einem bestimmten Karstgebiet auch die wirksam gewesenen Vorzeitklimate berücksichtigt werden müssen, hat die Karstkommission veranlaßt, im Dezember 1953 in Frankfurt am Main ein mehrtägiges Kolloquium über den Einfluß des Klimas auf den Karstprozeß abzuhalten. Das Ergebnis ist unter dem Titel „Das Karstphänomen in den verschiedenen Klimazonen" in der Zeitschrift „Erdkunde — Archiv für wissenschaftliche Geographie" Band VIII, 2 Bonn 1954 veröffentlicht worden. Es stellt nur einen ersten Schritt auf dem Wege dar, die klimamorphologischen Varianten des Karstprozesses systematisch herauszuschälen.

Die bisherigen Arbeiten fußen meist auf dem Formvergleich. Der nächste Schritt muß eine direkte qualitative und quantitative Untersuchung der Lösungsprozesse in den verschiedenen Klimazonen sein. Nachdem die einschlägigen Methoden durch Bögli, Örtli u. a. mit Erfolg an mitteleuropäischen Karst-

---

[1]) So vor allem C. Rathjens. Nach J. Corbel ist dagegen die unmittelbar vor dem Gletscher liegende Aufbauzone „le domaine des grands champs de lapiés".

gebieten erprobt sind, habe ich sie an einem tropischen Karstgebiet (vgl. hierzu den Rapport von Bögli) angewandt. Die Ergebnisse solcher Felduntersuchungen versprechen bessere Resultate als Laboratoriumsversuche, die den natürlichen Bedingungen nicht gerecht werden.

Literaturauswahl zur Frage der klimaspezifischen Karstformen

Allgemeines:

1. H. Lehmann: Das Karstphänomen in den verschiedenen Klimazonen. — Bericht von der Arbeitstagung der internationalen Karstkommission in Frankfurt am Main, 27. bis 30. Dezember 1953; in „Erdkunde" Bd. VIII, 2 Bonn 1954.
2. P. Fénelon: Le Relief karstique. — Extrait de la Revue Norois, 1 Janvier - Mars 1954.
3. P. Birot: Problèmes de Morphologie karstique. — Annales de Géographie LXIII, Mai - Juin 1954.

Tropen:

4. J. V. Daneš: Das Karstgebiet des Goenoeng Sewoe in Java. — Sitzungsbericht d. königl. böhm. Ges. d. Wissenschaft in Prag, 1915.
5. B. G. Esher: De goenoeng Sewoe en het probleem van de Karst in de Tropen. — Handelingen van het XXIII Nederl. Natuur- en geneeskundig Congres, Haarlem 1931.
6. F. Blondel: Les phénomènes karstiques en Indochine Française. — Bull. Servis Géol. de l'Indochine 18, 4 Hanoi 1929.
7. L. A. Faustino: The development of Karst topography in the Philippine Islands. Manila 1932.
8. H. Lehmann: Morphologische Studien auf Java. — Geographische Abhandlungen III, 9 Stuttgart 1936.
9. H. Lehmann: Chinesische Landschaften aus der Vogelschau. — Reichsanstalt für Film und Bild in Wiss. und Unterricht, Hochschulfilm C 356/1940, Erläuterungen.
10. H. v. Wissmann: Der Karst der humiden und sommerheißen Gebiete Ostasiens; in: Das Karstphänomen in den verschiedenen Klimazonen 1953.
11. H. A. Meyerhoff: Geology of Puerto Rico. — Monogr. of the Univ. of Puerto Rico, Series B. No 1, 1933.
12. H. A. Meyerhoff: The Texture of Carst topography in Cuba and Puerto Rico. — Journal of Geomorphology 1938.
13. V. A. Zans: On Carst Hydrology in Jamaica. — Union Géodésique et Géophysique Intern. Bruxelles 1951.
14. H. Lehmann: Karstentwicklung in den Tropen. — Die Umschau in Wissenschaft und Technik, 18/1953, Frankfurt am Main 1953.
15. H. Lehmann: Der tropische Kegelkarst in Westindien.
16. H. Lehmann: Karstmorphologische, geologische und botanische Studien in der Sierra de los Organos auf Cuba. — „Erdkunde" 1956, 3.
17. G. Lasserre: Notes sur le Karst de la Guadeloupe; in: Das Karstphänomen in den verschiedenen Klimazonen 1953.
18. J. Corbel: Notes sur les Karsts tropicaux. — Revue de Géographie de Lyon XXX, 1 Lyon 1955.

Periglazialgebiete:

19. J. CORBEL: Karst et Glaciers en Laponie. — Revue de Géographie de Lyon XXVII, 3, Lyon 1952.
20. J. CORBEL: Une Région karstique de Haute-Laponie. Navnlösfjell. — Revue de Géographie de Lyon XXVIII, 4 Lyon 1953.
21. J. CORBEL: Les phénomènes karstiques en Suède. — Geographiska Annaler 1952 1-3.
22. J. CORBEL: Les phénomènes karstiques en klimat froid; in: Das Karstphänomen in den verschiedenen Klimazonen 1953.

HERBERT LEHMANN (*)

Osservazioni sulle grotte e sui sistemi di cavità sotterranee nelle regioni tropicali

Abstract

Researches on caves in the tropics. Whereas the morphology of tropic karst much differs from that of « classical » karst, the types of caves developed are the same as in higher latitudes.

However, the system of caves in tropical karst areas demonstrates the mature karst hydrography in a very early stadium. Polje bottoms and karstborderplains are equally developed in the « Vorfluter » level.

In the Sierra de los Organos a system of so-called « footcaves » surrounding each polje and karstborderplain reveals a system of « Deckenkarren » formed by unperiodical floods which occasionally filled the caves as a whole. This paper discusses the differente types of « Deckenkarren ».

Da lavori compiuti in questi ultimi anni è stato dimostrato che lo sviluppo del carsismo nelle regioni tropicali porta ad una ricchezza di forme diversa da quella che s'incontra nelle regioni temperate (1). Questo fatto si fonda da un lato sul maggior grado di solubilità, dimostrato ormai anche quantitativamente (2), (solubilità condizionata in parte dalla maggiore velocità di reazione (3), in parte dall'arricchimento dell'acqua piovana con anidride carbonica « biologica ») e d'altro lato sul perdurare di una temperatura tropicale non interrotta dal periodo freddo pleistocenico, in un clima cioè, nel quale manca l'azione erosiva del gelo e in cui le altre forme di erosione fisica sono ridotte al minimo. Il carso tropicale è quindi un prodotto esclusivo dei processi di soluzione in misura molto maggiore del carso dinarico (classico), in cui si riconoscono ancora relitti di forme d'erosione fluviale (talora anche glaciale) e l'azione demolitrice del gelo nei periodi glaciali compreso quello recente (4).

Questa particolare posizione del carso tropicale vale anche per le

(*) Professore dell'Università « Johann Wolfang Goethe » di Francoforte sul Meno, Direttore dell'Istituto di Geografia.

sue *grotte*? A me non sembra. Per quanto mi sono note le grotte tropicali — ne ho visitate molte nell'Indonesia e nelle Indie Occidentali — e per le deduzioni che possiamo trarre dalle descrizioni particolareggiate di tali grotte, come dalla pregevole monografia di Nunez Jimenez (4) sulla Grotta di Bellamar, nella provincia di Matanzas a Cuba, le grotte tropicali nel loro complesso non presentano una ricchezza di forme sostanzialmente diversa da quella delle grotte delle zone temperate. Senza dubbio le grotte delle regioni tropicali hanno una ricchezza insolita di concrezioni bizzarre derivate dalla temperatura uniformemente elevata (5),

Foto H. Lehmann

Fig. 1 - Solchi carsici della volta, grotta presso Balneario San Vicente, Sierra de los Organos.

ma il tipo di queste concrezioni non si distingue da quello delle concrezioni nelle grotte delle zone temperate. Infatti, nell'interno dei massicci montuosi il contenuto di carbonato di calcio disciolto e di acido carbonico attivo delle acque dei fiumi sotterranei tropicali e delle acque di stillicidio non è molto diverso da quello che si riscontra nelle regioni extratropicali, è ben diverso invece tale contenuto da quello delle acque carsiche superficiali.

Appare chiaro che lo studio delle grotte tropicali ci illumina molto in doppio rapporto sul processo della formazione delle grotte più evidentemente che nelle regioni carsiche delle zone temperate, l'evoluzione dei fenomeni carsici nelle regioni tropicali a me nota mostra un rapporto con il livello dei polja o delle pianure carsiche marginali; e ancora meglio questo rapporto si riconosce nel fenomeno, spesso magnificamente svi-

Foto H. Lehmann

Fig. 2 - Grotta marginale con solchi carsici della volta, presso Vinales, Sierra de los Organos.

luppato, dei cosiddetti « solchi carsici sulle volte » *(Deckenkarren)* l'azione della violenza periodica dell'acqua (fig. 1, 2, 5).

Tratto ora in modo particolare entrambi questi punti, sulla scorta di osservazioni personali compiute nelle grotte della Sierra de los Organos, nell'isola di Cuba.

A Nord di Viñales, nella provincia di Pinar del Rio, nell'isola di Cuba, si è venuto formando un tipo di rilievo carsico a « coni » nei calcari della formazione cretacica e giurassica superiore della Sierra de los Organos. La regione presenta geologicamente una struttura a scaglie a strati inclinati verso Nord (6). Calcari e strati di arenaria si alternano con andamento parallelo. A Sud la regione calcarea di Viñales, la cui estensione va dai 4 agli 8 Km., è separata dalla pianura carsica da un'area a rilievi dalle pareti ripide, detti « *Mogote* » (coni isolati) (fig. 3) e da gruppi di *mogote*. Le pianure carsiche si suddividono in veri e propri polja e in pianure carsiche marginali; chiuse su tre lati da ripide pareti calcaree, mentre il quarto lato è limitato da un terreno scistoso situato a un livello più elevato. A queste pianure carsiche marginali, che presentano cavità sotterranee assorbenti le acque della sierra calcarea, ho dato il nome di *Randpoljen* (ossia polja marginali).

Nei polja veri e propri e nei polja marginali il fondo è calcareo. Alla loro formazione non hanno però contribuito processi tettonici, essi devono la loro origine e lo sviluppo ulteriore esclusivamente al processo carsico. I fondi dei polja p. d. e dei polja marginali contigui hanno in maniera sorprendente la stessa altitudine, o una differenza massima di pochi metri. Questo non va detto soltanto per la regione di Viñales e per l'intera Sierra de los Organos, ma per tutte le zone carsiche dei tropici che io conosco. In contrasto con il Carso Dinarico, vi è un solo ed unico livello per i fondi dei polja e per le pianure carsiche marginali; come ha constatato anche V. WISSMANN nel « carso a torri » della Cina meridionale, l'altezza di questo livello è determinato esclusivamente dall'altitudine del livello di sbocco (des Vorfluters) dei condotti carsici.

Solamente nella stessa misura in cui questo livello di sbocco si abbassa verso la roccia impermeabile, sgorgando dal terreno carsico, le pianure carsiche marginali e i fondi dei polja possono subire un abbassamento. Questo abbassamento evidentemente si compie in modo così regolare, da non lasciare resti di antichi fondi di polja nè di pianure marginali; è questo un fatto chiaramente indicativo, se si considera che le pianure carsiche marginali aumentano in larghezza a spese del loro contorno, di conseguenza le pianure carsiche odierne sono più vaste delle precedenti. Sono invece rimasti i piani più alti, i più antichi cioé della idrografia carsica sotto forma di sistemi di grotte.

Nel terreno del carso tropicale « a coni », ricoperto dalla foresta vergine, terreno di praticabilità estremamente difficile, questi sistemi di grotte costituiscono qualche volta l'unica via di comunicazione tra due polja contigui (ai polja viene dato dai cubani il nome di *Hoyo*).

Per quanto riguarda il carso a coni dei tropici in stadio di maturità, devo rispondere in modo decisamente affermativo al vecchio quesito se la formazione di grotte sia collegata — direttamente o indirettamente — al livello di sbocco (8).

Foto H. Lehmann

Fig. 3 - « Mogote » Cono roccioso calcareo isolato di erosione carsica nella Sierra de los Organos.

Nella Sierra de los Organos, come pure in altre regioni carsiche tropicali, parecchi piani di sistemi di grotte intercomunicanti indicano che l'idrografia carsica nei tropici raggiunge molto presto uno stadio di maturità, che si avvicina al caso limite del solco carsico aperto. Infatti nella Sierra de los Organos oggi i fiumi non attraversano la regione carsica solamente come corsi d'acqua chiusi, ma sono anche in condizione di trasportare lungo vie sotterranee scavate in roccia calcarea, del materiale insolubile, come detriti accumulati dall'erosione e persino ciottoli scistosi in considerevole quantità. Non si potrebbe neppure attribuire ad altri fattori la formazione dei polja marginali, poichè anche in essi vengono asportati attraverso vie idriche carsiche sotterranee masse considerevoli di detriti insolubili.

Tutto ciò è dimostrato con la massima evidenza nel polje marginale di Santo Tomas, i cui sistemi di grotte sono stati profondamente studiati da NUNEZ JIMENEZ (9).

L'assorbimento idrico dei polja propriamente detti e dei polja marginali non avviene solamente per mezzo di un unico fiume carsico o di un certo numero di fiumi carsici, ma anche attraverso un grande numero di *Fusshöhlen,* ossia di *cavità al piede* come io le ho chiamate o meglio *grotte marginali* (Fig. 4). Soltanto queste grotte sono in condizione di smaltire con relativa rapidità verso il sistema idrico sotterraneo le masse

Foto H. Lehman

Fig. 4 - Caverne alla base di versante o caverne marginali nel polje carsico di San Vicente - Sierra de los Organos.

d'acqua, che negli acquazzoni tropicali allagano interamente il fondo del polje.

Nel polje a Sud di Balneario San Vicente si aprono lungo i suoi bordi parecchie dozzine di queste *grotte marginali.*

Queste grotte marginali, fittamente ravvicinate le une alle altre, scalzano alla loro base le pareti ripide che, per lo più verticali e persino inclinate verso l'esterno nella loro parte inferiore, finiscono per cadere.

Le conche carsiche interamente allagate, senza grotte marginali, mostrano sovente alla base delle loro pareti rocciose calcaree e delle gole profondamente incise da solchi verticali, che l'azione demolitrice è regressiva secondo *incavi o solchi di corrosione*.

Nella Sierra de los Organos si aprono alcune grotte marginali al livello del fondo del polje le quali costituiscono normali vie di comunicazione con un polje vicino facilmente attraversate nella stagione asciutta al fine di abbreviare la distanza nel passare da un polje all'altro.

Una di queste grotte collega ad esempio il piccolo polje marginale di Ruiz Señor con il polje marginale di Ancon; essa mi ha offerto lo spunto a interessanti osservazioni speleologiche alle quali ora accenno. Le grotte marginali si aprono generalmente a pochi metri al di sopra del livello dei fiumi sotterranei più vicini, o sopra il livello del solco carsico stabile. Sono quindi per lo più asciutte ed accessibili, fra un acquazzone e l'altro, anche nella stagione delle piogge. Non è a mia conoscenza che a Cuba o a Giamaica o a Puerto Rico avvengano inondazioni periodiche, simili a quelle che si osservano in tanti polja del Carso Dinarico, almeno su gran parte del *ponor* principale. Però in seguito ad acquazzoni particolarmente violenti, dopo un urricano — fenomeni metereologici relativamente frequenti nella provincia di Pinar del Rio — si può giungere ad una vera e propria inondazione con una pressione idrostatica particolarmente elevata nelle grotte marginali. Ne fa testimonianza la frequente denominazione di « *grotta ciclonica* » con la quale è indicato un piano di grotta più elevato nel quale la popolazione cerca sovente rifugio durante i temporali. Del temporaneo allagamento di queste grotte marginali molto ampie, alte da 5 a 8 m., sono prova i depositi di argilla conservati sulla volta delle grotte e, soprattutto, la ricchezza di forme dei cosiddetti *solchi carsici della volta*.

I « solchi carsici della volta » sono un argomento a torto poco considerato dalla letteratura speleologica, persino nell'opera « British Caving », an *Introduction to Speleology*, pubblicata da CULLINGFORD, son dedicate ad esso solamente alcune frasi non esaurienti (10).

Per quanto ne sappia la denominazione di « *Deckenkarren* » risale a LINDNER, il quale nel suo volume sul fenomeno dei solchi carsici indica appunto con tale denominazione le particolari forme di solchi carsici scavati nella volta e nelle parti superiori delle pareti di alcune grotte.

Alla loro origine, alla loro genesi evolutiva, non è stata ancora dedicata alcuna speciale ricerca. Eppure questo fenomeno è della più grande importanza, al fine di valutare l'azione dell'acqua scorrente nelle grotte interamente allagate. Innanzitutto si deve provare se sia giustificata l'espressione di *solco carsico* per questi solchi sulle volte delle grotte. I solchi carsici sono il prodotto di un'azione solvente selettiva dell'acqua corrente, la quale deve contenere biossido di carbonio sufficientemente

« attivo ». Questi solchi non sono quindi forme di erosione meccanica, ma di corrosione chimica. Lo stesso sia detto per tutte le forme analoghe ai solchi carsici che si osservano sulle pareti e sulle volte delle grotte; sono forme che chiaramente si differenziano dalle tracce di erosione meccanica, tracce che d'altronde non mancano mai. Non posso perciò essere dell' avviso del CULLINGFORD, che definisce un « rock pendant » come « erosion form of rock projecting down from a cave roof; often the eroded relic of a roof spongework ».

Foto Nunez Jimenez

Fig. 5 - Solchi carsici di corrosione sotto la volta de la Cueva de los Indios presso Balnario San Vicente, Sierra de los Organos, Cuba.

Secondo BRETZ, al quale mi associo, già le « impronte di scorrimento » o « scallops » sono essenzialmente forme di dissoluzione e non forme di erosione meccanica (11), anche se è possibile riconoscere, dal loro allineamento, la direzione della corrente idrica sotterranea.

Ancor più evidente diventa l'affinità con i solchi di dissoluzione veri e propri nell'azione di cesellatura simile ai solchi carsici delle volte, che, nella letteratura anglosassone, viene indicata come « anastomosis » oppure « roof spongework ».

Ho trovato in questa azione di cesellatura delle volte forme particolarmente chiare nella Cueva de los Indios, presso Balneario San Vicente. Per l'origine del « roof spongework », CULLINGFORD osserva che: « the cavity has been clayfilled, and the roof has become the bed in which the spongework has been formed by solution over the lower bed of clay ».

La forma e l'allineamento nella Sierra de los Organos escludono però un riempimento di argilla. I canali o solchi carsici sono in direzione perpendicolare a quella della corrente del fiume (temporaneo) sotterraneo, nelle parti inferiori essi sono meno marcati, le pareti diventano lisce (scallops). Nei periodi in cui l'acqua deve aver colmato temporaneamente tutta la grotta può aver prevalso nella parte superiore della cavità, sotto la volta, un'intensa turbolenza delle acque con forte componente verticale, mentre nella parte inferiore avrebbe prevalso una turbolenza con predominante componente orizzontale.

Vi sono forme intermedie di passaggio alle « protuberanze carsiche », sovente molto grandi, le quali non possono venir scambiate con le stalattiti.

Il loro caso limite è la « colonna carsica » interamente costituita di viva roccia calcarea (fig. 6).

La dissoluzione segue linee di minima resistenza quali sono i giunti di stratificazione e le linee di fessurazione, fenomeno che si può osservare in forma particolarmente istruttiva nella grotta di Ruiz Señor sopra menzionata.

L'importante fenomeno dei « solchi carsici delle volte », al quale, a mio giudizio, non è stato ancora prestata l'attenzione che merita, dimostra che le grotte si possono formare ed ampliare soltanto per l'azione solvente dell'acqua, con la premessa che sia disponibile acqua con CO_2 « attivo » non combinato.

Quest'azione può svolgersi soltanto negli orizzonti più profondi della circolazione carsica, là dove l'acqua è da lungo tempo satura di $CaCO_3$ e senza CO_2 « attivo ». Le maggiori possibilità per lo svolgersi di tali processi solventi si hanno là dove l'acqua, relativamente fredda, è ricca di CO_2 non satura, come nelle zone carsiche.

Queste azioni si compiono nei terreni da me esaminati, normalmente a pochi metri sotto il livello di base e saltuariamente a livello di grotte soprastanti ad esso di pochi metri.

Foto Nunez Jimenez

Fig. 6 - Grotta Ruiz Senor, Sierra de los Organos. «Colonna carsica» di roccia calcarea (non è una stalattite).

Bibliografia

(1) LEHMANN H. — Karstentwicklung in den Tropen. *Umschau,* 18, Frankfurt/Main, 1953.
LEHMANN H. — Das Karstphänomen in den verschieden Klimazonen. *Erdkunde,* VIII, Bonn, 1954.
(2) LEHMANN H., KRÖMMELBEIN K., LÖTSCHERT W. — Karstmorphologische, geologische und botanische Studien in der Sierra de los Organos auf Cuba. *Erdkunde* X, Bonn, 1956.
(3) BOEGLI A. — Der Chemismus der Lösungsprozesse und der Einfluss der Gesteinsbeschaffenheit auf die Entwicklung des Karstes. *Intern. Geogr. Union. Report of the Commission on Karst Phenomena,* 1956.

(4) Nuñez Jimenez A. — *Espeleologia,* Cursillo dictado on la Universidad de la Habana bajo auspicios de la Sociedad Espeleologica de Cuba. La Habana, 1950.
(5) Nuñez Jimenez A. — *La Cueva de Bellamar.* La Habana, 1950.
(6) Nuñez Jimenez A. — *La Cueva Incraible.* La Habana, 1955.
(7) Krömmelbein K. — Cit. in Lehmann H., Krömmelbein K., Lötschert W. — *Karstmorphol. geol. botan. Studien ecc.*
(8) Wissmann H. von — Der Karst der humiden, heissen und sommerheissen Gebiete Ostasiens. *Erdkunde,* VIII, Bonn, 1954.
  Zötl J. — Beitrag zu den Problem der Karsthydrographie mit besonderer Berücksichtigung der Frage des Erosionsniveaus. *Mitteilungen d. Geographischen Gesellschaft,* 100, I-II, Wien, 1958.
(9) Nuñez Jimenez A. — El Valle de las Cavernas. La Habana, 1955.
(10) Cullingford C. H. D. — An Introduction to Speleology, in British Caving, London, 1953.
(11) Bretz J. H. — Vadose and Phreatic Features of Limestone Caverns. *Journal of Geology,* p. 675, 1942.

Discussione

Osserva che neppure nelle regioni tropicali calcaree dell'Africa Orientale, da lui visitate, si trova niente di comparabile a quanto ha descritto per la Giamaica il Prof. Lehmam.

Egli pensa che le regioni delle differenze siano da ricavarsi nella diversa storia geologica e climatica delle diverse regioni.

Il Carso « a coni » del Prof. Lhemam appare in sostanza, come il risultato di un ciclo carsico giunto quasi al compimento.

2. Intern. Geogr. Kongreß Berlin (1901) Verhandlungen, 2. — Berlin, 1899, S. 370 (H. Wagner), S. 379 (O. Krümmel) u. S. 387 (H. R. Mill).
3. Baulig, H.: Vocabulaire franco-anglo-allemand de géomorphologie. Paris 1956. .
4. Niblack, A. P.: Terminology of Submarine relief. In: The Internat. Hydrogr. Rev. 5, Nr. 2. Monaco 1924. S. 1.
5. U. G. G. I., Association d'Océanographie physique: Publication Scientifique Nr. 8. Report of the Comm. on the Criteria and Nomenclature of the major Divisions of the Ocean Bottom. — Liverpool 1940.
6. Wiseman, J. D., C. D. Ovey: Definitions of features on the Deep-Sea Floor. Deep-Sea Research. 1. — London 1954. S. 11.
7. Wüst, G.: Die Gliederung des Weltmeeres. In: Peterm. Geogr. Mitt. Gotha 1926;
—: (1940) Zur Nomenklatur der Großformen der Ozeanböden. In: Public. Scientifique de l'Assoc. d'Océanogr. phys.; s. o.
8. Bourcart, J.: Géographie du fond des mers; étude du relief des océans. — Paris 1944.
—: Le Fond des océans. — Paris 1954 (Slg. „Que sais-je?").
9. Littlehales, S. W.: The Configuration of the oceanic Basins. In: Bull. Nat. Res. Council 85. Washington 1932. S. 13.

Vergleichendes Vokabular für den Formenschatz des Karstes
Zusammengestellt von Herbert Lehmann, Frankfurt/Main

Deutsch	Französ.	Englisch	Jugoslaw.	Italien.	Spanisch
Doline	doline	doline, shakehole, sinkhole, swallowhole	dö, dolac, ponikva	dolina	dolina
Trichterdoline	doline entonnoir	funnel cockpit * (Jamaica)		dolina a imbuto	
Schüsseldoline	doline écuelle	bowl		dolina a piatto	
Kesseldoline	doline en chaudron	caldron		dolina a ciótola	cenote (Yucatan)
Karstmulde Uvala	uvala		uvala	conca cársica uvala	

Vergleichendes Vokabular des Karstes

Deutsch	Französ.	Englisch	Jugoslaw.	Italien.	Spanisch
Karstgasse	couloir karstique		bogaz	valle cársica	
Karstsacktal blindes Tal	vallée aveugle	blind valley	slijepa dolina	valle cieca	
Polje	polje	polje	polje	polje (piano campo)	hoyo (Cuba)
Jama, Schacht, Schlot	jama, aven, gouffre puit	chimney, karstchimney	jama	fóiba porzo camino	sima aven
Ponor Schluckloch, Karstschwinde	ponor, bétoir, chantoir, ambut	sinks, sinkhole, gapinghole	ponor (Neugriech.: katavothra)	inghiottitoio	sumidero
Hum, Karstrestberg	hum	residual hill	hum	hum (monticolo)	mogote* (Cuba)
Karstkegel* Karstturm* Karstkuppe	piton calcaire* tourelle* calcaire morne* cupole calcaire	limestone cone, haystake* (Puerto Rico)	kuk	cupola calcare (a dorso di cetaceo, a cono, a scudo di tartaruga)	mogote* (Cuba), pepino* (Puerto Rico)
Karren, Schratten	lapiès	clints	skrapa	scannellature carsiche (solchi carsici; campi solcati)	lenar

Bemerkung: Die mit einem * versehenen Fachausdrücke beziehen sich nur auf den tropischen Kegelkarst.

Quellen: B a u l i g , H e n r i : Vocabulaire Franco-Anglo-Allemand de Géomorphologie. — Paris 1956; C h a b o t, G.: Rapport sur le Vocabulaire Karstique. *In: Report of the Commission on Karstphenomena by H. Lehmann, Intern. Geogr. Union, Rio de Janeiro 1956;* Schriftliche Mitteilungen von Prof. Dr. J. R o g l i č , Zagreb, Prof. Dr. A. N ú ñ e z J i m é n e z , Las Villas, Cuba, und Prof. Dr. G. N a n g e r o n i , Mailand.

STUDIEN ÜBER POLJEN IN DEN
VENEZIANISCHEN VORALPEN UND IM HOCHAPENNIN

Herbert Lehmann

Mit 8 Abb. und 26 Bildern

Summary: Studies on Poljes in the Venetian Prealps and the High Apennines

The „piani" in the Venetian Prealpes and the High Apennines have been exclusively formed by corrosive karst processes and a co-operation of tectonics — basining and faulting — cannot be proved. In fact the karst processes were preceded by phases of fluviatile planation or dissection, which, in turn, cut anterior tectonic structures, which had created zones of especial favour for the subsequent karst processes. Such zones are especially the boundaries between two rocks of different liability to karstification, whereas the faultlines influenced more the preceding relief created by planation and dissection. The only thing possible, therefore, is to speak of a certain "accordance" of karst depressions to pre-existing tectonic structures, in the main due to differences in lithology. The karst depressions grow at the expense of the rocks more liable to karstification, also where their formation commences at fluviatilly modelled fault-lines.

The karst depressions are not prior to the Middle Pliocene. It is not possible to comment in detail upon the nature of the preceding planation processes, the younger phases of which are still partly recognizable as marginal terraces in some depressions. They are likely to be of fluviatile origin, and developed near the baselevel of erosion. In the Apennines and the Venetian Prealpes these planation processes date back to the Pontien, without, however, having been capable of forming a peneplain.

The formation of the karst depressions began with the nonuniform uplift of the old base-levelled flat relief and continued till the Early Pliocene. The Wurm glaciation found them already in their present shape. The melt water of glaciers ending in these depressions followed the drainage system of the karst, sometimes forming lakes. The non-glaciated depressions were partly filled up by soliflu023 material bringing about their flat bottoms and covering their slopes with mud tongues. The post-glacial processes modelling the poljes are: forming — respectively continued forming — of sink-holes, lowering of ponors connected to the incipient dissection of the polje-floor, erosion of the solifluual mantle and of the periglacial alluvial cones, in the course of which the recent alluvial fans are formed.

Terminologically speaking the karst depressions described here are "poljes"; this technical term, however, must no longer be made subject to the restriction that faulting was directly co-operating in their formation (A. GRUND). Poljes are, in general, found in zones favourable to karstification ("Structural accordance of karstmorphology"), but a classification according to the geological structure as attempted by CVIJIC does not seem useful. Based on physiognomic and morphogenetic points of view the present author proposes the following classification:

I. Poljes on high erosion surfaces („Hochflächenpoljen") without preceding valley-systems
   a) poljes with flat bottoms („ebensohlige Beckenpoljen") (Dinarian type) due to pleistocene accumulation, e. g. the polje of Castelluccio;
   b) poljes with numerous sink-holes („Dolinenmuldenpoljen"). They are honeycombed and have neither marked accumulation on the bottom nor apronounced knick between bottom and slope, e. g. the northern part of the polje of Bosco del Cansiglio.

II. Valley poljes („Talpoljen"). The karst depression developed in a valley system.
   a) flat-bottomed poljes formed in aggraded valleys („ebensohlige Aufschüttungstalpoljen"); they have a marked knickline separating bottom and slope, e. g. Campo Felice, Piano di Pezza, Piano delle Cinquemiglia;
   b) swale-shaped valley poljes („muldenförmige Talpoljen") without marked boundary between bottom and slope, e. g. Piano Vuto, Piano Viano.

III. Semi-poljes („Semipoljen"). Physiognomically and hydrographically they are real poljes which have, however, on one side impermeable rocks not liable to karstification
   a) complex semi-poljes („komplexe Semipoljen"), containing the non-calcareous rock within an extended complex of karstified limestone, e. g. the polje of Rocca di Cambio and Ovindoli, the polje of Quarto Grande and Quarto Chiara;
   b) marginal poljes („Randpoljen"), found on the boundary between rather extended non-karstifiable and karstified rock complexes; not found in the High Apennines, but on Cuba and Jamaica.

The term „Semipolje" is somewhat insufficient and not identical with the term „Halbpolje", occasionally found in litterature, and also not identical with what is sometimes called fluviatilly „opened" polje. The classification given here does not pretend to be of general applicability, but it seems appropriate to the poljes of the Apennine Peninsula.

Problemstellung

Die Genese der Polje gehört noch immer zu den am meisten umstrittenen Problemen der Karstmorphologie. Bis heute liegt dem Begriff des „Polje" ziemlich einseitig das Leitbild der jugoslawischen Poljen zugrunde, dem sich die analogen Formen aus anderen Karstgebieten nur unvollkommen fügen wollten. Man hat daher hier oft das Wort Polje vermieden und neutral von geschlossenen „Karstwannen" (französisch „depressions fermées") gesprochen. Doch die Erklärung dieser geschlossenen Karstwannen führte in jedem Fall zu den gleichen Problemen wie bei den „echten" jugoslawischen Poljen.

Als genetischer Begriff ist das Wort Polje aus der Zeit der klassischen Karstforschung schwer vorbelastet. Das serbokroatische Wort „Polje" = Feld ist — ebenso wie die im Hochapennin gebräuchliche Bezeichnung „Campo" oder „piano" — von Haus aus keine genetische und nur eine vage beschreibende Bezeichnung. Erst seine Einführung als morphologischer Terminus technicus nötigte zu einer erklärenden Definition. Solche Definitionen, die auf Grund eines regional begrenzten Erfahrungsschatzes aufgestellt worden sind, wirken sich in der weiteren Forschung oft eher hindernd als fördernd aus. So ist mit dem Begriff des Poljes anfangs die Vorstellung einer tektonischen Begünstigung, später die einer direkten tektonischen Mitwirkung untrennbar verbunden gewesen. Der Altmeister der klassischen Karstforschung, J. CVIJIĆ, sah ursprünglich zwischen Dolinen, Uvalas und Poljen nur einen quantitativen Unterschied. Als formenschaffenden Prozeß nahm er in allen Fällen den auf der Lösung des Kalkes beruhenden Korrosionsprozeß an[1]). Aber er bemerkte gleichzeitig, daß die großen Poljen Jugoslawiens eine gewisse Beziehung zum geologischen Bau aufweisen, vornehmlich zu den Achsen der Faltenmulden und Faltensättel sowie der Richtung nachgewiesener oder vermuteter Brüche. Daher sprach er von einer „tektonischen Begünstigung" der formschaffenden Karstprozesse. Es war vielleicht ein erster Schritt zur Verbauung dieses fruchtbaren, durchaus zutreffenden Ansatzes, daß er diese noch nicht völlig geklärten Beziehungen zum geologischen Bau zu benutzen versuchte, die Poljen zu klassifizieren, wenn er selber auch an diesem Prinzip in späteren Arbeiten nicht streng festgehalten hat. Meines Wissens hat CVIJIĆ selbst aber niemals einen Zweifel darüber gelassen, daß er den Karstprozeß selber, die „chemische Ausräumung" als den zwar durch die geologische Struktur beeinflußten aber doch primären formschaffenden Vorgang ansah.

―――――――――
[1]) J. CVIJIĆ, Das Karstphänomen. Geographische Arbeiten, hrsg. von A. PENCK, 5, 3. Wien 1893. Über die Entwicklung der Morphologie des dinarischen Karstes seit CVIJIĆ unterrichtet die Abhandlung von A. BLANC, Répertoire bibliographique critique des études de relief Karstique en Yougoslavie depuis JOVAN CVIJIĆ. Centre national de la recherche scientifique. Memoires et Documents. Paris (ohne Jahr).

Demgegenüber hat sich A. GRUND entschieden für eine direkte tektonische Entstehung der meisten jugoslawischen Poljen ausgesprochen und das Wort für diese tektonischen Gebilde angewandt wissen wollen [2]). Eine solche Auffassung, der zahlreiche Forscher, namentlich von geologischer Seite, bis in die neueste Zeit gefolgt sind, setzt einen grundlegenden Unterschied zwischen den durch Karstkorrosion geschaffenen kleineren Hohlformen, den Dolinen und Uvalas und den Poljen als tektonisch entstandenen Gebilden, die nur darum nicht erosiv aufgeschlossen sind, weil das Gestein eine unterirdische Entwässerung ermöglicht. Nur auf Grund einer solchen, in die Definition des Poljes hineingetragene Unterscheidung war es möglich, daß sich G. ROVERETO [3]) und später F. SCARSELLA [4]) die Frage stellen konnten, ob die Piano Grande bei Castelluccio in den Sibillinischen Bergen — eines der schönsten Poljen des Hochapennins, mit der sich diese Studie noch befassen wird —, der Entstehung nach eine Uvala oder ein Polje sei, eine Alternative, die CVIJIC niemals hätte stellen können.

Solchen Auffassungen über das Wesen der Poljen sind seit jeher die Verfechter der „chemischen Ausraumungstheorie" mit Entschiedenheit entgegengetreten, voran J. Cvijić selbst. Für sie bedeuten die geologischen Strukturen nur der Ansatzpunkt des die Schwächezonen (im karstmorphologischen Sinn) abtastenden, im wesentlichen aber formschaffenden Korrosionsprozesses. Unter ihnen hat sich die Diskussion mehr auf die Frage verlagert, ob und wieweit der Poljenbildung ein fluviatiles Relief vorausgegangen ist und wie der Mechanismus einer seitlichen Korrosion in beliebigen Niveaus zu erklären ist [5]). Aber auch für sie müßte das Nebeneinander von Korrosionshohlformen, den Dolinen bzw. uvalaähnlichen Wannen und den Großgebilden der Poljen in ein und demselben Gebiet ein Problem bleiben.

---

[2]) „Das Karstpolje ist ein verkarstetes tektonisches Senkungsfeld. Es wird nur durch seine unterirdische Entwässerung zu einem Bestandteil des Karstphänomens." A. GRUND unterscheidet weiter zwischen „Abriegelungspolje", „Ausraumpoljen" und „Akkumulationspoljen". Reine korrosive Entstehung läßt er nur für kleinere Gebilde von der Größe der Uvalas gelten. Vgl. A. GRUND, Die Karsthydrographie. Studien aus Bosnien. Geogr. Abh. VII, 3, hrsg. von A. PENCK, Wien 1903 u. ders. Beiträge zur Morphologie des Dinarischen Gebirges, Geogr. Abh. IX, 3, Wien 1910.
[3]) G. ROVERETO. Trattato di Geomorphologia. Vol. II, Milano 1924, Seite 876.
[4]) F. SCARSELLA, Sulla Geomorphologia dei Piani del Castelluccio e sul Carsismo nei Monti Sibillini. Boll. della Società Geologica Italiana, Vol. LXVI 1947. Rom 1948, S. 28 ff.
[5]) Die noch von N. KREBS vertretene „Karstgrundwassertheorie" und des auf den Karstgrundwasserspiegel eingestellten Niveaus wird von der Mehrzahl der Karstmorphologen heute abgelehnt.

Die Bedingung für die Entstehung von Poljen sind offenbar nicht in allen Karstgebieten gegeben. Bei durchgehend flacher Lagerung der Kalke fehlen sie im allgemeinen wie in Apulien, wo man allenfalls die „Canali" als poljeartige Gebilde bezeichnen kann, oder in dem großartig entwickelten Dolinenkarst von Indiana, USA. Auch relativ jung gehobene Kalkplatten, wie etwa Jucatan, scheinen sie fremd zu sein. Dagegen sind sie in tektonisch stärker gestörten Gebieten eine häufige Erscheinung. Gerade diese Tatsache verstärkt immer wieder das Lager derjenigen, die für eine tektonische Entstehung der Poljen eintreten. Die längst bekannte, in ihrem Wesen aber noch problematische Beziehung der Poljen zum geologischen Bau muß zweifellos in größeren regionalen Vergleichen überprüft werden. Bei einem solchen Vergleichen wird sich freilich zeigen, daß Polje nicht gleich Polje ist. Auch eines der bisher kaum angetasteten Kriterien der Poljen, die ebensohle Oberfläche sowohl des Aufschüttungsbodens wie der Korrosionsfläche in dem darunter anstehenden Kalk, wird sich dabei als nicht allen großen Karstwannen eigen herausstellen. Diese werden hier dennoch, entgegen der entschiedenen Ansicht von J. ROGLIĆ und anderen, unter dem Begriff der „Polje" subsumiert.

Eine weitere Frage, die sich der Poljenforschung stellt ist diejenige nach dem Alter und der derzeitigen Weiterbildung der Poljen. Sie führt mitten in die modernen klimamorphologischen Problemkomplexe hinein. Bilden sich die Poljen unter den heutigen klimatischen Bedingungen der gemäßigten Breiten als Poljen weiter und in welchem Sinn? Wie groß ist das zeitlich nachweisbare Maß der Verkarstung im Pleistozän, welchen Einfluß haben die Kaltzeiten auf die Karstentwicklung genommen? Solche Fragen lassen sich am besten durch einen Vergleich von Poljen beantworten, die nahe der eiszeitlichen Schneegrenze bzw. im Bereich der Vorlandvergletscherung liegen. Unter diesen Gesichtspunkten sind die nachfolgenden Beispiele aus den venezianischen Voralpen und dem Hochapennin ausgewählt [6]).

I. Das Polje des Bosco del Cansiglio in den venezianischen Voralpen

Das Polje des Bosco del Cansiglio südwestlich von Belluno eignet sich wegen der sorgfältigen geologischen Aufnahme und der relativ guten Datierbarkeit der das Polje umgebenden Hochflächen zur Klärung einiger der hier angeschnittenen Fra-

---

[6]) Die Bereisung der genannten Gebiete erfolgte — nach vorherigen stichprobenartigen Erkundungen — im Sommer 1959 mit finanzieller Unterstützung der Deutschen Forschungsgemeinschaft, der ich an dieser Stelle meinen herzlichen Dank aussprechen möchte.

119

gen. Es liegt als eine etwa 7 km lange und 3—4 km breite, im Mittel 1000 m hohe, in sich gegliederte Karstwanne eingebettet zwischen verkarsteten Plateauflächen, die das nach seinen ausgedehnten Buchen- und neuerdings Nadelwäldern benannte Massiv des Bosco del Cansiglio [7]) in 1300 bis 1400 m Höhe überziehen und ihrerseits von höheren Niveaus sowie der isolierten Masse des 2250 m hohen Monte Cavallo überragt werden. Die Hauptmasse der großen Kofferfalte, die zwischen der Querstörung des Lago di S. Croce im Westen und der von einem diluvialen Schwemmkegel der Cellina und Meduna erfüllten Tieflandbucht im Osten blockartig um 10 km nach Süden vorgeschoben ist, besteht aus den hochgradig verkarstungsfähigen Rudisten-Kalken des Turon und des unteren Senon. Auf dem Dach des Gewölbes, im westlichen Teil des Bosco, liegt noch eine Decke von relativ dünnbankigen und weniger zur Verkarstung neigenden Kalken des oberen Senon, die im östlichen Teil des Gebietes bereits abgetragen sind. Stratigraphisch über dem Senon ist in einer SW-NE streichenden flachen Schichtmulde noch ein 4 km langer und etwa 1 km breiter Streifen von Nummulitenkalken des Eozän erhalten. Die Kalke des oberen Senon und des Eozän kehren an der überaus steilen Südflanke der Kofferfalte in fast saigerer, stellenweise überkippter Lagerung wieder, gefolgt von den Mergeln des Cattian und der vollständigen Serie des Miozän einschließlich des Pont, in der besonders die aquitanischen Kalke von Seravalle einen prächtigen steilen Schichtkamm bilden. Im Osten ist das Miozän an der Flanke der Kofferfalte bereits in der pleistozänen Schuttauffüllung der Meduna-Tagliamentobucht ertrunken. Nur bei Polcenigo ist ein schmaler Streifen pontischer Konglomerate am Fuß der hier jählings über 1000 m ansteigenden Bergflanke erhalten. Die große Jugend der Hebung ist evident. Sie muß in einer steilen, mit Brüchen verbundenen Flexur (Kniefalte) das Gebiet des Bosco nahezu in einem Akt um einen Betrag von wenigstens 1000—1200 m (relativ) herausgehoben haben, denn die jungen Flächen treten wohlerhalten in dieser Höhe bis auf 2,5 km vom Gebirgsfuß entfernt an den Steilabfall heran; gegen Süden erscheinen sie etwas abgebogen. Man kann sie prächtig von der Medunaebene aus verfolgen und erkennt dabei auch, daß es sich um mindestens zwei Flächensysteme handelt, die noch von der isolierten Gipfelmasse des Monte Cavallo überragt werden.

WINKLER-HERMADEN stellt in seinem verdienstvollen Werk die beiden höheren Flursysteme (1300—1400 m und 1600—1700 m) am Bosco del Cansiglio mit guten Gründen in das jüngere und mittlere Piazentin — zeitlich eingeengt durch die allerdings schwer beweisbare Einordnung der über 2000 m hohen älteren Flächenreste am Monte Cavallo in das Pont und die angeblich drei niedrigeren mit dem 1300—1400 m-Niveau verzahnten Flursysteme, die hier wie in den Nachbargebieten den Teilphasen des Asti zugerechnet werden [8]). Damit ist ein brauchbarer Ansatz für die Datierung der Entstehungszeit unseres Poljes gegeben, vorausgesetzt, daß die Einordnung der Flächen durch WINKLER-HERMADEN und seine Gewährsmänner stimmt, woran ich selbst nicht zweifle. Das Polje ist als Gesamtform um einige 100 m eingesenkt in die 1300—1400-m-Fläche, deren ausgedehnte Reste die Höhen im Osten und Westen überziehen. KREBS, der im übrigen der Polje selbst keine Zeile widmet (ebenso wie WINKLER-HERMADEN sich nicht mit ihm befaßt), spricht von einer „muldenförmigen Einbiegung" einer einzigen Rumpffläche, die am W- und O-Rand 1600 m hoch, in der Mitte aber 1000 m hoch liegt [9]). Im Gelände aber zeigt sich, daß eine solche Deutung, die durch den Nachweis verschiedenaltriger Flächensysteme auch in den Nachbargebieten inzwischen überholt ist, die Dinge allzusehr vereinfacht. Eine leichte etwa N-S streichende postume Einbiegung der 1300—1400 m-Fläche halte ich zwar für möglich, aber sie wäre dann nur der Ausgang für eine jüngere Verebnung, die vom Alpagogebiet her eingreifend in 1080—1100 m Höhe am Nordrand des eigentlichen Bosco del Cansiglio entwickelt ist. In dem überaus stark verkarsteten, von großen und tiefen Dolinen förmlich durchlöcherten Plateau Baldassare, das unser Polje im N abschließt, ist dieses Niveau besonders gut trotz seiner Verkarstung in gleichbleibender, um 1090 m schwankender Höhe erhalten, deutlich eingesenkt zwischen relativ steileren Hängen, die zu den 1300—1400 m-Niveau hinaufführen. Nach der Winklerschen Chronologie müßte diese Baldassare-Fläche dem unteren bis mittleren Asti angehören. Diese Fläche ist eindeutig das Ausgangsniveau des Polje, wobei allerdings offenbleiben muß, ob es sich bei ihr um einen alten, in einer Hebungspause entwickelten Talboden oder selber um ein älteres Polje handelt, dessen nördlicher Teil durch die junge, von der Schichtmulde des Alpago zurückgreifende Erosion schon im Asti zerstört wurde. Die Wasserscheide zwischen dem Einzugsgebiet des Lago di S. Croce und dem Polje liegt in einem trockentalartigen Einschnitt zwischen dem Plateau Baldassare und den Hängen des Monte Toset (1391 m)

---

[7]) Der Name Cansiglio leitet sich nach N. KREBS, Ostalpen II, Stuttgart 1928, S. 189 von „Campus Silvae" her. Die Schreibweise „Consiglio" bei WINKLER-HERMADEN beruht offensichtlich auf einem Druckfehler.

[8]) A. WINKLER-HERMADEN, Geologisches Kräftespiel und Landformung. Wien 1957.

[9]) N. KREBS, Ostalpen, a. a. O., S. 189.

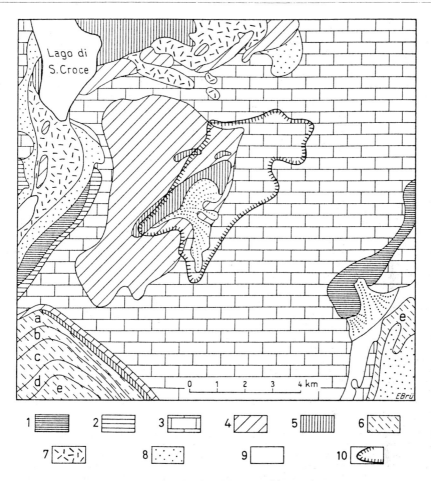

Karte 1: Geologische Skizze des Bosco del Cansiglio

1. Malm; 2. untere Kreide; 3. Rudistenkalke (vorwiegend Turon); 4. obere Kreide (Senon); 5. Eozän; 6. a—e Miozän; 7. würmglaziale Ablagerungen; 8. würmeiszeitliche fluvioglaziale Schotterkegel und postglaziale Schwemmkegel; 9. Aluvium; 10. Grenze der Karsthohlform.

etwas nördlich der Häusergruppe Pian dell'Osteria in etwas weniger als 1050 m. Die tiefste Stelle der südlichen Umrahmung wird durch die in das 1300—1400 m-Niveau eingesenkte Scharte von La Crosetta (1120 m) gebildet. Zwischen diesen beiden Wasserscheiden, deren Erniedrigung gegenüber den umgebenden Höhen offensichtlich erst das Werk einer jungen Entwicklung ist, liegt das Polje als eine asymmetrische in sich gegliederte Mulde, deren tiefste Stelle in der nördlichen Hälfte bei rund 900 m liegt. Gemessen am Schwellenniveau des Plateaus Baldassare beträgt das vertikale Ausmaß der chemischen Ausräumung maximal also fast 200 m.

Der Anblick des Poljes weicht beträchtlich vom Bild der bekannten dinarischen Poljen ab. Vor

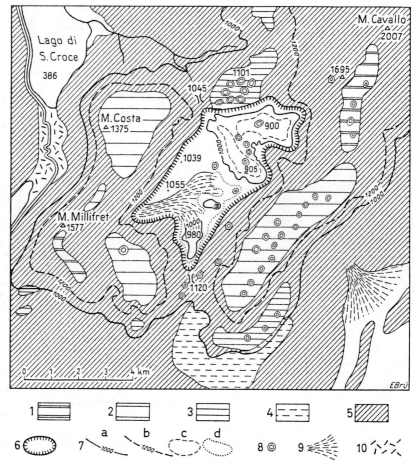

Karte 2: Morphologische Skizze des Bosco del Cansiglio

1. Höhere pontische und postpontische Niveaus; 2. ± 1350-m-Niveau, Piacentin; 3. postpiacentinisches Niveau ± 1100 m (Asti?); 4. abgebogene Verebnungsreste unsicheren Alters; 5. Mittelgebirgsrelief; 6. Karsthohlform (Polje) des Bosco des Cansiglio; 7. Isohypsen a) 1000 m, b) 1200 m, c) 950 m (nur im Polje), d) 1025 m (nur im Polje); 8. Dolinen (schematisch); 9. periglaziale Schuttkegel; 10. Moränenverbauung im Talzug des Lago di S. Croce.

allem fehlt der einheitliche ebensohlige Poljeboden, der vielfach als ein wesentliches Kriterium eines Poljes angesehen wird [10]).

wiegend ebenen Boden abheben. BIASUTTI möchte sogar die periodische Überflutung des Poljebodens als ein unerläßliches Merkmal für ein echtes Polje ansehen. Vgl. BIASUTTI, Sulla Momenclatura relativa ai fenomeni carsici. Rivista Geogr. Ital. XXIII, 1916, S. 49.
H. BAULIG im „Vocabulaire Franco-Anglo-Allemand de Geomorphologie, Paris 1956, definiert wie folgt: „Les Poljés sont des grandes dépressions fermées aux bord rocheux, au fond plat et alluvial. Les uns sont constamment inondés."

[10]) O. MAULL, Geomorphologie, Wien 1938, S. 265, definiert die Poljen als „große und breite, flachsohlige, längliche bis ovale Karstwannen, deren seitliche, meist steile und glatt hinstreichende Hänge sich scharf von dem vor-

Es weist vielmehr ein asymmetrisches Profil auf: die westliche Flanke senkt sich sanft mit unregelmäßigem Gefälle nach Osten, wo sich, durch einzelne Schwellen voneinander getrennt, die tiefsten Teile des Poljes befinden. Hier und auch noch am anschließenden Hang treten einige tiefe jamaähnliche Karstschlote auf, die hier „Buso" oder „Busa" genannt werden. Unter ihnen gilt der Bus de la Lum südöstlich von den Gebäuden der Forstverwaltung des Bosco mit einer Tiefe von 225 m als historische Sehenswürdigkeit. Darüber steigen die östlichen Hänge steil an.

Nur im südlichen Teilbecken unseres Poljes ist ein annähernd ebener Poljeboden von einiger Ausdehnung erhalten, der sich einigermaßen deutlich von den Poljehängen abhebt (vgl. Abb. 1). Zu ihm führt ein sanft geböschter Schwemmkegel herab, der in etwa 1100—1150 m Höhe ohne scharfen Knick am westlichen Hang, beziehungsweise einer breiten Talung (Vallone Vallorch) herauskommt. Sein Material erweist sich als relativ feinkörniger eckiger Solifluktionsschutt, der lagenweise zwischen schwärzlichbraunem Verwitterungslehm eingebettet und von ebensolchem Lehm bedeckt ist. Kurz vor der Abzweigung, die von der das Polje in der Längsrichtung querenden Straße zu den Gebäuden der Forstverwaltung heraufführt, ist dieser Solifluktionsschutt durch ein offensichtlich junges Ponor angeschnitten. Es handelt sich, wie auch stichprobenhafte Einregelungsmessungen ergaben, um einen pleistozänen Solifluktionsschuttkegel, der sich heute nicht mehr weiterbildet. Auch im mittleren Teilbecken nördlich des Kalkhügels, der die Gebäude der Forstverwaltung trägt, ist so etwas wie ein Poljeboden entwickelt, mit einer unruhigen Oberfläche und von einzelnen Dolinen durchlöchert.

Der nördliche Teil des Poljes dagegen verhält sich völlig anders. Er bildet einen in zwei Teilbecken untergliederten Kessel, der unregelmäßig von Trockentälchen zertalt und von einzelnen Dolinen in verschiedenen Höhenlagen unterbrochen mit relativ steilem Gefälle zu der tiefsten Stelle des Piano di Valmenera absinkt, wo sich in einer mächtigen Schicht von braunroter Terra rossa ein kleiner versumpfter Karstsee findet, bzw. zu dem südlichen Becken, wo zwischen tiefen Dolinen mitten im dichten Wald nur eine versumpfte Stelle den tiefsten Punkt des auch hier mit Terra rossa bedeckten Bodens der Mulde anzeigt. Im übrigen sind die Hänge des Kessels nur von einer dünnen Bodendecke überkleidet, unter der allenthalben der massige, zu einem groben Blockkarst verkarstete Kalk zu Tage tritt. Bei der Ausgestaltung des Kessels haben offensichtlich Korrosion und Lokalerosion zusammengewirkt, wobei letztere im wesentlichen chemisch aufbereitetes Feinmaterial befördert haben muß. Das ganze macht den Eindruck einer Riesendoline oder eines Riesenuvala, aber ist doch ein Teil der Gesamtform, die man schlechterdings nur als „Polje" bezeichnen kann, sofern man nicht den ausweichenden Ausdruck „poljenartige Karstwanne" vorzieht.

Die auffälligen Unterschiede in den einzelnen Teilen unseres Polje erklären sich ebenso wie seine Entstehung aus den geologischen Verhältnissen [11]). Das Polje fällt mit seiner Hauptachse genau mit der Grenze des oberen und unteren Senon zusammen, die eine petrographisch und karstmorphologisch sehr wichtige Faziesgrenze ist. Die Rudistenkalke des Turon und unteren Senon sind grobbankige, hochgradig verkarstungsfähige Kalke. Sie bilden die von tiefen felsigen Dolinen zerfressenen Hochflächen im Osten des Poljes, das überaus stark verkarstete Plateau Baldassare im Norden und den ganzen östlichen Teil des Polje selbst mit seinen steilen Hängen und tieferen Karstbecken. Die Kalke des oberen Senon, die den sanfter geböschten Westteil des Polje einnehmen, sind dünnbankig, oft splitterig, zuweilen von mergeligen Lagen unterbrochen. Sie neigen weit weniger zur Verkarstung. Bezeichnend hierfür ist, daß sich auf dem sonst so stark verkarsteten 1300—1400 m-Niveau östlich des Polje im Bereich dieser oberen Senonkalke nur relativ wenig Dolinen finden. Auch sind die Hänge sanfter und regelmäßiger geböscht. Im Bereich des Poljes sind diese Kalke in ziemlich flacher Lagerung in den beiden niedrigen Querriegeln aufgeschlossen, deren nördlicher die Gebäude der Forstverwaltung tragen (1027 m). Über dem Senon folgen die oben erwähnten Nummulitenkalke des Eozäns als Kern einer flachen SW-NE streichenden Mulde. Sie sind nur im Bereich des Poljes und der offenbar an sie geknüpften Talung des Valle Vallorch erhalten, im Polje selbst übrigens größtenteils von dem pleistozänen Schuttkegel verhüllt, dessen Material vorwiegend aus den Frostverwitterung leicht zugänglichen dünnplattigen oberen Senonkalken aber auch aus dem Eozän selber stammt.

Ein Anhänger der Tektogenese von Poljen würde nun wohl folgern, daß unser Polje durch die geologische Schichtmulde bedingt ist, deren Achse eine postume Absenkung im Sinne von Krebs gefolgt ist, wobei die relativ wenig widerstandsfähigen Schichten — das Eozän — „ausgeräumt" wurden. Dem ist aber nicht so. Zunächst schneiden die morphologischen Flächen unbekümmert den flachen Faltenbau. Sie verzahnen sich außerdem in einer Weise, die eine *morphologische* Einsenkung, die mit dem Umfang des Poljes etwa zusammenfiele, ausgeschlossen er-

---

[11]) Vgl. die Blätter Belluno und Maniago der „Carta geologica delle tre Venezie 1:100 000, hrsg. vom Ufficio idrografico del magistrato alle acque, Venezia.

scheint. Das Eozän bildet auch weder die Achse des Poljes, noch findet es sich in seinen tiefsten Teilen. Als Ursache der Poljebildung muß vielmehr die petrographische Grenze zwischen den grobbankigen Kalken der mittleren Kreide und den weniger verkarstungsfähigen dünnplattigen Kalken des Hangenden angesehen werden. J. ROGLIĆ hat seit langem darauf hingewiesen, daß sich auch im jugoslawischen Karst Poljen und poljenartige Gebilde mit Vorliebe an der Grenze verschieden verkarstungsfähiger Gesteine ansiedeln — z. B. Kalk und Dolomit — und daß die Hohlformen gegen das verkarstungsfähigere Gestein vorwachsen, wo sie steilere Hangformen ausbilden. Ich habe dieses Phänomen in großartiger Weise in den von mir so genannten „Randpoljen" des Kegelkarstes auf Cuba bestätigt gefunden. In dem weniger verkarstungsfähigen Gestein — in unserem Fall den plattigen, teilweise durch dünne Mergellagen unterbrochenen Kalken des oberen Senon, teilweise auch in den Nummulitenkalken des Eozän, die hier nicht massig ausgebildet sind — versickert das Wasser nicht sofort, zumal da es in der hier besser ausgebildeten Boden- und Schuttdecke länger festgehalten wird. Es bilden sich wenig Dolinen aus, da der relativ große Anteil an unlöslichen Rückständen und fluviativ verfrachteter Detritus die unterirdischen Wasserbahnen abdichtet. An der Grenze der hochgradig verkarstungsfähigen Massenkalke der mittleren Senon mußten sich dagegen sofort reihenweise Dolinen bilden, die zusammenwachsend größere Hohlformen längst der Gesteinsgrenze — mit der Achse in den Massenkalken — geschaffen haben müssen als Ausgangsform für das spätere Polje. Das weniger verkarstungsfähige Gestein hat dabei die Funktion, das Wasser zu sammeln, das sonst in hunderten von Dolinen und Schlucklöchern in die Tiefe verschwinden würde, so wie wir das in den nur aus massigen obersenonen Rudistenkalken aufgebauten Plateaus östlich unseres Poljes beobachten. Dort ist es zu einer höckerigen, dolinenübersäten, in den Kleinformen überaus bewegten Karstlandschaft gekommen, die als Ganzes dennoch den Charakter der alten Verebnungsfläche bewahrt hat, nicht aber zu Poljenbildung. Im Westen dagegen, wo die 1300—1400-m-Fläche die obersenonen Kalke schneidet, ist der Plateaucharakter durch eine weiche Zertalung und durch Zurundung stärker verwischt.

Ein Polje, wie das Bosco del Cansiglio, können wir am besten ein „Schichtgrenzenpolje" nennen, wenn wir die primäre Ursache seiner Entstehung, nicht seine Form, andeuten wollen. Diese Form erklärt sich gleichfalls aus den Gesteinsunterschieden. Im Südteil ist der „echte" Poljencharakter durch die pleistocäne — würmeiszeitliche — Aufschüttung mit Solifluktionsschutt be-

dingt. Dadurch entsteht der ebene Poljeboden und der schärfere Knick zwischen ihm und den Hängen. In diesem Teil des Bosco del Cansiglio läßt sich die „Schwemmkegeltheorie" von H. LOUIS ohne weiteres anwenden [12]). Im Nordteil, wo das Polje ganz im Bereich der Massenkalke liegt, fehlt die Aufschüttung bis auf eine für das Gesamtbild unbedeutende Akkumulation von Terra rossa im tiefsten Teil der unregelmäßig gestalteten Kessel. Hier hat man den — allerdings schwer beweisbaren — Eindruck, daß die Verkarstung kräftig voranschreitet, während im Südteil außer der Bildung einiger frischer Dolinen und einer maßvollen rezenten Zerschneidung der Solifluktionsschuttdecke seit dem Ende der Würmzeit kaum etwas passiert ist.

Das Eis der Würmvergletscherung hat das Polje gerade nicht mehr erreicht. Es blieb unterhalb der das Polje abriegelnden Schwelle des Baldassare-Plateaus. Erst nördlich davon, im Bereich des Ausraumkessels des Alpago sind Moränen kartiert. Die letzten erratischen Blöcke finden sich nach PENCK (Alpen im Eiszeitalter, III, S. 961) bei S. Antonio in 1050 m Höhe. Auch in Lokalvergletscherung des Monte Cavallo stieß nicht bis in das Becken vor. Während der Würmzeit war das Polje wie auch die angrenzenden Plateaus eisfrei und damit in hohem Maße der Frostschuttverwitterung ausgesetzt. Es verdient festgehalten zu werden, daß diese sich im Bereich der Massenkalke im wesentlichen nur in einer groben Blockbildung, in den oberen Senonkalken aber in der Bildung eines relativ feinkörnigen eckigen Detritus geäußert hat. In dieser Zeit hatte das Polje im wesentlichen seine heutige Gestalt. Seine Ausbildung vollzog sich also vom unteren Asti bis ins ältere Pleistozän. Im Vergleich zu dem geringen Ausmaß der postglazialen Weiterbildung, zu mindesten des südlichen Teils des Poljes, ist dies eine verhältnismäßig kurze Zeit. Es muß also in der zweiten Hälfte des Pliozän und im älteren Pleistozän Perioden gegeben haben, in denen die Verkarstung pro Zeiteinheit ein bedeutend größeres Ausmaß erreichte, als unter den gegenwärtigen Bedingungen. Die würmeiszeitliche solifluidale Schuttdecke erweist sich als weitgehend konservierend.

II. Das Polje von Castelluccio am Monte Vettore

Unter den Poljen des Hochapennin, meist „piani" oder „campi" genannt, ist das Polje von Castelluccio an der Westflanke des Monte Vettore in den Sibillinischen Bergen wohl das eindrucks-

---

[12]) H. LOUIS, Die Entstehung der Poljen und ihre Stellung in der Karstabtragung auf Grund von Beobachtungen im Taunus. Erdkunde VIII 1954. *Ders.*, Das Problem des Karstniveaus, in: Report of the Commission on Karstphenomena. Int. Geogr. Union 1956.

vollste. In über 1200 m Höhe gelegen, bisher völlig vom Verkehr abgeschnitten, liegt es inmitten einer kahlen, durch stille, große Linien und pralle plastische Formen ausgezeichneten Bergwelt, die in der hellen steinernen Woge des Monte Vettore bis zu 2449 m ansteigt. [Vgl. Abb. 2—4.] Mit einer glatten, nahezu ungegliederten Flanke von fast 1200 m relativer Höhe fällt dieser Berg zu den tischebenen Poljeböden des Piano Grande ab, der mit 7 km Länge und (maximal) 2½ km Breite eine Fläche von rund 13 qm umfaßt [13]). Ihm sind die etwa höher gelegenen Seitenpoljen des Piano Piccolo im S und des Piano Perduto im N angegliedert. Das Polje von Castelluccio weist damit als Gesamtform jene Kammerung auf, wie sie vielen Poljen der dinarischen Halbinsel eigen ist und von Maull geradezu für ein Charaktermerkmal der echten Polje gehalten wird. Überhaupt ähnelt das Polje weitgehend den klassischen dinarischen Poljen, sowohl hinsichtlich der Größe wie des Formenschatzes. Ihm fehlt nichts, was an Charaktermerkmalen eines Idealpoljes aufgezählt werden könnte: der ebene Boden, die graden Hänge, die ihm mit einem deutlichen Knick entsteigen, der Ponor. Die Umrahmung liegt ungewöhnlich hoch über dem Poljeboden, die tiefsten Einsattelungen erreichen im Norden 1501 m (Forca di Gualdo), im Süden 1520 m (Sattel nördlich der Casa Cantoniera an der Straße Arquata-Norcia) und 1540 m (Forca di Presta) im Westen, also sind 220—240 m über der mittleren Höhe des Poljebodens. Die Rücken selbst ragen im Westen des Poljes bis über 1800 m (Poggio di Croce 1833 m) im NE in der Hauptkette der Sibillinischen Berge weit über 2000 m auf. Dennoch herrscht ein Mittelgebirgsrelief vor, in dem man Reste alter Verebnungen in verschiedenen Höhenlagen, hauptsächlich aber zwischen 1600 und 1700 m erkennen kann. Ein niedrigeres Niveau dürfte etwa in 1500—1550 m Höhe anzusetzen sein. Ihm gehört auch das auffällige Flachrelief der Wasserscheide zwischen dem Becken von Norcia und dem Fiume Tronto, also zwischen Tyrrhenischem Meer und Adria, an. Dieses Becken von Norcia, wahrscheinlich ein jung aufgeschlossenes, von flachen Schwemmkegeln erfülltes Polje in 610—750 m Höhe, das uns hier nicht weiter beschäftigen soll, ist im Norden, Westen und Süden von einem weitgespannten Flachrelief in 1000 bis 1100 m Höhe umgeben, über die nur einige flache Rücken höher aufragen. Die östliche Bergschwelle, die das Becken vom Piano Grande trennt, hebt sich dagegen einige hundert Meter höher heraus, ohne daß der steile, relativ über 1000 m hohe Abfall zum Becken von Norcia nennenswerte Hangknicke oder Verflachungen aufweist. Man

gewinnt den Eindruck, als sei längs einer NNE—SSW streichenden Bruchlinie der Block der Sibillinischen Berge mitsamt der in ihm eingearbeiteten Flächensysteme um wenigstens 500—700 m gegenüber dem westlichen Vorland herausgehoben. Mit solchen jungen blockartigen Vorstellungen müssen wir im ganzen Hochapennin rechnen. Sie sind für die Deutung der Hochpoljen nicht unwichtig, lassen sich aber schwer exakt datieren, da gerade die älteren Flächensysteme sich nicht mit datierbaren Schottern verknüpfen lassen. Sicher ist nur, daß selbst die höchsten Flächensysteme postmiozänen Alters sind, wobei man mit BIROT und anderen nicht an eine durchgehende Einebnung zu denken hat, sondern mehr an lokal begrenzte Verebnungen nach Art eines Primärrumpfes [14]). Das Miozän ist im Bereich des Hochapennins und in seinem unmittelbaren östlichen Vorland noch selbst gefaltet, zum Teil überschoben. Es wird diskordant vom Pliozän des adriatischen Saumes überlagert, in dem wir wohl zum Teil die korrelaten Ablagerungen der postpontischen Verebnungen der successiv aufsteigenden Zentralapennin sehen dürfen, ohne daß bisher eine Zuordnung der einzelnen Pliozänstufen zu den Flächentreppen möglich wäre, so wie es am Südalpenrand mit Erfolg versucht worden ist. Das Villafranchiano ist im Umbro-Marchigianischen Hochapennin bisher noch nicht mit Sicherheit nachgewiesen. Jedenfalls ist die Bezeichnung Villafranchiano für das älteste Pleistozän hier nicht in Gebrauch. Die Seeablagerungen in der Beckenzone von L'Aquila bis Sulmona sind aber wohl zeitlich identisch mit denen in den weiter westlich gelegenen subapenninischen Becken und bezeichnen den Abschluß einer Phase des mit Brüchen verbundenen Großfaltenwurfes, durch den das apenninische Flachrelief mit seinen möglicherweise ganz eingeebneten Restberglindern am Ende des Pliozän und im älteren Pleistozän gründlich disloziert wurde. Die jüngeren Flächen und Terrassen erweisen den Fortgang der Hochbewegung, die, wie die Studien von DAINELLI, SESTINI und andere zeigen, gleichfalls die Form von weitgespannten Verbiegungen und Aufbeulungen annehmen.

Bei dieser Sachlage muß man im Innern des Apennin vorerst darauf verzichten, selbst benachbarte Flächen nach ihrer Höhenlage einzugliedern. Für die Karstbecken des Umbro-marchigianischen Apennin und der Abruzzen läßt sich daher nur sagen, daß sie in ein postpontisches Flachrelief eingetieft worden sind, und zwar in ein Flursystem, das schon einen jüngeren — in grober Annäherung wohl als Mittelpliozän einzustufenden — Phase angehört.

[13]) Das gesamte Polje innerhalb der 1400 m-Isohypse umfaßt rund 20 qkm.

[14]) P. BIROT u. J. DRESCH, La Méditerranée et le Moyen Orient, Bd. I, Paris 1953, S. 289.

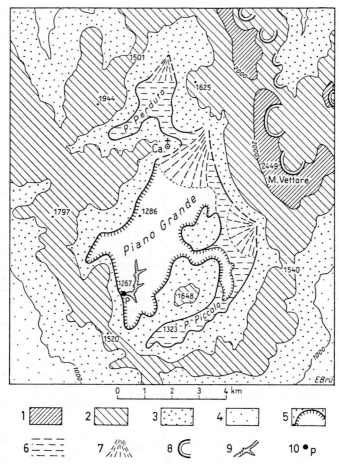

Karte 3: Das Polje von Castelluccio in den Sibillinischen Bergen

1. Höhenstufe über 2000 m; 2. Höhenstufe 1500—2000 m; 3. Höhenstufe 1000—1500 m; 4. Höhenstufe unter 1000 m; 5. Aufschüttungsboden des Piano Grande und scharf ausgeprägter Poljenrand; 6. Seitenpoljen ohne scharfen Hangknick; 7. aluviale Schutt- und Schwemmkegel; 8. Kare; 9. postglazialer Einschnitt im Poljenboden; 10. Ponor.

Die geologischen Verhältnisse in der Umgebung des Polje von Castelluccio sind wenig kompliziert, wenn auch nicht so einfach, wie G. M. VILLA sie darstellt, um den tektonischen Ursprung des Poljes zu beweisen [15]). Der Monte Vettore besteht in seiner Hauptmasse aus den Kalken des unteren und mittleren Lias. Er fällt nach Osten keilschollenartig in einer großen, von Karen zerfressenen Bruchstufe gegen das Miozän des Vorlandes ab. Auch an der morphologisch eindrucksvoll geschlos-

[15]) G. M. VILLA, Sull'origine di alcuni bacini chiusi nell'Appennino Umbro-Marchigiano. Rivista Geogr. Ital. XLVI, 1939, S. 182 ff. Vgl. ferner: F. SCARSELLA, Sulla Geomorfologia dei Piano di Castelluccio e sul Carsismo dei Monti Sibillini. Boll. Soc. Geologica ital. LXVI 1947, S. 28 ff. C. LIPPI-BONCAMBI, I Monti Sibillini, Ricerche sulla morfologia e idrografia carsica. Bologna 1948. Carta geologica d'Italia 1:100 000 Bl. 132 (Norcia).

senen Westflanke des Vettore kann man nach Scarsella wenigstens zwei große Verwerfungen mit einer Sprunghöhe von zusammen mehr als 1000 m feststellen. Ihr Verfolg ist nicht leicht, da ein mächtiger pleistozäner Schuttmantel, an dem mindestens zwei Generationen von ineinandergeschalteten Schuttkegeln erkennbar sind, die Bruchzone verhüllt. Die Jugend dieser Verwerfung, beziehungsweise ihres Wiederauflebens (Endpliozän bis frühes Postpliozän?), ist evident, steigt doch der Monte Vettore als isolierter Klotz viele hundert Meter über seine flachkuppige Umgebung auf. Mit seiner mächtigen Schuttschleppe bildet der Fuß des Monte Vettore auf etwa 4 km Länge die nördlichste Flanke des Piano Grande. An der Westseite der Piano Grande bilden ebenfalls reine Kalke des unteren Lias den Hang des Polje und die angrenzenden Höhen. SCARSELLA möchte auch hier auf eine — geologisch nicht nachweisbare — Bruchlinie schließen. Der Bergriegel, der den Piano Grande vom Piano Piccolo trennt (M. Guaidone und La Rotonda), der Piano Piccolo selbst und sein südlicher Hang werden aus der kompletten Schichtfolge vom Dogger (weiße Kalke) bis zur oberen Kreide (rote Scaglia) gebildet, die gegen NE gegen den Monte Vettore einfallen. Dabei entspricht der Einschnitt, der den inselbergartigen Monte Rotonda im N vom Monte Guaidone im Süden trennt und durch der der Boden des Pian Grande korridorartig in den Piano Piccolo zurückgreift, dem Schiefern der mittleren Kreide, während der Piano Piccolo selbst größtenteils in einer Zone von mergeligen Kalken und Kalkschiefern des mittleren und oberen Lias liegt, die an sich nicht besonders verkarstungsfreudig sind.

Die nördliche Begrenzung des Piano Grande einschließlich des Piano Perduto wird durch ein von Verwerfungen gestörtes Antiklinorium gebildet, in dessen Kern ebenfalls die jurassische Serie zum Vorschein kommt einschließlich der Kieselschiefer des Malm, die den Hügel der Ortschaft Castelluccio bilden. Der Piano Perduto ist größtenteils eingesenkt in die gleichen Schichten des oberen und mittleren Lias, die auch die Umrahmung des Piano Piccolo bilden.

Man kann also VILLA und SCARSELLA zustimmen, daß das Polje von Castelluccio in großen und ganzen in einer Synklinalzone liegt, deren Flanken im Osten und Westen von den Massekalken des unteren Jura gebildet wird, während im Innern kretazische Schichten einschließlich der Scaglia der oberen Kreide auftreten, soweit nicht der Untergrund durch die jungen Beckensedimente verdeckt ist. VILLA schließt daraus auf einen primär tektonischen Ursprung des Poljes als Hohlform und möchte die Karsterscheinungen als eine untergeordnete Folge dieser Absenkung an-

Bild 1: Polje des Bosco del Cansiglo, südlicher Teil, Aufschüttungsboden

Bild 2: Polje des Bosco del Cansiglo, nördlicher Teil, staffelförmig absinkender Wanneboden

Bild 3: Polje von Castelluccio.
Blick auf den Piano Grande gegen N. Auf dem Poljenboden ist der junge zum Ponor führende Einschnitt zu erkennen.

Bild 4: Piano Grande mit Blick auf den Monte Vettore

Bild 5: Junge Zerschneidung des periglazialen Hangschuttes am Westhang des Polje von Castelluccio

Bild 6: Piano Piccolo

Bild 7: Frane am nördlichen Hang des Piano Piccolo

Bild 8: Muldenförmiger Nordhang des Piano Piccolo mit Frane (hinter dem Auto)

sehen [16]). SCARSELLA modifiziert diese Ansicht, indem er auf die nachgewiesenen und vermuteten Brüche hinweist. Auch für ihn ist die Hohlform als solche eine präexistierende Hohlform, die durch Absinken einer rings durch Brüche begrenzten Teilscholle während oder nach der Orogenese geschaffen und dann verkarstet sein soll. Gerade daraus zieht er den Schluß, daß es sich um ein „Polje", sprich tektonisches Senkungsfeld wie ein Uvala, d. h. eine durch den Korrosionsprozeß geschaffene Hohlform handelt [17]). Daß diese Auffassung an eine völlig einseitige, auf unerwiesenen Hypothesen aufbauende Definition des Polje anknüpft, für die wohl in erster Linie A. GRUND verantwortlich ist und die in dieser Form wohl von keinem erfahrenen Karstforscher der Gegenwart mehr vertreten wird, ist schon eingangs erwähnt worden. Die Hohlform erinnert in ihrer charakteristischen Zerlappung auch keineswegs an einen lokalen Grabenbruch. Wenigstens im Norden (Piano Perduto) und im Süden (Piano Piccolo) greift das Polje über die nachgewiesenen Bruchlinien hinaus. Auch ist nicht eine Spur von einer miozänen oder pliozänen Auffüllung des angeblich tektonischen Beckens erhalten. Es bleibt kein anderer Schluß, als die chemische Ausräumung, also dem Karstprozeß selbst die ausschließliche Rolle an der Schaffung der Hohlform zuzuschreiben.

Eine Beziehung zur Tektonik im Sinne einer Begünstigung durch die Struktur soll damit nicht geleugnet werden. Sie liegt nur auf anderer Linie,

---

[16]) G. M. VILLA a. a. O., S. 189: „Il carsismo delle predette Zone deve essere considerato come un fenomeno successivo e non come causa di queste forme."
[17]) F. SCARSELLA a. a. O., S. 35: „La morfologia dei Piani del Castelluccio... è attribuita all'adattamento del carsismo a forme (sic!) preesistenti determinati tettonicamente da faglie, contemporanee o posteriori all'orogenesi. I piani si possono classificare tra i p o l j a d i s p r o f o n d a m e n t o ; non vi si osservano particolari che possano farli classificare come u v a l a."

als sie von VILLA, SCARSELLA und anderen Vertretern der Tektogenese von Poljen gesucht werden. Die Ursache für die Entwicklung eines Poljes an dieser Stelle dürfte auch hier wie im Bosco del Cansiglio in den petrographischen Unterschieden, dem Nebeneinander verschieden verkarstungsfähiger Gesteine zu suchen sein, wobei auch die durch die mächtige Entwicklung von Breccien und Myloniten ausgezeichnete Bruchzone am Westfluß des Monte Vettore ebenfalls als Zone der Begünstigung der Poljbildung gelten kann — wenigstens in der ersten Anlage. Heute entwässert das Polje auf der gegenüberliegenden Seite durch ein Ponor am Fuß des aus unterjurassischen Kalken bestehenden Monte Castello. Diese Kalke sind, auch nach der Ansicht SCARSELLAS, besonders verkarstungsfreudig. Die oberflächliche Verkarstung ist allerdings auch bei ihnen geringfügig. Sie beschränkt sich auf niedrige, stumpfe Karren, die aus der kümmerlichen und lückenhaften Bodendecke kaum herausragen, auf einzelne flache Wannen von wenigen Metern Durchmesser und auf ähnliche Kleinformen, die die Linienführung der glatten Hänge und Rücken nicht unterbrechen, während tiefere Dolinen in der Umgebung des Poljes fehlen. Das Zurücktreten der Dolinen ist schon von ALMAGIA als ein durchgehender Zug der Karstgebiete des Hochapennin erkannt worden[18]. Die Kalke des mittleren oberen Lias, des Dogger und des Malm werden im Bereich des Polje von Castelluccio von schiefrigen und mergligen Schichten unterbrochen. Im Piano Grande liegen diese Schichten tief unter den jungpleistozänen und postglazialen Ablagerungen des Poljebodens verborgen. Es läßt sich nicht sagen, ob sie von einer der Aufschüttungsoberfläche parallelen Korrosionsfläche überzogen werden. Die Piani Perduto und Piccolo zeigen im Bereich dieser Gesteine eine Wannenform ohne scharfe Ränder und ohne Anzeichen flächenhafter seitlicher Korrosion. Man gewinnt den Eindruck, daß Erosion und Denudation an ihrer Entstehung ebenso stark, wenn nicht stärker mitgearbeitet haben als seine Karstkorrosion.

Die Entwicklung des Piano Grande im Pleistozän und in postdiluvialer Zeit wird durch einige auch für die übrigen Poljen des Hochapennin zutreffende Beobachtungen charakterisiert. Von den Hängen der reinen Kalke ziehen riesige Schleppen von feinkörnigen kalkigen Schuttmassen herab, die flache Talungen mit leicht gewölbtem Querschnitt völlig ausfüllen. Die Grenze zwischen ihnen und den dazwischen anstehenden Kalken wird nur durch die helle Farbe des letzteren bzw. durch das

[18]) R. ALMAGIA, Neue Untersuchungen und offene Fragen über die Morphologie des Zentralapennin. G. Z. 1712.

Bild 9: Talartiges Verbindungsstück zwischen dem Piano Grande und dem Piano Piccolo. Rinderherden.

Bild 10: Ponor des Piano Grande, junge Zerschneidung des Poljebodens

Bild 11: Talartige Zerschneidung des Piano Piccolo

Bild 12: Semipolje von Ovindoli.
Blick von der Moräne von Rovere nach Süden. Rechts miozäne Molasse.

Bild 13: Moräne von Rovere

Bild 14: Aufschluß in der Moräne von Rovere

Bild 15: Piano di Pezza. Innere Moränenstaffel

Bild 16: Deltaschichtung des fluvioglazialen Sanders

Auftreten von Karren markiert. Heute bilden sich diese hängenden Schuttkegel, die wesentlich zur großflächigen Glättung der Hänge beitragen, indem sie alle Mulden, Dellen und Täler polsterartig auskleiden, nicht mehr weiter, sondern werden durch scharf eingekerbte Runsen zerschnitten. [Abb. 5] An ihnen sowie an frischen Straßeneinschnitten erkennt man den überall gleichbleibenden Aufbau dieser hängenden Schuttkegel und Schuttpolster aus mehr oder minder geschichteten hellen eckigen Kalkbrocken, die nicht verkittet sind. Die Schuttmassen erreichen 20 m Mächtigkeit und mehr, an anderen Stellen sind sie nur 1—2 m dick. Zweifellos handelt es sich um pleistozänen (letztdiluvialen) Solifluktionsschutt. Soweit diese Schuttdecken den Bergfuß erreichen, was nicht regelmäßig der Fall zu sein braucht, tauchen sie unter die Ablagerungen des Poljebodens unter oder gehen in einer kurzen konkaven Schleppe in diesen über, im Gegensatz zu deutlich abgesetzten rezenten Schwemmkegeln, deren Material übrigens zum überwiegenden Teil aus ausgeräumtem Solifluktionsschutt besteht. Wo der solifluidale Schuttmantel fehlt, da fehlen auch die jungen Schwemmkegel. Wo dagegen die unreinen Kalke vorherrschen, so im Piano Piccolo und teilweise im Piano Perduto, ist die Bodendecke wesentlich geschlossener. Wo die Schichtköpfe der Kalke ausstreichen, z. B. am Südabfall des Monte Guaidone zum Piano Piccolo, sind auch Karren entwickelt. Im ganzen jedoch kleidet die Bodendecke die Hänge dieses Seitenpoljes völlig aus, wobei sie nach unten hin an Mächtigkeit zunimmt und in einer sanften konkaven Kurve zur Tiefenachse des Polje abfällt. [Abb. 6.] Ein schärferer Knick zwischen Hang und Beckenboden, wie er im Piano Grande entwickelt ist, fehlt hier. Im Bereich dieser mächtigen Hangschleppen, die in den oberen Teilen aus schwärzlichem Verwitterungslehm, in den tieferen Schichten in zunehmendem Maße aus eckigen Kalkbruchstücken bestehen, sind einige vernarbte Frane in Gestalt von prachtvollen Schlammgletschern sichtbar. [Abb. 7, 8.] Fluvia-

tile Zerschneidung des Schuttmantels fehlt nicht ganz. Der tiefste Teil des Poljebodens ist alluvial. In ihm liegen einige flache, kaum angedeutete Schüsseldolinen und ein kleiner, im Sommer austrocknender Karstsee.

Außerordentlich mächtig sind die brecciösen Schuttmassen am Fuß des Monte Vettore. Deutlich unterscheiden sich die zerschnittenen diluvialen, z. T. vielleicht noch ins ältere Pliozän zurückreichenden Schuttkegel von den in sie eingeschnittenen rezenten Schuttfächern und den tiefsten Runsen, die den fluidalen Schuttpanzer des Steilhanges zerschneiden.

Merkwürdigerweise zeigt der Westhang des Monte Vettore keinerlei Glazialspuren, obgleich die eiszeitliche Schneegrenze nach v. KLEBELSBERG bei 1800 m gelegen haben dürfte und Talgletscher in Nordostexposition bis 1180 m hinuntergereicht haben [19]). Die großen Karnischen liegen aber alle auf der Ostseite des Kammes, offenbar weil sich an der ungegliederten steilen Westflanke keine größeren Firnmassen ansammeln konnten. Zudem fällt für diese Breiten ($43^{1}/_{2}°$) schon ins Gewicht, daß die WSW-Hänge der längeren und intensiveren Sonneneinstrahlung ausgesetzt sind, wodurch die Schneegrenze hier lokal hinaufgeschoben wird, obgleich sie sich im ganzen nach Westen absenkt. So ist das Polje von Castelluccio trotz seiner hohen Lage nicht von glazialen oder fluvioglazialen Ablagerungen erreicht worden.

Die Sedimente des Poljebodens sind in den oberen 2—3 m durchgängig feinkörnig und nahezu steinfrei. Sie bestehen aus einem dunklen humosen Lehm unter dem lageweise eckige Kalkbrocken folgen, die eingeschwemmter Solifluktionsschutt sein dürften. Leider liegen keine tieferen Aufschlüsse oder Bohrungen vor, an denen die Zusammensetzung der Beckenaufschüttung näher studiert werden kann. Ich möchte sie einstweilen in der Hauptmasse für periglazial halten. Nur die obere steinfreie Schicht dürfte holozäne Einschwemmungen darstellen. Die von manchen italienischen Geologen vertretene Annahme einer ehemaligen Seebedeckung findet in den Sedimenten, die allerdings nur an dem jungen Einschnitt beim Ponor am Fuß des Monte Castello einigermaßen aufgeschlossen sind, keine eindeutige Stütze, eher schon in der völlig ebenen Oberfläche, die es erlaubt, das Polje kreuz und quer ohne Weg mit dem Auto zu befahren. [Abb. 9.] Allerdings senkt sich der Boden unmerklich von Norden und Osten gegen das erwähnte Ponor. Unterhalb von Castelluccio und am Fuß des Monte Vettore bei der Fonte Valle Mesto liegt die Ebene 1310 bzw. 1315 m hoch, beim Ponor am Fuß des Monte Castello 1267 m. Das Gefälle beträgt etwa 1:150. Der Beckenboden hat also die Gestalt eines sanft nach WSW geneigten Schwemmkegels. Der Ponor selbst liegt unmittelbar am Fuß des Westhanges im anstehenden Kalk, etwa 15 m unter dem Niveau der Ebene. Zu ihm führt ein scharfkantig in den Poljeboden eingeschnittenes Tälchen, das sich immer mehr verflachend etwa $1^{1}/_{2}$ km weit zurückverfolgen läßt. Der Poljeboden des Piano Grande befindet sich also im Stadium der — allerdings vorerst lokal begrenzten — Zerschneidung. [Abb. 10.] Der Ponor hat dabei zu einer lokalen Versteilung der unteren Hangpartien geführt, an deren Fuß er angelegt ist. Im Umkreise des Ponors bzw. des Ponortälchens findet sich etwa ein Dutzend mäßig tiefer Dolinen eingesenkt. Sonst weist der Poljeboden nur hier und da kleine flache Wannen von höchstens einigen dzm Tiefe auf.

Der Boden der benachbarten Teilpolje des Piano Piccolo und Piano Perduto, die mit dem Piano Grande durch talartige Verbindungsstücke zusammenhängen, liegt durchschnittlich um 50 m höher als der Boden des letzteren. Der flache kleine, im Hochsommer häufig ausgetrocknete Dolinensee „il Laghetto" im Piano Piccolo liegt in 1323 m, der Boden der Piano Perduto in etwa 1340 m. Das Verbindungsstück vom Hauptpolje zum Piano Piccolo greift mit einem flachen, stufenlosen Talboden von beträchtlicher Breite zwischen dem Monte Rotonda und dem Monte Guaidone mit ihren leicht konvex zugerundeten Hängen zurück und greift nach Art eines Tales erosiv mit etwas verwischten, aber doch noch gut erkennbaren Rändern in den höheren Talboden des Piano Piccolo ein. Im ganzen erweckt der Piano Piccolo selbst den Eindruck eines allerdings recht tief eingesenkten, breiten und leicht verkarsteten Trockentales, beziehungsweise einer chemo-fluviatilen Ausraumzone. [Abb. 11.] Ähnlich liegen die Dinge bei dem mehr kesselartigen Piano Perduto, nur daß hier ein flacher Schwemmkegel die Verbindung zwischen dem höheren Boden des Seitenpoljes und dem Hauptpolje herstellt („Pie di Colle").

Während sich die nacheiszeitliche Entwicklung des Piano Grande auf die Tieferverlegung des Hauptponors, Zerschneidung des Solifluktionsmantels und Bildung von jungen Schuttkegeln, beschränkt, tragen in den dem Seitenpoljen Piano Piccolo und Piano Perduto noch heute Frane beträchtlich zur Umgestaltung der Hänge und zur Auffüllung des Poljebodens bei, während gleichzeitig das tiefere Niveau der Piano Grande talartig in den Boden des Piano Piccolo zurückgreift. Hier ist lokal noch heute Erosion und flächenhafte

---

[19]) R. V. KLEBELSBERG, Die eiszeitliche Vergletscherung der Apenninen, 3 Monti Sibillini. Z. f. Gletscherkunde 21, 1933. — F. SCARSELLA, Nuove tracce di antichi Ghiacciai nei Monti Sibillini e nei Monti della Laga. Boll. Soc. Geol. Ital. 14, 1945.

Denudation am Werk. Die Unterschiede in der Formgestaltung, wie das Fehlen einer scharfen Begrenzung des Poljebodens im Piano Piccolo sind auf petrographische Unterschiede zurückzuführen.

III. Die Polje der Velino-Gruppe und ihre Vergletscherung

Wie verhält sich ein geschlossenes Polje, das von den würmeiszeitlichen Gletschern erreicht bzw. durchschritten wurde? Hierüber geben die Hochpolje der Velinogruppe — der Piano di Pezza, der Campo Felici und das komplexe Polje von Rocca di Cambio — Ovindoli — erschöpfende und überraschende Auskunft. Unter „Velinogruppe" sei hier das Hochgebiet südwestlich der Aterno-Furche verstanden, das im Monte Velino in 2487 m Höhe gipfelt, aber noch mehrere andere meist flachkuppige Höhen über 2000 m aufweist. Unter ihnen kann man zwei Reihen erkennen, die der Aternostörung und damit der Hauptfaltungsachse annähernd parallel laufen: im Osten die Pultscholle des Monte Sirente (2349 m), der mit einem über 1000 m hohen Abfall gegen die kleinen Poljen (Prati del Sirente und Prato di Diana) durchsetzten Vorstufen des Alterno Tales abbricht, der Monte Rotondo (2062 m) und der Monte Magnola (2223 m), weiter im Westen die Velinogruppe im engeren Sinne und der Monte Pucillo (2177 m), dem westlich noch die Montagne della Duchessa mit dem Morrone (2216 m) vorgelagert sind. Die auffällig ähnlichen Höhen dieser Berge und unverkennbare Verflachung um 2000 m Höhe lassen an die Reste eines durch Brüche und Erosion gehobenen Flachreliefs denken.

Die genannten Poljen bilden eine ostwärts absteigende Treppe in ± 1500 m, (Piano di Pezza und Campo Felice) 1200—1350 m (Poljen von Rocca di Cambio und von Ovindoli), 1100 m (Prati del Sirente) und 900 m (Prato di Diana). Aus dieser Treppung, die ALMAGIA auch in anderen Teilen des Apennin in übereinstimmender Höhenlage wiederzufinden glaubt, auf drei einheitliche Karstniveaus zu schließen, die den einzelnen Hebungsphasen des Apennin entsprechen sollen, ist angesichts der jungen tektonischen Zerstückelung des Apennin und des fehlenden Nachweises durchgehender Verebnungsniveaus zumindest verfrüht, abgesehen davon, daß eine solche „Poljenniveautheorie" auf der Hypothese eines einheitlichen Karstwasserspiegels beruht, die inzwischen weitgehend überwunden ist[20]).

Die beiden höheren Poljen, der Piano di Campo Felice (1521 m) und der Piano di Pezza (1490 m) gleichen sich im großen und ganzen, es sind Flachbodenpoljen mit steilen, graden Hängen, formverwandt mit dem Polje von Castelluccio nur von mehr länglicher Gestalt — das eine in der tektonischen Hauptrichtung verlaufend, das andere quer dazu — beide in den verkarstungsfreudigen Kalken der oberen Kreide angelegt, die die Hauptmasse der Velinogruppe im weiteren Sinne zusammensetzen. Nur die Westflanke des Campo Felice wird durch einen Streifen der weniger reinen Kalke des unteren Miozän gebildet, die sich im Formenschatz in einer Art Randterrasse äußern[21]). Beide Polje sind durch tiefe Talscharten an einer Seite soweit geöffnet, daß jeweils nur eine niedrige Schwelle zur allseitig geschlossenen Hohlform des Poljebodens hinüberführt. Bei der Piano di Pezza ist es der felsige, enge Vado di Pezza, der etwa 50 m über der tiefsten Stelle des Poljebodens liegt, während der Piano di Campo Felice durch eine etwa 35—40 m hohe Schwelle vom Tal von Lucoli und durch die später zu analysierende Moräne von der verkarsteten Talung getrennt ist, die über eine Schwelle bei Chiesa di Lucoli in das Val di Tornimparte leitet. Aber keines der Polje entwässert auch nur mit einem Teilabschnitt oberirdisch.

Das langgestreckte Becken von Rocca di Cambio-Ovindoli ist komplexer Natur und nicht ohne weiteres als Polje im üblichen Sinn anzusprechen. Doch besitzt es wenigstens in seinem nördlichen Abschnitt, dem Campo Saline und im mittleren Teil, dem Becken von Rovere, insofern den Charakter eines echten Polje, als es rings umschlossen ist und keinen oberirdischen Abfluß besitzt. Die an den Ostrand des schräg geneigten Poljebodens gerückten Ponore liegen dort in 1250 und 1245 m hier in etwa 1270 m Höhe. Der niedrigste Punkt der Kalkschwelle, die den Campo Saline vom Aternotal trennt, liegt nur bei Terranera noch unter 1300 m. Das Becken von Ovindoli kann gleichfalls als Polje gelten, doch ist es durch die jugendliche Schlucht des Valle d'Arano gerade eben angeschnitten, ohne daß der früher von einem See bedeckte Poljeboden (tiefste Stelle 1347 m) von der rückschreitenden Erosion schon zertalt wäre. [Abb. 12.] Die Sonderstellung dieser Poljenreihe gegenüber den oben behandelten liegt vor allem darin, daß es eindeutig an eine von miozänen Kalken und Molasse erfüllten Schichtmulde geknüpft ist. Am Westsaum, unterhalb der großen NNW-SSO streichenden Verwerfung, die die steilen Kalkhänge des Monte Rotondo, Monte Canelle und Monte Magnola bilden, stehen beckenwärts einfallende Sandsteine und Tone des mittleren bis oberen Miozän an, während die Ost-

---

[20]) R. ALMAGIA, Neue Untersuchungen und offene Fragen über die Morphologie des Zentralapennin. G. Z. 1912. Vgl. auch: F. MACHATSCHEK, Das Relief der Erde, Berlin 1938, S. 381.

[21]) Vgl.: Carta Geol. Ital. 1:100 000, Bl. Sulmona, aufgenommen von E. BENEO, und Erläuterungen.

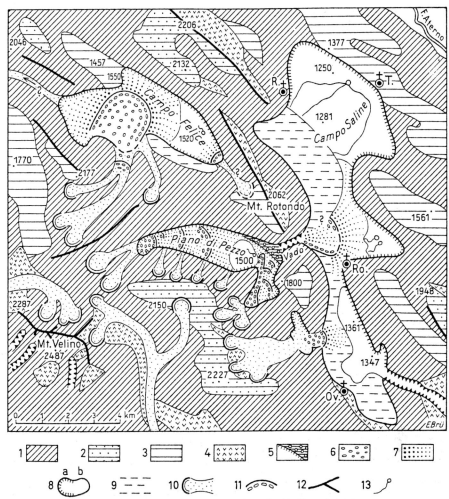

Karte 4: Morphologische Skizze der Umgebung des Mt. Rotondo bei Rovere.

1. Mittelgebirgsrelief; 2. Verflachungen in über 2000 m Höhe; 3. Verflachungen in geringerer Höhe und Hochtalungen; 4. Felsabbrüche; 5. Kamesterrasse des Vado di Pezzo; 6. würmeiszeitliche Moränen; 7. fluvioglaziale Schotter; 8. Poljen a) mit scharfem, durch Aufschüttung bedingtem Rand, b) ohne scharfen Rand; 9. miozäne Molasse im Campo Felite Randstufe; 10. Karst und glazialüberformte Täler; 11. Endmoränen und Moränenstaffeln; 12. Hauptkämme; 13. Ponore.

seite von basalen Kalken des unteren Miozän gebildet wird. Die nichtkalkigen Gesteine des oberen Miozän sind nur zum Teil ausgeräumt. Das mag zunächst auf fluviatilem Wege geschehen sein, möglicherweise über die Schwelle von Terranera hinweg, für den letzten Akt, die poljenartige Eintiefung und Erweiterung ist jedoch der Verkarstungsprozeß allein verantwortlich. Das Auftreten undurchlässiger Schichten (Sande, Tone und Sandstein) an der einen Seite der geschlossenen Hohlform braucht nicht gegen die Poljennatur des Bekkens zu sprechen, worauf wir an anderer Stelle noch zurückkommen. Der Übergang zur Poljenbildung dürfte schon im älteren Pleistozän abgeschlossen gewesen sein, jedenfalls hat der würmeiszeitliche fluvioglaziale Schuttkegel das Becken schon als ein geschlossenes Karstbecken vorgefunden.

Die beiden kleineren Polje der Prati del Sirente und des Prato di Diana und einige weitere kleine Karstbecken des Ostabfalls zum Aternobecken liegen ganz im Kreidekalk selbst. Sie gehören zu einem Typus, der im nächsten Abschnitt besprochen werden soll und können daher hier außer Betracht bleiben.

Die Bedeutung der drei kurz geschilderten Polje liegt vor allem in ihrer eindeutigen, sonst im Apennin nirgends so klaren Verknüpfung mit den eiszeitlichen Ablagerungen. Bei einer (Würm-)eiszeitlichen Schneegrenze von 1700—1800 m, die v. KLEBELSBERG [22]) fußend wohl auf den Angaben von SUTER [23]) für die Velinogruppe annimmt, mußte vor allem im Velino selbst zu einer beträchtlichen Ansammlung von Firnschnee und demzufolge von einigermaßen beachtlichen Talgletschern führen, da hier ausgedehnte Reste eines Flachreliefs über der eiszeitlichen Schneegrenze liegen. An ihrem Rand kam es zur Ausbildung schöner Karzirkel in 1750—1900 m, größtenteils in N- und NE-Exposition.

Das Polje des Piano di Pezza wurde von zwei Talgletschern erreicht bzw. durchschritten: einem Strom der in östlicher Richtung vom Colle dell'Orso in den westlichen Teil des Beckens vorstieß und einem Gletscher, der von den Nordhängen der Magnola durch das Valle Ceraso den nach Süden abgeknickten Teil des Poljes erreichte. Im Maximum der Vereisung drang der Eisstrom durch den Vado di Pezza in das Polje von Rocca di Cambio bis nach Rovere vor. Die rechte Seitenmoräne dieser Gletscherzunge zieht sich als hoher, schnurgerader Wall, vom Vado di Pezza ausgehend bis dicht an die Ortschaft Rovere, größtenteils auf einem Sockel von Miozän. [Abb. 13.] Die geologische Karte verzeichnet hier merkwürdigerweise keine Moräne, obwohl schon von weitem an der hellen Farbe der kaum von der Vegetationsdecke verhüllten großen Kalkgeschiebe zu erkennen ist. Die guten und frischen Aufschlüsse zeigen unregelmäßig fluvioglazial geschichtetes Material mit ungeschichteten Blockpackungen dazwischen. SUTER spricht nur von locker geschichteten fluvioglazialem Material. Doch kann an der Moränennatur dieses Walles meines Erachtens gar kein Zweifel bestehen. [Abb. 14.] Das nördliche Pendent aber fehlt. Hier ist, soweit ich sehen konnte, nur eine grobe Blockstreuung festzustellen. Ebensowenig ist eine eigentliche Stirnmoräne vorhanden. Im Bereich des mutmaßlichen Zungenbeckens westlich der Straße Rocca di Mezzo-Rovere ist noch fluvioglazial geschichtetes Material aufgeschlossen. Es handelt sich um ein wohl etwas jüngeres schwemmkegelartiges Schotterfeld mit den typischen Form und Schichtung der „Sander" der zentralappenninischen, ausschließlich mit Kalkgeschieben befrachteten Gletschern. Dieser Sander sinkt unter den ebenen, feinkörnigen Poljeboden nordöstlich von Rovere; seine flachgewölbte Kegelform ist nur durch den Einschnitt des Baches zerschnitten, der nach Norden an Rocca di Mezzo vorbei den Poljeboden des Camposaline zuströmt, um dort in einem Ponor zu verschwinden.

Trotz des Fehlens einer linken Ufermoräne müssen wir hier einen nachträglich fluviatil zum Teil zerstörten Endmoränenzug annehmen, der bei Rovere in etwa 1350 m erreicht. Ein weiterer Zug von Endmoränen schließt das 1418 m hohe poljeartige Seitenbecken nordwestlich von Ovindoli ab. Die tiefsten Moränen, an die sich tiefere fluvioglaziale, teilweise jüngere Schuttkegel knüpfen, liegen bei 1395 m Höhe. Außerhalb dieser beiden Moränevorkommen habe ich im Poljenzug von Rocca di Cambio-Ovidoli keine Moränen oder fluvioglaziale Aufschüttungen angetroffen [24]).

Die Frage, ob sie dem Maximum des Würm angehört oder einer älteren Vereisung läßt sich nicht völlig eindeutig beantworten. Der Form nach ist die Moräne jung und ihr Verwitterungsgrad ist gering. Aber beides ist auch bei einigen Moränenbögen des Gardagletschers der Fall, denen von italienischer Seite neuerdings rißeiszeitliches Alter zugesprochen wird. Im Hochapennin ist es immerhin bisher noch nicht gelungen, eine ältere Eiszeit auszugliedern, was vielfach durch die Vermutung erklärt wird, das Gebirge habe erst kurz vor der Würmvereisung seine heutige Höhe erreicht. Einstweilen möchte ich daher die Moräne von Rovere aus dem Gesamtzusammenhang heraus und auch wegen ihres durchgehend äußerst ge-

---

[22]) R. v. KLEBELSBERG, Handbuch der Gletscherkunde u. Glazialgeologie II. Wien 1949, S. 728.
[23]) K. SUTER, Die eiszeitliche Vergletscherung der Apenninen. 4. Velino-Ocre-Sirente, Zeitschr. f. Gletscherkunde 22, 1935. Ders., Die eiszeitliche Vergletscherung des Zentralappennins, Vierteljahresschrift Naturf. Ges. Zürich 84, 1940. Ders., Le glaciacion quarternair de l'Appennine Central Revue de Giographic alpine 1940. — A. SESTINI, Nuove ricerche sulla glaziazione quaternario dell'Apenino. Rendic. Sessioni delle R. Accademia di Scienze dell' Istituto di Bologna 1930—31. — E. BENEO, Note illustrative della Carta Geologica d'Italia 1:100 000, Blatt Sulmona, Rom 1943. — Die von mir gegebene Darstellung stützt sich in jedem Punkt auf eigene Beobachtungen, die von den genannten Quellen zum Teil abweichen.

[24]) Auch die geol. Karte 1:100 000 verzeichnet keine tieferen Moränen. Die Moränen am Nordhang des Monte Sirento reichen nur bis 1500 m herab.

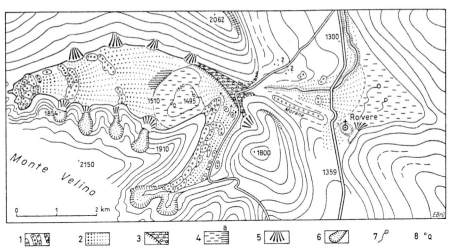

Karte 5: Skizze der eiszeitlichen Ablagerungen im Piano di Pezzo und im Polje von Rovere
1. Moränen; 2. fluvioglaziale Schotter; 3. Kamesterrasse des Vado di Pezza; 4. steinfreie Poljeböden a) aufgeschlossene Seeablagerungen; 5. postglaziale Schuttkegel (schematisch); 6. Kare; 7. Ponore; 8. Quelle.

ringen Verwitterungsgrades für würmeiszeitlich halten.

Die Schmelzwasser dieser Gletscherzunge können keinen oberirdischen Abfluß aus dem Polje herausgefunden haben, vielmehr muß die Entwässerung auf karsthydrographischem Wege durch die Ponore nordöstlich von Rovere und westlich von Terranera erfolgt sein. Dabei konnte sich wenigstens in den tieferen Teilen des Poljes zeitweise ein Stausee gebildet haben, der aber keine eindeutig bestimmbaren Seeablagerungen hinterlassen hat.

In dem angrenzenden, höherliegenden Polje der Piano di Pezzo sind drei klar erkennbare Rückzugsstaffeln entwickelt und zwar in beiden Armen des Poljes. Sie bestehen jeweils aus einer Anhäufung von drumlinartig gestalteten relativ flachen Moränenhügeln, deren höchste bis zu 30 m über den Poljeboden aufragen. [Abb. 15.] Sie sind voneinander durch ebene Schotterfelder, einem fluvioglazialen Sander mit relativ grobem aber gut geschichteten Material voneinander getrennt, wobei die äußere Staffel vom jüngeren Sander rinnenartig durchbrochen und umflossen ist. Die beiden von Süden und von Westen vorgeschütteten im wesentlichen einheitlichen, nicht in sich terrassierten fluvioglazialen Schotterkegel führen nun nicht durch den Vado di Pezza. Hier versperrt eine der Innenseite des Vado-Einschnittes vorgelagerte Terrasse, über deren Natur gleich noch zu sprechen sein wird, mit ihrem 8—10 m hohen inneren Steilabfall den Weg. Der aus dem Südarm kommende Sanderkegel biegt vor der Stufe um die Seitenmoräne nach Westen und taucht im tiefsten, etwa von der 1510-m-Isohypse umschlossenen Teil des Poljes unter steinfreiem, stellenweise versumpftem Boden unter. Ein Aufschluß in diesem unteren Teil des Sanderkegels zeigt eine ausgezeichnete Deltastruktur mit steilem Einfall der Schichten nach Westen. [Abb. 16.] Die obere Partie zeigt kleinere kryoturbate Störungen in Form von Taschen. Der von Westen kommende Sanderkegel verhält sich ebenso. An seinem Rand, der streckenweise eine flache Stufe bildet, sind unter einer dünnen Schotterbestreuung hell mergelige Seeablagerungen aufgeschlossen. [Abb. 17.] Es ist also evident, daß die Schmelzwasser der Rückzugsstaffeln sich in einem flachen See sammelten, der unterirdisch entwässerte. Der letzte Rest des Sees ist ein kleiner Tümpel, der von einer aus dem Schotterkörper kommenden dünnen Quelle gespeist wird. Ob der See jemals die 1510 m Linie überschritten hat, läßt sich schwer sagen. An den höheren Rändern des Poljes fehlt jede Andeutung einer Seeterrasse.

Auch die oben genannte Terrasse vor dem Eingang der Vado-Schlucht ist keine Seeterrasse. Sie besteht aus fluvioglazialem Material mit eingeschalten groben Blöcken, teilweise konglomeratartig verkittet und mit ungeschichtetem brecciösem Material untermischt, doch ohne feststellbare Deltastruktur [Abb. 18]. Aus dem Vado können

Bild 17: Seeablagerungen im Piano di Pezza

Bild 20: Piano di Campo Felice von Süden gesehen

Bild 18: Fluvioglaziale Kamesterrasse vor dem Einschnitt des Vado di Pezza.

Im Hintergrund der Westarm des Piano di Pezza

Bild 21: Aufschluß in den fluvioglazialen Schottern des Campo Felice.

Im Hintergrund der steile Osthang

Bild 19: Sander des Piano di Pezza, eine flache Moränenstaffel durchbrechend

Blick vom Fuß der Vado-Terrasse in den Südarm des Piano di Pezza. Im Hintergrund rechts Moräne

Bild 22: Moräne (links und im Vordergrund) und Sander im Piano di Campo Felice.

Blick auf den Osthang mit Rillenzerschneidung des periglazialen Hangschnittes

auch keine schuttliefernden Gewässer gekommen sein, die eine Deltaterrasse in das Polje geschüttet haben könnten, denn die Schlucht führt nach Osten hin ins Freie. So ist nur möglich, in der „Vadoterrasse" eine Kamesterrasse zu sehen aus der Zeit, in der der zurückschmelzende Gletscher das gesamte Polje bis zur Höhe der Vadoschlucht mit Toteis erfüllte. Über das Toteis hinweg verfrachtetes fluvioglaziales Material, untergeordnet auch Solifluktionsschutt von den Hängen müssen den vom Eis freigegebenen Teil des Poljes verschüttet haben. Der steile Rand gegen das innere des Poljes erklärt sich ungezwungen aus dem Aufhören der Schotterlieferung beim Niedertauen des Eises, wobei die Schmelzwasser sich sehr bald einen anderen Weg suchen mußten — den zu einem inneren Seebecken. Möglicherweise hat der Sander, der die heutige Oberfläche bildet und der jüngsten Staffel entstammt, die Kante auch noch erosiv unterschnitten; seine Gefällslinie biegt unmittelbar vor der Vadoterrasse aus der nördlichen Richtung in die westliche um, nachdem der Sander eine niedriger als die Vadoterrasse gelegene, nur wenige Meter über die Sandoberfläche aufragende Moränenstaffel in mehreren breiten Rinnen durchbrochen und teilweise verschüttet hat [Abb. 19]. Diese dem Vado so nah gelegene Staffel ist übrigens ein Beweis für das rasche Niedertauen des Eises nach seinem Rückzug hinter den Vado.

Der Einschnitt des Vado di Pezza selbst hat im ganzen einen U-förmigen Querschnitt, was besonders im Blick von Osten deutlich zum Ausdruck kommt, seine Hänge sind aber im einzelnen verkarstet und von jungen Schuttkegeln verkleidet.

Die geschilderte Auskleidung des Polje mit Moränenmaterial bzw. fluvioglazialen Schottern, die hier den ebenen, sanft zur tiefsten Stelle geneigten Poljeboden bilden, zeigt, daß die Würmvereisung das Polje fix und fertig als Polje vorgefunden hat, und daß seit dem Ende des Würm mit ihm überhaupt nichts passiert ist. Die Schotterflächen sind nicht einmal, wie anderorts, von jungen Dolinen durchsetzt[25]. Man kann allenfalls an eine Tieferlegung des tiefsten Teiles des Poljebodens denken. Denn die genannten Seeablagerungen liegen etwas höher als er, so daß ich zuerst den Eindruck einer jungen karstkorrosiven Eintiefung gewann. Aber Seeablagerungen brauchen, wie die Topographie jeden rezenten Seebodens lehrt, nicht in gleicher Höhe zu liegen und andere Anhaltspunkte als die Höhenlage waren nicht beizubringen. Der einzige junge Zug im Formenbild sind die rezenten, relativ unbedeutenden Schuttkegel am Fuß der Runsen über die fluvioglazialen Schotter geschüttet

worden sind. Im größten Teil des Poljes liegen diese jedoch vollkommen frei von jüngeren Alluvionen da.

Das Polje des Campo Felice [Abb. 20] bestätigt die in der Piana di Pezzo gewonnenen Erfahrungen in eindrucksvoller Weise. Vom Plateau der Custone kommend ist ein Gletscher in den nördlichen Teil des Poljes vorgestoßen und hat hier eine prächtige Endmoräne von 20—30 m Höhe aufgeschüttet. An sie schließt sich ein Geröllsander. Der tischebene Boden des Poljes wird zu dreiviertel aus diesen fluvioglazialen Geröllen gebildet, die im frischen Aufschluß einer Schottergrube eine wohlgeschichtete Struktur zeigen [Abb. 21]. Die obere Schicht von 20—30 cm ist mit einer scharfen Untergrenze durch Rohhumus und humosen Lehm schwarz gefärbt, doch erreichen darin helle Kalkschotter die Oberfläche. Die Endmoräne schließt ihrerseits die Talung ab, die zwischen dem Puzillo und der Cimata di Pezza mit zwei glazialüberarbeiteten und mit Moränen erfüllten Paralleltälern herabkommt [Abb. 22]. In ihrem am weitesten nach N vorgeschobenen Teil grenzt die Moräne unmittelbar an den Kalksporn des Monte Orsello. Dadurch wird der Sander zweigeteilt. Der rechte ergießt sich in das durch die Moräne völlig abgeriegelte Campo Felice, ohne die Höhe der Felsschwelle zum Tal von Lucoli zu überschreiten, der linke ist in das poljeartige Becken vorgeschüttet, das sich unter „il Lago" der Karte 1 : 100 000 (ein See ist heute nicht vorhanden) bis Chiesa di Lucoli nach Nordwesten als geschlossene Hohlform erstreckt. Zur Zeit seines Hochstandes mag der Gletscher hier weiter vorgestoßen sein — Zeit und Wetter erlaubten mir nicht, die kritische Gegend von S. Eramo unterhalb Chiesa die Lucoli nach Moränen abzusuchen. Im Val di Lucoli werden, entgegen früheren Annahmen, keine glazialen Ablagerungen angetroffen. Vor allem zeigt die Felsschwelle, über die man vom Valle di Lucoli ins Campo Felice kommt, keinerlei glaziale Bearbeitung. Die hier teilweise saigeren Kalke sind grade auf der Schwelle zu wilden Karrenzacken zerfressen, die keinerlei Abstumpfung zeigen, wie man sie bei eisüberschliffenen Karren dieser Größenordnung kennt.

Das Innere des Campo Felice selbst zeigt keine Reste von Moränenstaffeln. Der Sander senkt sich sanft nach Osten bis zum annähernd steinfreien tiefsten Poljeboden in 1520 m Höhe, wo sich einige flache Ponore befinden. Auch hier mag sich zeitweise ein flacher Karstsee ausgebreitet haben. Am Südostende nimmt die Schotterbestreuung des Poljebodens wieder zu und ein niedriger Wall deutet die äußerste Moräne eines kleinen vom Monte Rotondo lerabkommend an.

Die Hänge des Polje sind auch hier mit periglazialem Hangschutt bekleidet, besonders am

---

[25]) Die glazialen Ablagerungen am Monte Vettore zeigen nach SCARSELLA a. a. O. durchaus frische Dolinen. Das gleiche gilt für die Moränenablagerungen im Campo Imperatore.

Monte Cefalone, dem relativ 500 m hohen graden Steilabfall des Paralellrückens zu Ocre [Abb. 23]. Diese steile Schuttdecke geht mit einem kurzen konkaven Schuttfuß derart in den Poljeboden über, daß im ganzen der Eindruck eines relativ scharfen Knickes entsteht. Davon unterscheiden sich die jungen Schuttkegel, die mit wesentlich flacher Neigung dem Poljeboden deutlich aufsitzen. Sie bilden sich am Fuß von Steinschlagrinnen und Wasserrissen, die den periglazialen Schuttmantel aufritzen und eine für zahlreiche der großen ungegliederten Kalkrücken des Apennin charakteristische helle „Striemung" erzeugen. In einer bestimmten vom Gefälle abhängigen Höhe, in der die steilen periglazialen, zu einer geschlossenen Hangbekleidung zusammengewachsenen Schuttkegel ansetzen, münden die parallelen Spülrinnen der oberen Hangpartie in hellen, rezenten Schutthalden von dreieckiger Gestalt, von denen ein neues System von Rinnen, diesmal tiefer eingeschnitten, seinen Ausgang nimmt. Dieses helle Band, das sich an den geraden Hängen in gleicher Höhe hält oder sanft auf- und absteigt, erweckt oft den täuschenden Eindruck einer strukturellen Gesteinsgrenze. Das Phänomen das noch einer genaueren Untersuchung wert wäre, ist hier erwähnt, weil es ein Licht auf die äußerst geringfügigen Spuren postglazialer Hanggestaltung wirft. Die Frage, wieweit eine — historisch nicht faßbare — Entwaldung die Bildung der jungen Rillen und Kerbfurchen bedingt oder gefördert hat, ist gleichfalls noch nicht untersucht worden. Für beide Poljen, das des Piano di Pezza und das des Campo Felice, ist der Anteil des postglazial in das Polje hineingeschwemmten Feinmaterials äußerst geringfügig. Es beschränkt sich nur auf den tiefsten Teil des Poljebodens und erreicht hier eine Mächtigkeit von höchstens 1—2 m.

IV. Die Karstwannen in der Südabdachung des Gran Sasso-Massivs

Südlich der in mehreren Gipfeln 2500 m übersteigenden Gran Sasso-Kette, zwischen der beckenartigen Hochfläche des Campo Imperatore und der schmalen Beckenzone von Barisciano-Navelli beziehungsweise dem geöffneten Polje von Capestrano-Ofena findet sich eine große Reihe von kleineren aber sehr typischen Karstbecken, die schon immer die Aufmerksamkeit der italienischen Forscher auf sich gezogen haben [26].

Ihre typologische Einordnung bereitet infolge der erstarrten klassischen Nomenklatur der Karsthohlformen sichtliche Schwierigkeiten. Sind sie den Uvalas zuzurechnen, darf man sie Miniaturpoljen nennen oder ist es eine Sonderform, die in dem klassischen Land der Karstforschung nicht vorkommt und daher unter anderem einige Forscher veranlaßt hat, dem „Apenninischen Karst" gegenüberzustellen? Einigkeit herrscht nur darüber, daß der Karstprozeß selber sie geschaffen hat, da die tektonische „Senkungstheorie" bei der Kleinheit der Formen schlechterdings nicht anwendbar ist. ORTOLANI und MORETTI rechnen diese Formen genetisch zu den Uvalas, obgleich sie von den Formen, die CVIJIĆ bei dem Terminus technicus ins Auge faßte, physiognomisch erheblich abweichen [27]. Wo aber ist die Grenze zu den Poljen? Diese kleinen „Piani" am Südabfall des Gran Sasso-Massivs — zu denen übrigens auch noch die im vorigen Abschnitt erwähnten Karstbecken Prati di Sirente und Prato di Diana gehören — erreichen immerhin eine Länge von 2—3 km und eine Fläche von 1—4 km², am Poljeboden gemessen. Gewiß besteht in Größe und Form ein merklicher Unterschied zwischen ihnen und den ausgedehnten Becken, etwa des Fuciner Poljes, des geöffneten Poljes von Capestrano oder des oben behandelten Polje von Castelluccio. Aber die Piana di Pezzo, der Campo felice und manche andere Karstbecken, die in diesem Rahmen keine Erwähnung finden konnten, vermitteln der Größenordnung nach zwischen beiden. Nur wenn man in Polje primär ein tektonisches Senkungsfeld sieht, das nachträglich eine gewisse karstkorrosive Überarbeitung gefunden hätte, könnte man eine scharfe Grenze zwischen den uvala-ähnlichen, rein auf karstkorrosivem Wege entstandenen Becken und den Poljen ziehen — eine Grenze, die dann freilich nicht von der Größenordnung der betreffenden Gebilde abhängig wäre.

Die Karstbecken, mit denen wir es hier zu tun haben, unterscheiden sich von den bisher behandelten allerdings auch dadurch, daß sie ein gewisses System zu bilden scheinen, das treppenförmig vom Gran Sasso-Massiv beziehungsweise vom Südrand des Campo Imperatore aus 1700 m Höhe (Karstbecken der Fossa Paganica) in südöstlicher Richtung zu dem in 350—380 m gelegenen Polje von Capestrano herabführen. Die einzelnen Becken weisen dabei vornehmlich (wenn auch nicht ausschließlich) eine Längserstreckung im „apenninischen" Streichen auf (WNW-ESE). ORTOLANI und MORETTI haben versucht, sie in ein pliozänes Talsystem einzuordnen, dessen Rekonstruktion

---

[26] Vgl. O. MARINELLI, Atlante dei tipi geografici Firenze, Instituto Geogr. Militare, zweite erweiterte Aufl. bearb. von R. ALMAGIA, A. SESTINI u. L. TREVISAN, Firenze, Blatt 16 bzw. 27. Ferner: M. ORTOLANI e ATTILO MORETTI, Il Gran Sasso d'Italia, versante Meridionale. Consiglio Nazionale delle ricerche, Richerche sulla morfologia e idrografia carsica 2, Rom 1950 (mit vollständiger Literaturangabe).

[27] ORTOLANI u. MORETTI, Il Gran Sasso d'Italia a. a. O., S. 70 f. «Essi mostrano, in modo evidente, il processo di formazione dei bacini piu grandi a spese dei più piccoli.»

Karte 6: *Die Karsthohlformen an der Südseite des Gran-Sasso-Massivs*
1. Karsthohlformen; 2. Rücken und Kämme; 3. Pliozänes Talsystem nach OSTOLANI und MORETTI; 4. altpleistozäne Beckenausfüllung (größtenteils Seeablagerungen, vermutlich Villafranchiano); 5. aluviale Beckenböden; 6. Dolinenfelder

Karstwannen zwischen dem Campo Imperatore und dem Becken von Barisciano-Navelli:

1. Piano di Nasilli	1000 m	10. Piano Prosciuta	1230 m	21. Valle Ombrio	1440 m
2. S. Leonardo	1020 m	11. Piano Valle Cupa	1180 m	22. Piano di Monte Mesola	1530 m
3. Piano Camarda	1100 m	12. Piano Locce	1230 m		
4. Piano Force	1170 m	13. Piano di Fogna	1420 m	23. Piano del Lago di Barisciano	1610 m
5. Piano Vuto	915 m	14. Piano di Lago Filetto	1380 m		
6. Piano Viano	960 m	15. Piano San Marco	1072 m	24. Piano del Lago d'Assergi	1613 m
7. Piano Calascio	1100 m	16. namenlos	1300 m		
8. Piano Tagno	1270 m	17.—20. Karstbecken von		25. Fosetta Paganica	1700 m
9. Chiano	1230 m	Castel del Monte	1300—1400 m		

sich allerdings nur auf die in der genannten Richtung abtreppende Höhenlage der die geschlossenen Becken abgrenzenden Schwellen stützt. Reste eines durchgehenden pliozänen Talbodens oder gar Schotterterrassen fehlen. Es fehlt aber auch, wie für ein derartig verkarstetes Gebiet nicht anders zu erwarten, ein durchgehendes junges Fluß- oder Torrentensystem; zwischen höheren, meist „apenninisch" streichenden Kalkrücken, die hier und da hochflächenartigen Charakter annehmen ohne ein auf größere Erstreckung verfolgbaren Niveau erkennen zu lassen, liegen die Karstbecken mit ihren lokalen Wasserscheiden, die oft (z. B. bei Castelvecchio und bei S. Stefano) mehr einen sekundären, aus Altflächen hervorgegangenen Eindruck machen, als daß sie an Talreste erinnern. Wie auch immer, das postmiozäne Flachrelief und mit ihm die hypotetischen pliozänen Talsysteme sind durch die wahrscheinlich endpliozänen Krustenbewegungen gründlich verstellt, wobei junge bzw. ältere, wieder aufgelebte Brüche vielfach eine Rolle spielen, wie die sorgfältig von E. BENEO bearbeitete geologische Karte 1:100 000 lehrt, die den südlichen Teil des Gebietes noch umfaßt. Einige dieser jungen Verwerfungen sind im Gelände direkt als solche zu erkennen, andere sind aus stratigraphischen Argumenten abgeleitet, wieder andere, auf der geologischen Karte erfreulicherweise als hypothetisch gekennzeichnet, sind offenbar aus den Geländeformen erschlossen.

Geologisch besteht das Gebiet zum größten Teil aus den körnigen, meist massigen z. T. oolithisch ausgebildeten Rudistenkalken der Kreide (Riff-Fazies der Abruzzen) und eingefalteten, teilweise brecciösen Nummulitenkalken des Eozän. Die letzteren streichen in einem schmalen Streifen von S. Stefano mit „apenninischer" SE-NW-Richtung bis zu den südlichen Vorbergen des Gran Sasso und bilden außerdem größtenteils den Boden des Campo Imperatore; während die felsige Südflanke der wasserscheidenden Hauptkette Monte Corno (2914 m) — Monte Prena (2566 m) — Monte Camicia (2570 m), ebenso wie die östliche Bergflanke des Campo Imperatore aus Dolomiten und Kalken des Noricum, des Lias sowie des unteren Dogger besteht. Ein zweiter Streifen kompakter Jura-Kalke (Titon) zieht, durch Brüche gegen die Kreidekalke abgesetzt, aus der Gegend des Polje von Capestrano in WNW-Richtung bis nördlich Barisciano. Untergeordnet treten auch noch Kalke des unteren und mittleren Miozän südlich des Campo Imperatore sowie im Sattel der Portella auf. Die Molassefazies des Miozän und alle jüngeren Ablagerungen fehlen ganz bis auf Reste von altpleistozänen Konglomeraten und Breccien, die jungpleistozänen Solifluktionsschuttdecken und die jungen Schuttkegel.

Die am Aufbau des Gebietes beteiligten stratigraphischen Horizonte sind, wie die nachstehende Tabelle zeigt, ganz überwiegend kalkig ausgebildet, aber diese Kalke verhalten sich in morphologischer Hinsicht verschieden. Besonders verkarstungsfähig scheinen die kompakten hellen Titonkalke zu sein. Sie bilden besonders an den Hängen der Rocca von Calascio einen felsigen Block- und Wannenkarst aus, der in der Landschaft durch seine helle Farbe auffällt. In sie hineingearbeitet sind die klassischen schönen Karstbecken Viano und Vuto südwestlich von Calascio, aber auch das Karstbecken nördlich dieser Ortschaft und zum Teil noch die Becken Chiano. An den kretazischen Rudistenkalken fehlt es gleichfalls nicht im Karstbecken. Hier wie anderwärts müssen sie zu den verkarstungsfreudigen Kalken gezählt werden.

Dabei fällt es auf, daß man im ganzen Gebiet so gut wie keine Dolinen trifft. Sie sind auf der von Moränenschutt entwickelten Hochfläche „le Coppe" im westlichen Teil des Campo Imperatore und auf das hochgelegene Flachrelief nördlich Castel del Monte beschränkt, wobei es sich überwiegend um flache Schüsseldolinen handelt. So ausgesprochene Kesselkolinen, wie sie in den mittelkretazischen Rudistenkalken des Bosco del Cansiglio auf den Hochflächen mittel- bis jungpliozänen Alters in großer Zahl auftreten, sucht man im Gran Sasso-Gebiet vergebens, trotz ähnlichen Alters und gleicher Höhenlage des Ausgangsniveaus der Verkarstung. Das Auftreten von ausgesprochenen Dolinenfeldern ist, wie auch die Verhältnisse im klassischen dinarischen Karst lehren, offenbar nicht nur von der petrographischen bzw. strukturellen Beschaffenheit der Kalke abhängig, sondern auch von der Lage der karsthydrographisch besonders aktiven Zonen. Das auffällige Zurücktreten eines voll entwickelten „Dolinenkarstes" im gesamten Raum des Kalkapennin bleibt dennoch ein ungelöstes Problem.

Tabelle I

Geologisch-petrographische Gliederung der zentralen Abruzzen zwischen l'Aquila und Sulmona

Pleistozän, jüngeres: kalkige Seeablagerungen der ausgehenden Würmzeit, Moränen der Würmzeit und zugehörige fluvioglaziale Schotter, würmeiszeitliche und ältere Schuttkegel, solifluidale Hangbekleidung, Schotter der Hochterrasse in den Becken von Sulmona, Navelli-Barisciano und L'Aquila

	ä l t e r e : ältere Seeablagerungen der Becken von Sulmona, Navelli-Barisciano, Capestrano und der Conca Subequana, ältere Konglomerate.
Pliozän,	lokale Schotter und Konglomerate? In den Abruzzen vorwiegend Abtragung, adriatischer Außensaum Schotter, Sande und Tone der marinen Fazies.
Miozän,	o b e r e s (Pont): Konglomerate und Sandsteine m i t t l e r e s : Sandsteine, Kalksandsteine, sandige Tone mit Gipseinlagen, Tone und Tonschiefer der Molassegruppe, an der Basis in Kalk übergehend u n t e r e s (Burdigal-Torton?) Zellige oder kompakte Kalke und Mergelkalke.
Oligozän,	soweit vorhanden nur schwer vom Eozän zu trennen. Kalke im Aterno-Tal und im Gran Sasso.
Eozän,	o b e r e s : subkristalline und kompakte Nummulitenkalke m i t t l e r e s Foraminiferenkalke, meist zellig-brecciös u n t e r e s a) abruzzische Fazies, helle kompakte oder brecciöse Kalke mit Rudistenfragmenten, teilweise silifiziert, an der Basis in echte Breccien übergehend; b) umbrische Fazies in der Gran-Sassogruppe: scagliaähnlich dünnplattige Kalke und Mergelkalke.
Kreide,	(ungegliedert) a) abruzzische Fazies südl. des Gran Sasso: helle semikristalline bis kristalline Rudistenkalke, an der Basis dolomitisch. b) umbrische Fazies: dünnbankige bis schuppige rötliche Kalke und Mergelkalke („Scaglia"), nur im Gran Sasso-Gebiet entwickelt.
Jura *),	o b e r e r : kompakte oolithische Kalke des Portland (Tithon) m i t t l e r e r : kompakte oder oolithische Kalke, z. T. dolomitische Kalke u n t e r e r : grobbankige Kalke, Dolomite.
Trias,	kalkig dolomitische Fazies der oberen Trias, norische Dolomite.

*) Die italienischen Geologen kennen nur gewöhnlich die Zweiteilung „Giura" und „Lias", wobei das Giura superiore dem Malm, giura medio und inferiore etwa dem Dogger entspricht.

Typisch für das Karstgebiet südlich der Hauptkette des Gran Sasso sind dagegen die erwähnten Karstwannen. Zwischen dem Campo Imperatore und der Beckenzone von Barisciano-Navelli-Capestrano zählt man auf einem Raum von weniger als 200 qkm nicht weniger als 25 ausgesprochene Karstbecken in allen Hochlagen zwischen 900 und 1700 m. Die größeren dieser „piani" weisen eine Ausdehnung von mehreren qkm auf, die meisten aber bleiben unter 1 qkm, wobei nur der Beckenboden nicht das wesentlich größere „Einzugsgebiet" gerechnet ist.

Wie die Poljen in Jugoslawien stellen diese „piani" in dem kahlen verkarsteten Bergland die einzigen Gebiete dar, in denen geschlossener Ackerbau möglich ist. Sie bilden die entscheidende wirtschaftliche Grundlage für eine Reihe von relativ stattlichen Siedlungen, deren höchste (Castel del Monte) bis 1300 m hinaufgeht. Die über 1500 m hoch gelegenen Piani werden überwiegend als Weideland genutzt.

Im Rahmen unserer Problemstellung ist es nicht erforderlich, auf alle diese Karstbecken einzugehen, zumal, da sie in der Monographie von Ortolani und Moretti im einzelnen hinreichend gewürdigt worden sind. Ich greife daher als Prototyp nur die Gruppe um Calascio—San Stefano heraus, die ich selber näher in Augenschein genommen habe [28]. Von der Straße von San Pio delle Camere im Becken von Navelli nach San Stefano öffnet sich kurz vor Castel Vecchio ein überraschender Blick auf eine Flucht tiefer Becken zwischen kahlen, teils kegelförmigen, teils rückenartigen Kalkbergen, die den Boden der Becken um wenigstens 400—500 m übersteigen. Von der Rocca Calascio (1464 m) mit der markanten Burgruine fällt ein nahezu ungegliederter Hang von rund 550 m relativer Höhe zum Boden der Piano Vuto herab, deren tiefster Punkt in 910 m Höhe liegt. Im Nordosten der Beckenflucht erreicht der Monte della Selva 1625 m und der Monte Capellone über San Stefano 1570 m. Es handelt sich also um ein recht bewegtes Relief, das allerdings Verflachungen in 1000—1200 m Höhe aufweist. An sie knüpfen sich die Ortschaften Castelvecchio, Calascio und San Stefano. In diesem Niveau, das weiter westlich die beachtlich ausgedehnte Hochfläche bzw. Flachlandschaft des Colle Pozello in 1200—1300 m Höhe entspricht, mag man die Reste eines alten oberpliozären Flurensystems sehen. Ob die für altpleistozän gehaltenen Konglomerate, die bei San Stefano in 1260 m Höhe die Schwelle zwischen dem hochgelegenen Karstbecken von Chiano und der Piano Viano bilden etwas mit einem in seinem Verlauf

[28]) Vgl. hierzu M. Ortolani u. A. Moretti, Il Gran Sasso (versante meridionale) a. a. O., S.65 ff.

völlig hypothetischen Talzug zu tun haben oder lokaler Natur sind, läßt sich angesichts ihrer Isolierung nicht sagen.

Der tiefste Punkt der Piano Viano, dem Zwillingsbecken zum Piano Vuto, liegt 960 m hoch. Die 995 m und 955 m hohen Schwellen, die beide Becken voneinander und von dem fluviatil geöffneten Becken der Madonna della neve östlich von Calascio trennen, sind meines Erachtens nicht als alter Talboden anzusehen; sie sind sicher erosiv und korrosiv erniedrigt. Die karstkorrosive Übertiefung der Piano Viano und Piano Vuto unter die jeweils tiefste Schwellenhöhe beträgt immer noch 35 und 45 m. Der Gesamtbetrag der Eintiefung in den pliozänen Talboden dürfte das Doppelte bis Dreifache dieses Wertes erreichen.

Die Hänge gehen mit einer konkaven Schleppe aus Hangschutt in den Karstwannenboden über, der der mit hellbraunen, steinigen aber durchweg kultivierten Lehm — keineswegs typischer Terra rossa — bedeckt ist [Abb. 24]. Er hat eine Mächtigkeit bis zu 8 m [29]. Nur der Boden der Piano Vuto ist auf größerer Erstreckung eben, der des Piano Viano ist sanft trogförmig eingebogen. In beiden Fällen fehlt eine scharfe Grenze zwischen Beckenboden und Hang. Unter der jüngeren Decke von Hangschutt kommt an der Nordseite beider Becken ein breccienartiges, gut verkittetes Kalkkonglomerat zum Vorschein, das ORTOLANI und MORETTI ebenso wie BENEO dem Pleistozän zurechnen [30]. Im Vergleich zu dem würmglazialen Hangschutt anderer Becken möchte ich es für älter als würmglazial halten. Schwache, apenninisch streichende Brüche durchsetzen diese Konglomerate bei San Stefano; sie haben zweifellos also noch postume Krustenbewegungen mitgemacht. Als ganzes sind sie überall, wo sie auftreten, einer präexistenten Hohlform eingelagert. Sie repräsentieren eine ältere Tal- oder Beckenauskleidung, wahrscheinlich Schuttkegel, die unter anderen, als den heutigen klimatischen Bedingungen gebildet worden sind. Die karstkorrosive Übertiefung der Becken ist offensichtlich jünger als sie, oder hat, genauer gesagt, ihre Bildungszeit überdauert.

Daß die Becken ihre heutige oberirdische abflußlose Beckenform dem Korrosionsprozeß und nur ihm verdanken, ist wohl niemals angezweifelt worden. Im Gegensatz zum Karstbecken des Bosco des Cansiglio, wo ein solcher Prozeß des Zusammenwachsens getrennter Teilbecken in der ganzen Gestalt des Beckens zum Ausdruck kommt, scheinen die Talbecken unseres Gebietes aber wie aus einem Guß zu sein. Was hat die Entstehung dieser Karstbecken begünstigt? Die italienischen

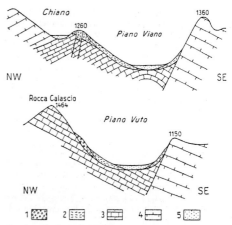

Karte 7: Geologische Profile durch die Karstwannen des Piano Viano und Piano Vuto
1. Altquartäre Schotter und Breccien; 2. periglazialer Hangschutt; 3. jurassische Kalke; 4. kretazische Kalke; 5. postwürmglaziale Ablagerungen

Bearbeiter weisen darauf hin, daß die überwiegende Mehrzahl von ihnen mit Brüchen verknüpft ist. Aber gerade die Becken von Viano und Vuto und noch mehr die beiden ein Stockwerk höher gelegenen Becken Chiano und Prosciuta zeigen, daß die Verwerfungen gar nicht allein für die Ausbildung der Karstbecken als solche ausschlaggebend gewesen sein können. Die Becken sind vielmehr einseitig in die jurassischen Kalke hineingearbeitet, die auch die Schwelle zwischen ihnen bilden. Ihre tiefste Stelle liegt auch nicht über der Verwerfung sondern gleichfalls im Bereich der jurassischen Kalke. Mir scheint auch hier die Gesteinsgrenze die ausschlaggebende Rolle gespielt zu haben. Dies trifft sicher nicht für alle, aber gerade für einige der schönsten Karstbecken unseres Gebietes zu. Man kann wohl ORTOLANI und MORETTI in der Annahme folgen, daß der Bildung der Karstbecken eine fluviatile Phase vorausgegangen ist, wobei das im einzelnen hypothetische Talnetz seinerseits durch präexistierende apennisch streichende Bruchlinien mitbedingt sein dürfte [31]. Auch nach Beginn der Verkarstung muß oberflächlich abrinnendes Wasser zur korrosiven Ausgestaltung der Becken beigetragen haben, die Muldenform und die trockentalähnlichen „oberen" Enden der Becken lassen keinen anderen Schluß zu.

---

[29] ORTOLANI u. MORETTI a. a. O., S. 72.
[30] E. BENEO, Note illustrative della Carta Geologica d'Italia Foglio Sulmona a. a. O., S. 15.

[31] ORTOLANI und MORETTI, a. a. O., S. 117: «Qui il carsismo si è sovrapposto per lo più a forme di erosione normale, predisposte a loro volta dalla conformazione tetonica.»

Terminologisch möchte ich die beschriebenen Becken durchaus zu den Poljen rechnen. Der Ausdruck „Karstmulde" oder „Karstwanne" ist viel zu unbestimmt. Sie gehören zu den „Talpoljen", die sich mit Vorliebe in karsthydrographischen Gunstzonen entwickeln. Der Terminus technicus „Uvala", den ORTOLANI und MORETTI für die Piani von Viano und Vuto bevorzugen [32]), sollte wohl nur im fortgeschrittenen Dolinenkarst Verwendung finden.

Nur kurz sollen die größeren Beckenformen gestreift werden, die das hier behandelte Gebiet der kleinen Talpoljen umrahmen. Das Campo Imperatore (im weiteren Sinne) ist seinem Formenschatz nach ein großer, fast allseitig von höheren Rücken und Graten um einige hundert Meter überragter „Piano" mit einem von Moränen und jungen Schuttkegeln bedeckten, flach zertalten und vielfach verkarsteten Boden, der sich von 1670 m nach Südosten auf rund 1500 m senkt (Abb. 25). Hier greifen junge Taleinschnitte schluchtartig in ihn ein, im übrigen setzt er sich ohne klare Begrenzung hier in das verkarstete Flachrelief nordöstlich von Castel del Monte fort. In seiner Mitte erhebt sich restbergartig der Monte Paradiso (1800 m), wie die Gruppe des Monte Bolza (1957 m) aus Kieselkalken des Eozän besteht. Im übrigen wird die südliche Umrahmung des Campo Imperatore von Höhen aus kretazischen Kalken, die nördliche aus jurassischen und triadischen Kalken und Dolomiten gebildet. ORTOLANI und MORETTI neigen dazu, im Campo Imperatore eine primär tektonische Depression zu sehen [33]), aber man geht wohl nicht fehl, dem Karstprozeß eine wesentliche Rolle bei der Ausgestaltung dieser eigentümlichen breiten Hochtalung zuzuschreiben. Ich bin geneigt, auch das Campo Imperatore für ein Polje zu halten, dessen Umrahmung freilich im Südosten zerstört ist. Auf die starke Verschüttung durch jungpleistozänen (glazialen) und postpleistozänen Detritus, der die Karstformen weitgehend verhüllt, hat schon Almagià hingewiesen.

Das Becken von Capestrano-Ofena, das heute wenigstens in seinem südlichen Teil von dem durch mächtige Karstquellen gespeisten Fiume Tirino zur Pescara entwässert, ist zweifellos ein jung geöffnetes Karstpolje, das sich im Grenzgebiet der jurassischen, kretazischen und eozänen Kalke gebildet hat. Brüche sind nicht beteiligt. Ein Rest von altpleistozänen Seeablagerungen südlich Ofena, etwa 70 m über dem alluvialen Beckenboden „il piano", bezeugt, das das Polje zu dieser Zeit noch geschlossen war.

Im Bereich von Barisciano reichen altpleistozäne Schotter und vielleicht dem Villafranchiano angehörende Seeablagerungen bis über 1000 m hinauf, wohl in Fortsetzung des Beckens von Aquila. In sie eingesenkt ist die langgestreckte, poljenartige Talfurche von Navelli, sich von 800 m bei Castelnuova sanft nach Südosten bis zum Lago die Collipietro in 672 m senkt. Dieser Südteil hat aber einen — sicher erst jungen — talartigen Ausgang zum Valle Porata und damit zum Fiume Tirino. Die Zerschneidung und tektonische Verstellung der altpleistozänen Ablagerungen weisen auf nicht unerhebliche Krustenbewegungen hin, die das Gebiet noch während des Pleistozän betroffen haben.

VI. Die Piano delle Cinquemiglia und die „Quarti" bei Roccaraso

Am Beispiel dieser letzten, eindrucksvollen Poljegruppe, die man auf der nach Apulien führenden Staatsstraße Nr. 17 südlich Sulmona quert, soll noch einmal das schon bei der Erwähnung des Poljes von Rocca di Cambio-Ovindoli auftauchende Problem der Rolle nichtkalkiger karsthydrographisch undurchlässiger Schichten aufgegriffen werden, zugleich aber auch die Frage der hohen Randniveaus, die manche Poljen begleiten.

Es handelt sich um den „klassischen" Piano delle Cinquemiglia, dessen Größe schon in den Namen eingegangen ist, das Polje des „Quarto Grande" und „Quarto Chiara" sowie das nach Süden durch das Valle del Raso geöffnete Polje von Rivisondoli-Roccaraso.

Mit diesem Gebiet hat sich schon A. RÜHL (1911) beschäftigt, auf dessen Beschreibung hier hingewiesen werden kann [34]). Allerdings müssen einige von ihm unerwähnt gelassenen Punkte nachgeholt werden.

Der Piano della Cinquemiglia ist ein ebensohliges 9 km langes und bis zu 2 km breites Polje, das sich von 1275 m im NW auf 1234 m im SE mit einem dem Auge unmerklichen Gefälle senkt. Es liegt größtenteils im Bereich der massigen kretazischen Kalke, die den 2127 m hohen Monte Rotella zusammensetzen und auch die rund 50 m hohe Schwelle bilden, die den Poljenboden vom Becken von Roccaraso trennt. Nur im mittleren Teil treten jurassische Kalke, die den Monte Paradiso zusammensetzen und durch ihre etwas stärkere Zertalung auffallen, von Südwesten her an das Polje heran. Der Boden des Polje besteht aus feinkörnigem, eckigem oder doch fluviatil geschichteten Kalkschutt, bei dem es sich wahrscheinlich um verfrachtetes Solifluktionsmaterial handelt (aufgeschlossen bei km 131 der Straße) und aus graubraunem an der Oberfläche ziemlich steinfreien Lehm.

[34]) A. RÜHL, Studien in den Kalkmassiven des Apennin V. Die Region der Altipiani. Zeitschr. d. Ges. f. Erdk. Berlin 1911, S. 80 ff.

[32]) A. a. O., S. 71.
[33]) A. a. O., S. 39.

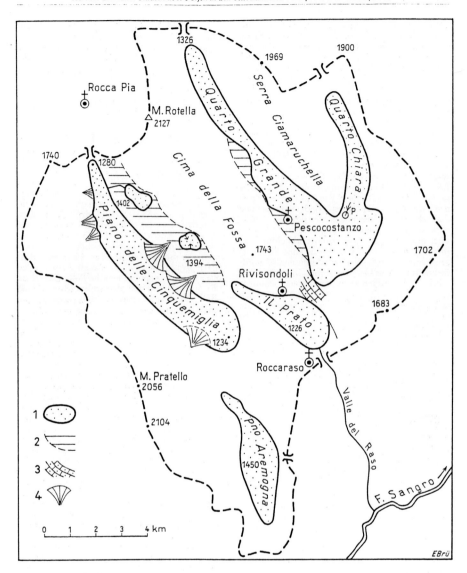

Karte 8: Die Poljengruppe von Roccaraso

1. Aufschüttungsboden der Poljen bzw. Karsthohlformen in der Randterrasse des Piano delle Cinquemiglia;
2. Randterrasse; 3. tertiäre Sandsteine und Kalksandsteine der Schwelle von Rivisondoli; 4. postglaziale Schuttkegel.

Die Piani des Quarto Grande und Quarto Chiara, die unterhalb von Pescocostanzo in einen gemeinsamen Poljeboden einmünden, im übrigen aber durch den hohen SE streichenden Rücken Serra Ciamarucchio voneinander getrennt werden, sind ähnlich gestaltet. Auch hier setzt der Poljeboden mit einem Knick gegen die steilen Kalkhänge ab. Der Boden des Quarto San Chiara wird gelegentlich überflutet, während der Quarto Grande meist trocken bleibt. Die Rücken Rotella und Pizzalto bestehen aus Kreidekalk, die östliche Bergumrahmung aus Eozän, das auch in der Furche des Quarto Grande eingefaltet ist. Die Erfahrung, daß sich Poljen mit Vorliebe an der Grenze zweier verschieden verkarstungsfähiger Gesteine entwickeln, findet in diesen Poljen eine gute Stütze. Aber die südliche Begrenzung des Polje wird durch nichtkalkiges Tertiär gebildet. Diese Sandsteine und Kalksandsteine von Molassetyp bilden die Schwelle, über die man in das südlich gelegene Polje von Rivisondoli-Roccaraso gelangt. Dessen Boden ist gleichfalls völlig eben, aber er entwässert durch die junge Erosionsschlucht des Valle del Raso unterhalb Roccaraso.

Für RÜHL lautete das Problem: kann eine poljeartige Hohlform, an deren Hängen teilweise noch nichtkalkige, tonig-sandige Gesteine auftreten und die (an der Schmalseite) durch einen Riegel dieser Gesteine abgeschlossen ist, durch chemischen Ausraum, also auf karstkorrosivem Wege entstanden sein? RÜHL verneint diese Möglichkeit. Für ihn bleibt nur die Alternative „mechanische Ausräumung" oder „tektonischer Einbruch" übrig. Er schließt einen Kompromiß: „Am wahrscheinlichsten dürfte es sein, daß es sich hier um tektonisch vorgebildete, aber durch Ausräumung (gemeint ist mechanische Ausräumung durch Erosion) umgestaltete Hohlformen handelt". Aber wie soll man sich eine mechanische Ausräumung geschlossener Hohlformen vorstellen? Jede Ausräumung auf erosivem oder denudativem Wege setzt ein gleichsinniges Gefälle voraus. Im sogen. „fluviatilen" Formenschatz gibt es keine „Übertiefung" unter die örtliche Erosionsbasis.

In unserem Fall ist die Vertiefung der beiden poljeartigen ebensohligen Becken des Quarto Grande und Quarto Chiara unter die aus undurchlässigen Sandsteinen (der Molassegruppe) bestehenden Schwelle, die sie vom „Prato" von Roccaraso trennt, beträchtlich. An deren tiefsten Punkt erniedrigt sich die Schwelle 1280—1290 m, während der Boden der beiden Quarti in 1250 m Höhe und der des Prato von Roccaraso in 1226 m Höhe liegt. An der Straße, die von Roccaraso nach Pescocostanzo hinüberführt, sind saigere, fossilreiche Kalksandsteine mit zahlreichen Fossilabdrücken erschlossen.

Bild 23: Moräne des Piano di Campo Felice. Blick nach Süden in das Polje

Bild 24: Piano di Viano zwischen Calascio und S. Stefano

Bild 25: Westteil des Campo Imperatore

Bild 26: Piano delle Cinquemiglia
Verebnungsreste am Ost-Hang (3 Niveaus). Das unterste Niveau ist das Niveau der Randterrasse. In der Mitte periglaziale Schuttkegel, geringe Zerschneidung.

Obwohl es sich also bei dieser „Schwelle von Rivisondoli" um Gesteine handelt, die dem normalen Verkarstungsprozeß nicht unterworfen sind, weisen die nördlich davon liegenden Becken alle Merkmale eines „echten" Poljes auf: den ebenen, periodisch überschwemmten Poljeboden der durch ein Ponor (bei Pizzo di Coda) unterirdisch entwässert und die graden Kalkhänge, die mit deutlichem Knick gegen den Poljeboden absetzen. Nur die Sandsteine im Süden des Poljes scheinen das klassische Bild zu stören.

Nun sind aber in letzter Zeit Fälle bekanntgeworden, bei denen eine karstkorrosive chemische Ausräumung verbunden mit mechanischem Abtransport von Feinmaterial auf karstkorrosivem Wege zur Entstehung von poljeartigen Hohlformen führt. Ich habe aus Cuba solche „Randpoljen" beschrieben, die von einer Seite mit undurchlässigen Gesteinen abgeschlossen werden und — bei unterirdischer Entwässerung — gegen den Kalk vorwachsen[35]. Im Grunde ist dies ein Grenzfall der Regel, daß sich Poljen mit Vorliebe am Kontakt zweier verschieden verkarstungsfähiger Gesteine entwickeln. Allerdings erfolgt die unterirdische Drainage in diesen tropischen Beispielen durch geschlossene Systeme von Höhlenflüssen, in denen streckenweise sogar grobklastisches nichtkalkiges Material transportiert werden kann. Es liegt mir fern, die Erfahrung aus dem tropischen Karst von Cuba auf den ganz anders gearteten Karst der gemäßigten Breiten zu übertragen. Sie lehrt aber, daß das Auftreten unlösbarer Gesteine kein Hindernis für eine karstkorrosive Übertiefung in den angrenzenden Kalken zu sein braucht, ja unter Umständen der Anlaß zu einer von der Gesteinsgrenze ausgehenden Poljenbildung sein kann. H. LOUIS und J. ROGLIĆ glauben sogar, daß das Vorkommen nichtlöslicher Gesteine in Kalkgebieten die Entstehung von Poljen begünstigen, indem gerade diese Gesteine das Material zur Abdichtung der Poljeböden liefern. Das Verwitterungsmaterial des nichtlöslichen Gesteins mag dabei — ebenso wie der nichtlösliche Rückstand des Kalkes — nicht nur den Poljeboden auffüllen, sondern zum Teil auch unterirdisch abgeführt werden, sofern es nur fein genug aufbereitet

---

[35] „Erdkunde" Bd. X, 3, 1956, S. 194 f.

wird. Auch Terra rossa kann von außen her tief in das Berginnere verfrachtet werden, sie verstopft die karsthydrographisch wirksamen Wasserwege, aber neue entstehen durch Lösung. Der auf diese Weise durch die Ponore in das Berginnere und durch das Kalkgebiet hindurch gelangende Anteil suspendierten unlöslichen Materials mag außerhalb der Tropen nicht groß sein, aber es muß doch in Rechnung gestellt werden. — Hier wie im Fall des Poljes von Rocca di Cambio-Ovindoli ist das Auftreten von Molassesandsteinen ersichtlich kein Hindernis für die chemische Ausräumung bzw. karstkorrosive Übertiefung in den angrenzenden Kalkgebieten gewesen. Die Tatsache, daß ein abflußloses, allseitig geschlossenes Karstbecken entstanden ist, läßt sich nicht leugnen.

Allerdings dürfte auch hier eine Phase fluviatiler Erosion vorausgegangen sein, möglicherweise bei einer wesentlich niedrigeren Lage des Gebietes. Die genannten Polje einschließlich dem ganz im Kalk liegenden Piano delle Cinquemiglia, für die sich daher das eben diskutierte Problem nicht stellt, liegen zwischen den 1700 m bis über 2000 m hohen plumpen Kalkrücken in wahrscheinlich tektonisch vorgezeichneten Talungen mit Talwasserscheiden von nur 1280, 1250, 1326 und 1387 m Höhe. Über ihnen sind an den wenig gegliederten

„walfischartigen" (RÜHL) Bergrücken deutliche Verebnungen in verschiedenen Höhenlagen entwickelt, die sich allerdings schwer über längere Erstreckungen hin verfolgen lassen, aber über die Poljenbegrenzung hinaus weiterziehen. Besonders schön sind sie an der Südwestflanke des Monte Rotella (bzw. der Cima della Fossa) zu beobachten, die den Piano delle Cinquemiglia begrenzt. [Abb. 26.] Außer höheren Niveauresten ist hier eine breite Randstufe in etwas über 1400 m Höhe entwickelt, die durch eine in kleinere Karstbecken (Pontaniello, Lago San Egidio) vom Haupthang getrennt ist. Es handelt sich um ein älteres heute verkarstetes Niveau. Vielleicht ist es nur ein Zufall, daß am Nordosthang der Cima della Fossa ein gleichhohes Randniveau angedeutet ist (Le Fratte 1401 m, Burg von Pescocostanzo 1395 m). Es läßt sich aus den wenigen Resten kein durchgehendes Niveau rekonstruieren, zumal da an den gegenüberliegenden Flanken der Poljen keine Verebnungen in der gleichen Höhe entwickelt sind. Doch sind in ihnen und den höheren Verebnungsresten, die der Kalk gut bewahrt, zweifellos ältere Phasen der Eintiefung angedeutet. Ob es sich um Talböden oder Reste alter Karstverebnungen handelt, läßt sich nicht feststellen. Das Erstere erscheint mir wahrscheinlicher, weil in dieser Höhe eine durchgehende Kommunikation von Becken zu Becken nach Art eines Talsystems vorhanden ist.

Diese alten Niveaureste sind übrigens auch geeignet, die Annahme einer primären tektonischen Entstehung der Becken als Becken zu widerlegen. Eine lokale Absenkung wollte schon RÜHL nicht sehr plausibel erscheinen. Relativ junge Bruchzonen, die ab und zu eine postume Wiederbelebung erfahren, können im einzelnen mitspielen; noch vor wenigen Jahrzehnten ist Roccaraso durch ein tektonisches Erdbeben gründlich zerstört worden. Aber sie führen schwerlich zu geschlossenen Hohlformen begrenzten Umfanges.

Zusammenfassung

Die untersuchten „Piani" in den venezianischen Voralpen und im Hochapennin sind allein durch korrosive Karstprozesse geschaffen worden. Eine Mitwirkung tektonischer Vorgänge — Einmuldung oder Einbruch — bei der Bildung der Hohlform als solcher ist nicht nachzuweisen, vielmehr sind dem Verkarstungsprozeß (fluviatile) Einebnungs- bzw. auch Zertalungsphasen vorausgegangen, die ihrerseits die älteren tektonischen Strukturen schneiden. Diese Strukturen schaffen für den postumen Verkarstungsprozeß Zonen der Begünstigung. Als solche sind vor allem Gesteinsgrenzen zwischen zwei verschieden verkarstungsfreudigen Gesteinen anzusehen, während die Brüche mehr die voraufgegangenen Tal- und Verebnungssysteme beeinflußt haben. Man kann also nur von einer im wesentlichen petrographisch bedingten „Akkordanz" der Karstbecken an die tektonischen Strukturen reden. Die Karstbecken wachsen auf Kosten des jeweils verkarstungenfreudigeren Gesteins in dieses hinein, auch da, wo eine — fluviatil herausgearbeitete — Verwerfung den Ansatz der Verkarstung bildet.

Das Alter der heutigen Karstbecken reicht nicht weiter als bis in das Mittelpliozän zurück. Über die Natur der voraufgegangenen Verebnungsprozesse, deren jüngere Phasen z. T. noch in „Randterrassen" am Rande einiger Karstbecken erkennbar sind, läßt sich wenig sagen. Sie sind wahrscheinlich fluviatiler Natur und bei einer relativ niedrigen Lage über der Erosionsbasis entstanden. Im Appennin und in den venezianischen Voralpen reichen sie in das Pont zurück ohne daß es in irgendeiner Phase zu einer durchgehenden Rumpffläche gekommen wäre. Die Bildung der Karstbecken beginnt mit der sprunghaften aber ungleichförmigen und mit Brüchen verbundenen Heraushebung des alten Flachreliefs. Sie setzt sich bis in das Altpliozän fort, doch hat die würmeiszeitliche Vergletscherung die Karstbecken im wesentlichen schon in der heutigen Form vorgefunden. Die Schmelzwasser der Gletscher, die in Karstbecken endeten, fanden dabei ihren Abfluß auf karsthydrographischem Wege, wobei sich zeitweilig Karstseen bildeten. In den nichtvergletscherten Karstbecken äußert sich die Würmeiszeit durch Auffüllung der Beckenböden mit periglazialem Solifluktionsschutt, der den ebenen Beckenboden bedingt und durch Auskleidung der Hänge mit Solifluktionspolstern bzw. Solifluktionsdecken. Die postglaziale Entwicklung der Poljen beschränkt sich auf die Bildung bzw. Weiterbildung von Dolinen, die Tieferverlegung einiger Ponore, verbunden mit einer beginnenden Zerschneidung der Poljeböden sowie auf die Zerschneidung der periglazialen Solifluktionsdecke und der zugehörigen Schuttkegel unter Bildung jüngerer Schuttkegel. Der holozäne Anteil in den Poljeaufschüttungen ist vergleichsweise gering.

Terminologisch müssen die untersuchten Karstbecken als „Poljen" angesehen werden — wobei dieser terminus technicus nicht mehr im Sinne von A. GRUND an die Bedingung einer direkten Beteiligung von tektonischen Einbrüchen an der Schaffung der Hohlform gebunden werden darf, aber auch nicht unbedingt an das Vorhandensein einer karstkorrosiven horizontalen Verebnung unter den Poljeablagerungen. Bei einer solchen Ausweitung des Poljebegriffs, die allein der Vielfalt der poljeartigen Karsthohlformen außerhalb des dinarischen Karstes gerecht wird, muß man natürlich eine klassifizierende Unterteilung treffen, die nach genetisch-physiognomischen Gesichtspunkten vorgenommen werden sollte.

Poljen sind zwar in der Regel an karstmorphologische Gunstzonen geknüpft („karstmorphologische Strukturakkordanz"), eine Einteilung nach den geologischen Strukturen, wie sie CVIJIĆ versucht hat, scheint aber nicht zweckmäßig. In dem hier betrachteten Raum kann man dagegen nach physiognomischen und morphogenetischen Gesichtspunkten unterscheiden zwischen

I. Hochflächenpoljen
ohne Talsystem als Vorläufer, eingesenkt in ein gehobenes Flachrelief
a) ebensohlige Beckenpoljen (dinarischer Typ) mit pleistozäner Beckenfüllung. Beispiel: Polje von Castelluccio.
b) Muldenpoljen ohne nennenswerte Beckenfüllung und ohne scharfen Knick zwischen Beckenboden und Hang, kessel- und muldenartig gekammert. Beispiel: Nordteil des Polje von Bosco del Cansiglio, Piano Piccolo in den Sibillinischen Bergen.

II. Talpoljen
bei denen die Karsthohlform in ein älteres Talsystem bzw. einem fluviatil zerschnittenen Altrelief eingesenkt sind

147

a) ebensolige Aufschüttungstalpoljen mit scharfem Knick zwischen Poljeboden und Hang. Beispiel: Campo Felice, Piano di Pezza, Piano delle Cinquemiglia.

b) muldenförmige Talpoljen ohne scharfe Grenze zwischen Beckenboden und Hang. Beispiel: Piano Vuto, Piano Viano.

III. Semipoljen

physiognomisch und karsthydrographisch echte Poljen, die jedoch an einer Seite von undurchlässigen, nicht verkarstungsfähigen Gesteinen begrenzt werden

a) komplexe Semipoljen, bei denen das nichtkalkige Gestein einem größeren verkarsteten Kalkkomplex eingelagert ist. Beispiel: Polje von Rocca di Cambio und Ovindoli, Polje des Quarto Grande und Quarto Chiara

b) Randpoljen, die sich an der Grenze zwischen größeren nichtverkarstungsfähigen Gesteinskomplexen und Karstgebieten finden. Im Hochapennin kein Beispiel, doch nachgewiesen auf Cuba und Jamaica.

Der als Notbehelf vorgeschlagene Ausdruck „Semipolje" ist nicht identisch mit dem in der Karstliteratur gelegentlich gebrauchten Ausdruck „Halbpolje" und auch nicht mit dem eines (fluviatil) „geöffneten" Polje. Die hier gegebene Einteilung beansprucht keine Allgemeingültigkeit, sie erscheint mir aber für die Polje der Apenninhalbinsel geeignet.

148

Der tropische Karst von Maros und Nord-Bone in SW-Celebes (Sulawesi)

Von

M. A. SUNARTADIRDJA und H. LEHMANN

Mit 13 Abbildungen

1. Vorbemerkung

Auf der südwestlichen Halbinsel von Celebes (Sulawesi) sind zwei morphologisch verschiedene Typen des tropischen Kegelkarstes entwickelt, der *„Mogoten-Typ"* und der *„Gunung Sewu-Typ"*. In der westlichen Gebirgskette erhebt sich bei Maros (nördlich Makassar) mit steiler Mauer und vorgelagerten, aus der Karstrandebene aufragenden turmartigen Mogoten ein völlig ungangbares, wildes Karstplateau, das in allen Einzelheiten dem Karst der Sierra de los Organos auf Cuba gleicht. In dem Kalkgebiet von Nord-Bone dagegen liegt der stärker aufgelockerte Halbkugelkarst vor, der auch im klassischen Gunung Sewu auf Java [1] im Cockpitcountry auf Jamaica und auf Puertorico das Bild bestimmt [2]. Das Nebeneinander der beiden tropischen Kegelkarsttypen legt es nahe, die umstrittene Frage, ob die verschiedenartige Ausbildung auf das verschieden hohe Alter der Verkarstung, auf die verschiedene Gesteinsbeschaffenheit oder auf unterschiedliche tektonische Verhältnisse zurückzuführen sind, gerade hier zu studieren. Es fehlt nicht an geologischen Vorarbeiten und zahlreichen guten Einzelbeobachtungen morphologischer Art. H. LEHMANN hat anschließend an seine Studien im Gunung Sewu in Java die beiden so verschiedenartigen Karstgebiete im Jahre 1933 bereist. Aber erst der Vergleich mit den westindischen Karstgebieten lieferte den Schlüssel zum vollen Verständnis der in Südwest-Celebes vorliegenden Karsttypen. Nunmehr hat M. A. SUNARTADIRDJA an Hand der ihm dankenswerterweise zugänglichen Luftbilder, der recht brauchbaren Karten und der geologischen

---

[1] H. LEHMANN, Morphologische Studien auf Java. Geogr. Abhandl. begründet von A. PENCK. III, 9. Hierin auch die ältere Literatur über das Gebiet. Stuttgart 1936.

[2] H. LEHMANN, Der tropische Kegelkarst in Westindien. Deutscher Geographentag Essen, Tagungsbericht, Wiesbaden 1955.

Literatur die Verbreitung der Kalkgebiete und ihres Formenschatzes in SW-Celebes kartieren können [3]). Die nachfolgende Analyse fußt auf dem gemeinsamen Gedankenaustausch der beiden Autoren

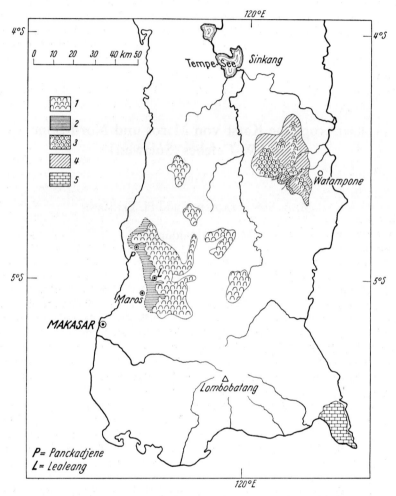

Abb. 1. Karstmorphologische Karte von SW-Celebes (Sulawesi). Entwurf M. A. Sunartadirdja
  1 Steilwandiges Kegelkarstrelief (Mogotentyp)
  2 Karstrandebene von Maros-Pangkadjene
  3 Kegelkarstrelief mit Kuppen (Gunung-Sewu-Typ)
  4 Korrosionsebenen im Kalk von Bone
  5 Pleistozäne Korallenkalktafel ohne Kegelkarstrelief mit gehobenen Brandungshohlkehlen.
    L = Lealleang   P = Pangkadjene

[3]) M. A. Sunartadirdja, Beiträge zur Geomorphologie von Südwest-Sulawesi. Diss. Frankfurt/Main 1959.

2. Das Karstgebiet von Maros

Das Karstgebiet von Maros gehört zur westlich der Walanaefurche verlaufenden Gebirgskette, nimmt aber nur einen relativ kleinen südwestlichen Teil dieses Gebirgszuges ein. Es grenzt im Süden an den Lombobatangkomplex.

Nach den Angaben von BÜCKING, VERBEEK, 't HOEN und ZIEGLER finden sich hier im wesentlichen eozäne [4]) Kalke bedeutender Mächtigkeit und beachtlicher horizontaler Erstreckung. Wegen der reichen Vorkommen von Nummuliten und Orbitoiden bezeichnen wir das Gestein vereinfacht als Nummulitenkalk, zum Unterschied von den Korallenkalken des Jungtertiärs.

Die eozänen Kalke des Karstgebietes von Maros sind relativ rein und grobbankig. Sie liegen — wenn wir der Auffassung VAN BEMMELENS folgen [5]) — dem prätertiären, aus kristallinen Schiefern und Gneisen sowie wahrscheinlich kretazischen Schichten mit ophiolitischen Ergüssen bestehenden Sockel auf. Andererseits werden sie überdeckt von den mittelmiozänen, basaltoandesitischen Vulkaniten (Tuffen, Breccien und Laven), die die Hauptmasse der westlichen Gebirgskette aufbauen. Nur streckenweise sind die Kalke von der hangenden Decke entblößt — am ausgedehntesten bei Maros. Wir dürfen als Ursache eine spätmiozäne bis frühpliozäne Verebnung annehmen, die Kalke und hangenden Tuffe schneidet. Sie bildet anderorts wahrscheinlich die Auflagefläche der „*jungtertiären*" Sedimente, die im wesentlichen marines Pliozän umfassen. Die Verkarstung kann erst auf dieser im Spätmiozän oder Frühpliozän herausgehobenen Verebnung eingesetzt haben. Genauere Untersuchungen über das Alter der Ausgangsfläche der Verkarstung, die in der „*Gipfelflur*" des Karstgebietes von Maros morphologisch noch deutlich zum Ausdruck kommt, stehen noch aus. Ihre Datierung hängt im wesentlichen von den in grober Annäherung als Mittelmiozän beschriebenen vulkanischen Deckschichten ab. Auf jeden Fall können wir dem Beginn der Verkarstung kaum ein früheres Alter als „*Postmittelmiozän*" zuschreiben.

Morphologisch gleicht also das Gebiet von Maros weitgehend der gut bekannten Sierra de los Organos auf Cuba, deren Kalke freilich jurassisches bis kretazisches Alter haben. Aber auch dort ist die Schnittfläche, von der die heutige Verkarstung ausging, wesentlich jünger als das Gestein [6]).

Als Ganzes gesehen haben die Kalkmassen einen plateauartigen Charakter, doch betrifft dies nur das Niveau der Kuppen, die wie im Gunung Sewu eine gleichförmige „Gipfelflur" bilden. Zwischen ihnen führen steilwandige Schlote („cockpits") in die Tiefe, die im Verein mit der starken Karrenbildung das Gelände schlechthin ungangbar machen. (Als „onbegaanbaar Terrein woest kalkgebergte" ist es auf den Top. Karten 1 : 50 000 bezeichnet.)

Nach den Angaben der Top. Karten betragen die relativen Höhen der meisten Karsterhebungen im Gebiete von Pangkadjene und Maros 100 m bis 350 m ü. N.N. Gewöhnlich haben die aufragenden Karstkegel noch einen breiten gemeinsamen Sockel, sind aber auch vielfach bereits zu isolierten Inselbergen, den sog.

---

[4]) C. 'T HOEN & ZIEGLER, Verslag over de resultaten von Geolog. Mijubouwkundige Verkenningen in Z.W.-Celebes. Jaarb. v. h. Mijuwezen in N.J. Verhand. II, S. 1—129.
[5]) R. W. VAN BEMMELEN, The Geology of Indonesia, The Haque 1949.
[6]) S. MASSIP & S. E. YSALGUÉ DE MASSIP, La Cordillera de los Organos en la parcion occidental de Cuba. Comptes rendues du Congr. Int. d. Géographie, Lisbonne 1949, II, Lisbonne 1950, S. 734 ff.

4*

Mogoten, korrodiert worden. Die SARASINS[7]) beschreiben den Eindruck des Gebietes wie folgt:

„Die Kalkfelsenschwärme fließen bergwärts zu großen Massen zusammen, tiefe und enge Clusen zwischen sich bildend, welche sich gegen das Gebirge hin keilförmig verengen, und weiter steigen diese Massen empor, während sie meerwärts zungenförmig Gruppen bildend sich ausziehen, um mehrere Kilometer von der Küste entfernt aufzuhören."

Auch WALLACE [8]) beschreibt den allgemeien Charakter des Kegelkarstgebietes von Südwest-Sulawesi mit sehr anschaulichen Worten:

„Solche Schlunde, Klüfte und Abgründe, wie sie hier überall sind, habe ich nirgends sonst im Archipel gesehen. Man findet fast stets schräg abfallende Oberflächen und ungeheure Wälle und rauhe Felsmassen schließen alle Berge und Täler ein. Vielerorts trifft man auch senkrechte oder selbst überhängende Felsen von 500 bis 600 Fuß Höhe, und doch sind sie vollständig mit einem Pflanzenteppich belegt. Farne, Pandanaceen, Sträucher, Schlinggewächse und selbst Waldbäume sind in ein immergrünes Netzwerk verschlungen, durch dessen Lücken der weiße Kalksteinfelsen oder die dunklen Höhlungen und Klüfte, die überall zu finden sind, hindurchscheinen. Diese Abgründe können wegen ihrer besonderen Struktur eine solche Fülle von Pflanzen bergen. Ihre Oberfläche ist sehr unregelmäßig, in Löcher und Spalten zerrissen und mit Riffen, welche die Mündungen düsterer Höhlen überragen, bedeckt; aber von jeder vorspringenden Partie herab haben sich Stalaktiten gebildet, oft in wilden gothischen Schnörkeln über Gruben und zurücktretenden Vertiefungen; diese bieten den Wurzeln der Büsche, Bäume und Schlingpflanzen einen vortrefflichen Halt, sie gedeihen üppig in der warmen reinen Atmosphäre und in der wohltuenden Feuchtigkeit, welche beständig aus den Felsen ausschwitzt. An Orten, wo der Abhang eine ebene und feste felsige Oberfläche bietet, bleibt er ganz nackt oder nur spärlich mit Flechten und mit Farnbüschen besetzt, welche auf den kleinen Riffen und in den unbedeutendsten Lücken wachsen."

Diese älteren Beschreibungen geben gerade durch ihre morphologische Unvoreingenommenheit den Charakter des Kegelkarstgebietes überaus treffend wieder. Gegen die tischflache, ausgedehnte Karstrandebene von Bantimurung im Süden und Lealleang im Norden fällt das Kalkplateau mit fast senkrechten, buchtartig zerschnittenen Wänden ab. Hier werden die Kontraste im Landschaftsbild besonders deutlich. Es ist nur allzu verständlich, daß dieser Steilrand seit den SARASINS immer wieder als Kliff gedeutet worden ist. Wir werden zeigen, daß diese Auffassung nicht haltbar ist. In der Tat gleicht der Steilrand bis in alle Einzelheiten dem Steilrand der Sierra de los Organos über der Karstrandebene (bzw. dem Randpolje) bei Viñales auf Cuba, an dessen Entstehung auf dem Wege der rückschreitenden Karstkorrosion (*„Lösungsunterscheidung"*) seit den Untersuchungen von H. LEHMANN und K. KRÖMMELBEIN nicht mehr gezweifelt werden kann (Abb. 2).

---

[7]) P. u. F. SARASIN, Entwurf einer geographisch-geologischen Beschreibung der Insel Celebes. Wiesbaden 1901.

[8]) A. R. WALLACE, Der malayische Archipel, 2 Bd., Braunschweig 1869.

Wie in der erwähnten Sierra Viñales bildet auch bei Maros die „Gipfelflur" der Kuppen kein gleichbleibendes Niveau. Nördlich von Maros werden Höhen von 450 m bis zu 700 m über dem Meer erreicht, im Osten sogar über 700 m. Die Luftaufnahmen des Karstgebietes in der Umgebung von Maros zeigen deutlich, wie die dicht geschart aufragenden Karstkegel durch lange schmale und eingetiefte Schluchten (Karstgassen) voneinander getrennt sind. Kreuz und quer über die rauhe Oberfläche verläuft eine Anzahl kilometerlanger schnurgerader, tief abstürzender Schluchten, deren Länge und Breite unterschiedlich ist. Ganz offensichtlich handelt es sich hierbei um karstkorrosiv herausgearbeitete Störungen, wie wir das auch von Cuba kennen. N. HEYNING beschreibt in seinen Exkursionsberichten [9]) die Art der 5 m bis 6 m breiten Schluchten in der Nähe von Bantimurung:

„Es ist, als ob ein Messer das Kalkgebirge durchschnitten hätte und als ob die beiden Hälften bis zu einem Abstand von 5 m bis 6 m auseinander geschoben worden sind. In diesem engen Tal kommen an einigen Stellen geschlossene Wannen vor ohne oberirdische Entwässerung."

Wesentlich eindringlicher als diese über das ganze Gebiet verstreuten Wannen oder Poljen, von denen wir vor allem auf die nördlich von Lealleang gelegenen charakteristischen Poljen von Bontobonto und Daimanggala genannt seien, fallen die tiefen Buchten der Karstrandebene von Bantimurung im Süden und Lealleang im Norden ins Auge. Sie vor allem zeigen in typischer Weise die zurückschreitende Karstkorrosion durch Lösungsunterscheidung, nicht aber das Bild eines Kliffs (Abb. 3).

3. Die Poljen

In der Nähe der Karstrandebene finden sich einige relativ kleine geschlossene Hohlformen, die wir analog den Formen der Sierra de los Organos als Kleinpoljen auffassen müssen. Das größte von ihnen ist das Polje von Daimanggala. Es hat eine Oberfläche von etwa 6 qkm. Abgesehen von dem Mittelteil der Polje-Ebene, wo sich einige Siedlungen (unter anderem der Ort Daimanggala) befinden, ist der Boden zum größten Teil von Sawahs bedeckt. Unter den relativ armen Böden der umgebenden wenig besiedelten Karsterhebungen nehmen sich die Poljen wie Siedlungsoasen aus; die Sawahs deuten auf fruchtbaren Boden (Abb. 4).

Nach dem Luftbild zu urteilen, ist die Poljenfläche nicht ganz eben; hier und da ragen noch kleine Erhebungen empor, die zweifellos Kalkreste und isolierte Karstkuppen darstellen.

Bemerkenswert ist, daß das Polje keine glatten Umrisse aufweist, sondern weitgehend gebuchtet ist. Neben den steil aufragenden Kalkfelsen treten schräggeböschte Hänge auf; es handelt sich vermutlich um Schuttkegel, die durch Einsturz der durch Korrosionsunterschneidung gebildeten Überhänge entstanden sind. Die Felsränder ähneln denen der Karstrandebene von Lealleang (s. u.). Es treten einige fast isolierte Karstkuppen und -berge auf.

Aus dem buchtartigen Ostrand der Polje-Ebene entspringen einige Karstquellen und fließen in westlicher Richtung ab, da sich die Ebene von 150 m im

---

[9]) N. HEYNING, Verslag der excursie naar de G. Karango nabij Mandai en het Kalkgebergte van Maros in de Umgeving van Bantimurung. 1946. Unveröffentlicht; vom Verfasser dankenswerterweise zur Verfügung gestellt.

Osten auf 120 m im Westen abdacht. Am Fuß des Westrandes verschwinden die Flüßchen wieder in Ponoren. Die Tatsache, daß die Flüßchen als oberirdische Entwässerung in der Polje-Ebene auftreten, macht auf die Undurchlässigkeit des Bodens aufmerksam, der z. T. aus verschwemmtem Abtragungsmaterial nichtkalkigen Gesteins besteht.

Offensichtlich sind solche Poljen an Schwächezonen, d. h. an Bruchlinien mit und ohne Verwerfungen geknüpft, an denen die Korrosion angreifen konnte. Wir können das in der Umgebung von Bantimurung und Lealleang nachweisen. Die kreuz und quer verlaufenden Schluchten geben an ihren Schnittpunkten Anlaß zur Ausbildung breiterer Hohlformen, die gleichsam als Embryonen künftiger Poljen anzusehen sind.

Die Entstehung solcher kleiner Poljen aus karstkorrosiv erweiterten Klüften läßt sich besonders gut in der Nachbarschaft von Lealleang beobachten. Parallel zu einer tief eingreifenden Bucht der Karstrandebene verläuft eine Bruchlinie in nordöstlicher Richtung. Sie bildet eine breite Karstgasse, die sich an zwei Stellen zu kleinen Polje-Ebenen mit senkrechten Wänden erweitert (Abb. 5).

Die Weiterentwicklung solcher Karstwannen erfolgt durch seitliches Wachstum auf Grund von *„Lösungsunterschneidung"*. Benachbarte Poljen können auf diese Weise zusammenwachsen.

An der Nordwestecke der Polje-Ebene von Daimanggala öffnet sich ein breiter nicht oberflächlich entwässerter Durchgang in westlicher Richtung. Der Durchlaß weist eine wellige, bis in die Nähe des Randes, hügelige Oberfläche auf. Weil dieser Durchlaß das Polje von Daimanggala mit der westlich liegenden Karstrandebene verbindet, können wir von einer *„Verbindungsebene"* sprechen (SUNARTADIRDJA).

Der zweite Ausgang des Poljes von Daimanggala wird heute von dem Flüßchen Tammate durchflossen. Diese schmale Talebene erstreckt sich in südlicher Richtung und stellt die Verbindung zu einem kleineren Polje her, in dem der Ort Bontobonto liegt.

Auch das Polje von Bontobonto wird von buchtartigen Steilrändern umschlossen, die allerdings am Südrand eine deutliche Talung aufweisen.

Die Talung, die nur durch einige zerschnittene Kegelkarsterhebungen von dem trichterförmig zulaufenden Teil der Karstrandebene von Lealleang getrennt ist, ist im Begriff, sich allmählich in eine *„Verbindungsebene"* zu verwandeln.

Die Höhenlage des Poljes von Bontobonto entspricht etwa dem Polje von Daimanggala. Der Höhenunterschied beträgt höchstens 2 m. Das Auftreten der vielen Buchten und Talungen an den Karsträndern und der Verbindungsebene zwischen den Poljen zeigt deutlich die Entstehung dieses ziemlich ausgedehnten Poljes durch korrosive Erweiterung. Diese Art der Entstehung gleicht dem von CVIJIĆ u. a. angenommenen Zusammenwachsen von Dolinen zu Uvalas, nur daß hier im Gegensatz zum dinarischen Karst senkrechte, durch Lösungsunterschneidung entstandene Wände vorhanden sind. Es ist mehr eine Frage der Übereinkunft, ob wir diese Gebilde *„Uvalas"* oder, wie wir vorziehen, trotz ihrer Kleinheit, *„Poljen"* nennen. Die Mitwirkung der Tektonik beschränkt sich dabei, wie bei allen tropischen Poljen, auf das Vorhandensein präexistierender Bruchlinien, die selektiv von der Karstkorrosion bevorzugt werden und somit Ansatzpunkte der Poljen bilden.

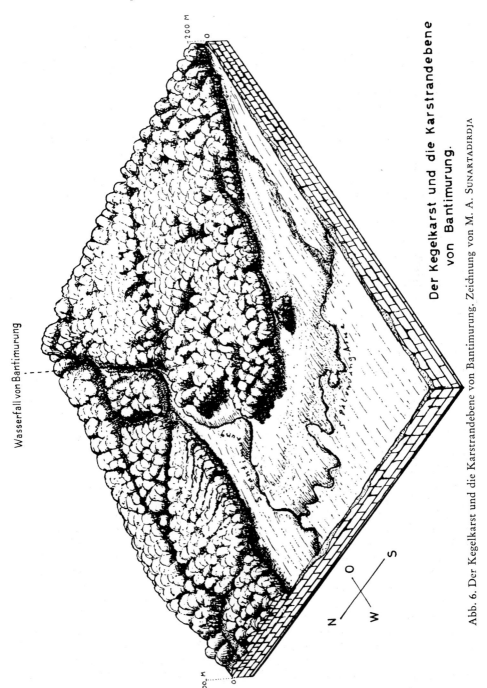

Abb. 6. Der Kegelkarst und die Karstrandebene von Bantimurung. Zeichnung von M. A. Sunartadirdja.

4. Die Karstrandebenen von Maros (Diagramm Abb. 6)

Unter Karstrandebene versteht man seit den Darlegungen von K. KAYSER [10]) eine überwiegend auf korrosivem Wege entstandene Ebenheit am Fuß eines höher aufragenden Kalkgebietes, die den Kalk selbst noch überschneidet. Es ist also der Nachweis zu führen, daß die Ebene bei Maros in ihrem Untergrund wirklich aus Kalk besteht. Dies wird erleichtert durch eine Anzahl isolierter Karrensteine und Miniaturkegel, die besonders bei Lealleang das Niveau der Ebene um 1 m bis 10 m überragen. P. und F. SARASIN haben sie abgebildet und als Abrasionstische gedeutet [11]). Sie zeigen in der Tat wie echte Abrasionstische dicht über dem Boden eine Hohlkehle, auf die schon WALLACE hingewiesen hat:

„Sie (die Kalkrestformen) sind alle kegelförmig, in der Mitte dicker als an der Basis, haben ihren größten Durchmesser in einer Höhe, welche dem Wasserstande bei überschwemmtem Lande in der nassen Jahreszeit entspricht, und nehmen von da an regelmäßig bis unten ab. Viele derselben hängen beträchtlich über, und einige der schlankeren Pfeiler scheinen nur auf einem Punkt zu ruhen. Wenn der Felsen weniger solide ist, so wird er von dem Regen der aufeinanderfolgenden Winter merkwürdig kleinzellig ausgewaschen, und ich bemerkte einige Massen, die ganz auf ein vollständiges Netzwerk von Stein reduziert und nach allen Richtungen hin durchsichtig waren." (Abb. 7.)

Abb. 7. Karrensteine und Korrosionshohlkehlen in der Karstrandebene von Lealleang

Dies ist das typische Bild von Karrensteinen bzw. Restfelsen, die sich über die Alluvionen erheben und im Inundationsniveau der wachsenden Karstrandebene eine Korrosionshohlkehle aufweisen. Sie sind von H. LEHMANN und H. v. WISSMANN auch aus anderen Gebieten beschrieben worden, wo von einer Meereswirkung nicht die Rede sein kann. Auch bei Maros handelt es sich nicht um Brandungs-

---

[10]) K. KAYSER, Morphologische Studien in Westmontenegro, II, Zeitschr. d. Ges. f. Erdkunde, Berlin 1955.
[11]) Vgl. die Bilder in „Entwurf..." von P. und F. SARASIN, 1901, Tafel II, Fig. 3 und 4.

hohlkehlen, sondern um typische Korrosionsformen. Im Niveau der Karstrandebene wird der Kalk bei den häufigen Überflutungen besonders stark chemisch angegriffen. Es bilden sich Grotten und Hohlkehlen, bis die Aushöhlung einen Grad erreicht hat, der das darüberlagernde Material zum Absturz bringt.

Der Boden der Karstrandebene im Karstgebiet von Maros besteht nach den Angaben von N. Heyning aus einem gelbbraunen Aufschüttungsmaterial, das viel Glimmer enthält. An der Oberfläche kommt ein brauner bis gelbbrauner Kies vor, wovon die Komponenten schön abgerundet und nicht größer als große Erbsen sind. Heyning vermutet, daß diese undurchlässige Schicht aus Konkretionen einer Eisenverbindung besteht. Sie kommt sehr verbreitet vor und ist als eine typische Erscheinung tropischer Bodenbildung anzusprechen. Auch das Bodenprofil in den Poljen der Sierra de los Organos auf Cuba weist solche Konkretionen auf. Die Bedeckung der Karstrandebene besteht nicht nur aus den Verwitterungs- und Lösungsrückständen des autochthonen Kalkes, sondern enthält allochthones vulkanisches Material, worauf das Glimmervorkommen und der hohe Fe-Gehalt hinweisen. Auch im dinarischen Karst und anderen Karstgebieten enthalten die Karstrandebenen vielfach allochthone Aufschüttungen. Nach H. Louis sind sie sogar vielfach die Vorbedingung für die Abdichtung der Wasserbahnen und damit für die Korrosionsebenen [12]).

Die über den Fußunterschneidungen steil abbrechenden Kalkfelsmassen bilden hier und da noch mehr oder weniger große Schuttkegel. In der Regel wird das über den Unterschneidungshohlkehlen niederbrechende Material durch starke chemische Verwitterung während der Überschwemmungsperioden schnell aufgezehrt. An der Stelle, wo die überhängende Kalkfelsmasse abbricht, tritt eine senkrecht aufragende hellfarbige Kalkwand auf, die schon viele Betrachter — durch die Nähe der Küstenebene dazu verführt — als über Brandungshohlkehlen entstandene alte Kliffküste deuteten (Abb. 8).

Die Ansicht, daß die Hohlkehlen Brandungshohlkehlen sind, kann heute nicht mehr aufrecht erhalten werden. In der heutigen Form jedenfalls ist der Steilrand ein Korrosionsrand, und die hier auftretenden hohlkehlartigen Unterschneidungen sind korrosiver Natur. Die davor liegende Ebene zeigt alle Merkmale einer Karstrandebene. Mag ein altes — nicht mehr vorhandenes — Kliff weiter meerwärts gelegen haben, die zu beobachtenden Formen machen eine Mitwirkung der Meeresbrandung nicht nötig, ja schließen sie aus. Die früher als Kliffe angesprochenen Hohlkehlen und Fußhöhlen liegen vielfach nicht, wie es bei anderen, wahren Brandungshohlkehlen in Südwest-Sulawesi der Fall ist, in einem Niveau, sondern steigen mit der Karstrandebene jeweils gebirgswärts an.

Die Karstrandebene von Bantimurung hat im Osten am Fuße des Steilrandes eine durchschnittliche Höhe von 20 m ü. N. N., dacht sich jedoch allmählich in westlicher Richtung bis zu 10 m ab, worunter sich dann die Küstenebene von Makassar anschließt. Die Karstrandebene selbst ist flachwellig und zum größten Teil mit Sawahs bebaut. Ähnlich wie in Cuba ragen von der Korrosion noch übriggelassene Karstformen, hier einige isolierte Karstkuppen, die sogenannten Mogoten, auf. Besonders schön ist der Mogote auf dem Weg von Maros zum Wasserfall von Bantimurung. Es ist der Bulu Sepung, 32 m hoch und 50 : 80 m

---

[12]) H. Louis, Die Entstehung der Poljen und ihre Stellung in der Karstabtragung auf Grund von Beobachtungen im Taurus. Erdkunde X, 1956.

lang und breit. Bereits WICHMANN erwähnt den Bulu Sepung [13]). Er berichtet, daß sie in 10 m Höhe eine Höhle birgt, die das Aussehen eines niedrigen Gewölbes mit großen Öffnungen nach verschiedenen Seiten hin hat. Grobe Stalaktiten vereinigen sich mit Stalagmiten zu Säulen. An seinem Fuß ist der Felsen überhängend. Auch H. LEHMANN hat die auffälligen *„Außenstalaktiten"* an dieser typischen Mogote beobachtet.

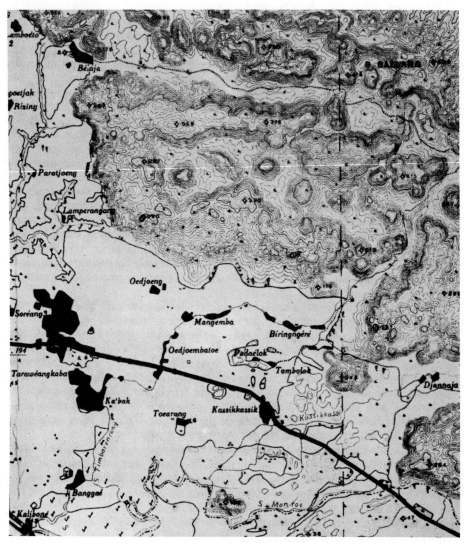

Abb. 9. Kegelkarstrand südlich Pangkadjene

[13]) A. WICHMANN, Bericht über eine im Jahre 1888—1889 ausgeführte Reise nach dem indischen Archipel. Tijds. Kon. Ned. Aardr. Gen. 1890.

Die Höhenlage der nördlich sich an das Gebiet von Bantimurung anschließenden Karstrandebene von Lealleang beträgt bei dem Ort Tombolik und bei Djene, wo die Form der Ebene sich trichterförmig verengt, 43 m ü. N. N. Von hier senkt sie sich allmählich in westlicher Richtung zunächst bis zu einem ± 22 m-Niveau, von wo sie sich allmählich bis zu 5 m Höhe weiter abdacht. Es muß also festgehalten werden, daß die Höhe der Karstrandebene von Lealleang und der von Bantimurung keineswegs im gleichen Niveau liegt, wie es bei einer Abrasionsfläche der Fall sein müßte. Es gehört zum Wesen der Karstrandebene, daß sie örtlich erheblich ansteigen kann, besonders im Inneren der trichterförmigen Buchten (Abb. 9).

Wir halten also fest, daß es sich in beiden Fällen, der Ebene von Bantimurung und der von Lealleang, um Korrosionsebenen handelt, für die man in der neueren Karstliteratur den terminus technicus „*Karstrandebene*" gebraucht, keineswegs um eine Abrasionsplattform, wie dies von älteren Autoren angenommen wurde. Die tropischen Karstrandebenen sind nichts anderes als die auf korrosivem Wege entstandenen Pedimentflächen vor den Kalksierren bzw. den Kalkplateaus. Ihre Höhenlage wird durch den Vorfluter bestimmt, der im Grenzfall auch das Meer sein kann. Bei der fraglichen Höhenlage der geschilderten Karstrandebenen von Maros wäre die Bildung einer Abrasionsplattform in der Zeit eines eustatischen Hochstandes des Meeres an sich durchaus möglich. Alle Anzeichen sprechen aber eindeutig dafür, daß mindestens der gebirgsnahe Streifen der Ebene, so wie er heute vor uns liegt, seine Entstehung nicht der abradierenden Tätigkeit des Meeres verdankt. Es fehlen auch eindeutige marine Ablagerungen. Dementsprechend sind auch die früher als Brandungshohlkehlen angesprochenen Gebilde keine solchen, sondern Korrosionshohlkehlen und Fußhöhlen, und ist die Steilwand des Karstplateaus kein Kliff.

5. *Das Karstgebiet von Nord-Bone*

Zwischen dem nördlichen Ausläufer der Bonegebirgskette und der Tjenranatalebene ist die eigentümliche Karstlandschaft von Nord-Bone eingebettet. Es tritt hier wirklich ein ganz anderer Karsttypus als in dem Karstgebiet von Maros auf [14]) (Abb. 10, Karte). Das Karstrelief zeigt zunächst, in großen Zügen betrachtet, eine Karstkuppenlandschaft nach dem bekannten Gunung-Sewu-Karsttypus auf Java. An bestimmten Stellen sind längliche, kettenartige Formen durch dicht linienförmige Aneinanderreihung von Kegeln zu beobachten, die dem „gerichteten" (H. LEHMANN) Karsttypus von Jamaica ähneln. Ferner treten isolierte Karstkuppen auf, die mit denjenigen in Puerto Rico, die unter dem Namen: Pepino oder Haystack hills bekannt sind, verglichen werden können (Abb. 11). Den Umriß dieses Karstgebietes haben wir auf der geomorphologischen Karte eingezeichnet. Sein ausgedehntes Plateau bildet einen großen Teil der jungneogenen Ablagerungen nördlich der vulkanischen Bonekette.

Obwohl die Stratigraphie der Kalkschicht noch nicht ganz geklärt ist, vermuten T'HOEN und ZIEGLER [15]) sowie RUTTEN [16]), daß die unterste Schicht des

---

[14]) H. MOHR, De boden in de tropen in het allgemeen en die van Ned. Indie inhet bijzonder, II, Meded. v. d. Kon. Ver. Kol. Inst. **XXXI**, Amsterdam 1935.
[15]) 'T HOEN & ZIEGLER a. a. O. 1917.
[16]) L. M. R. RUTTEN, Voordrachten over de Geologie von Ned. Oost.-Indie. Den Haag 1927.

Kalkes noch dem Jungneogen angehört. Diese Kalkschicht liegt diskordant auf den gleichfalls jungtertiären marinen Ablagerungen und Tuffen. Die marinen Ablagerungen und Tuffe rings um das Korallengebiet bestehen ebenfalls aus Jung-

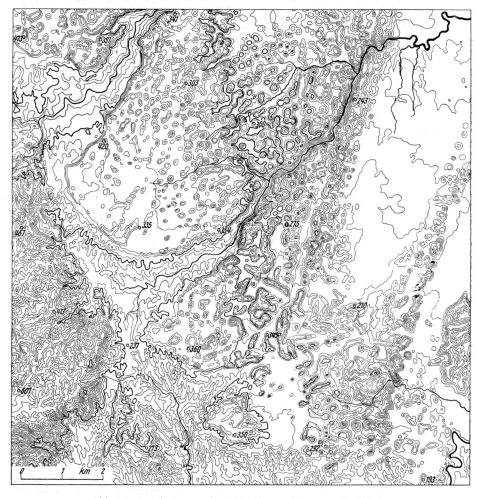

Abb. 10. Ausschnitt aus dem Kegelkarstgebiet von Nord-Bone
Ein Abschnitt aus der Top. Karte 1 : 50 000, Blatt 77/XXXII C Südlicher Teil des Karstgebietes von Nord-Bone. Ein Fortsetzung des gerichteten Karstes in südlicher Richtung. (Vgl. hierzu das Blockdiagramm Abb. 12)

neogen. Die fraglichen Korallenkalke dürften ein oberpliozänes bis höchstens altquartäres Alter haben. Sie wurden im Laufe des älteren Quartär kräftig herausgehoben.

Morphologisch unterscheidet sich das Karstgebiet von Nord-Bone von dem von Maros zunächst durch die geringere Höhe der wohlgerundeten Kegel. Auffällig ist ferner die Tatsache, daß die Kuppen bzw. Kegel an der einen Seite des Plateaus dicht geschart sind, an der anderen sich aber mehr und mehr auflösen, so daß zwischen ihnen eine zusammenhängende Ebenheit entsteht (Abb. 12, Diagramm). Diese scheint durchaus noch im Kalk selbst zu liegen. Die Plateau-Ebene, über der die Karstkuppen aufragen, fällt im südlichen Teil mit ausgeprägt senkrechten Steilrändern ab. Südlich dieser Steilränder folgt erst eine deutliche tal- bis grabenförmige Trennungsebene (Ausraumzone), bevor sich das Gelände zu den Ausläufern der Bonekette steil heraushebt. Der Steilrand des Karstplateaus bildet dabei eine Art Schichtstufe. Die Entwässerung ist gegen die Schichtstufe gerichtet und diese buchtet sich jeweils trichterförmig am Oberlauf des S. Lemoapa und S. Matjao in Flußrichtung ein.

Eine Ausnahme macht der Fluß Nengo, der vom Süden her in das Karstgebiet hineinströmt, ohne daß auch eine Schichtstufe entwickelt ist. Diese flachwellige Ebene greift ohne morphologische Grenze auf das südliche Gebiet aus nichtkalkigen Gesteinen über. Das Plateau dacht sich nordwärts und nordostwärts ab und geht auch hier ohne sehr deutliche Grenze in der Oberflächengestalt in die wellige Ebene des marinen Jungneogens über.

Die Form der Kuppen ist ausgesprochen halbkugelig mit rundem bis ovalem Fußrandumriß. Ferner ragen sie nicht so steil auf, wie wir sie in der Umgebung von Maros kennengelernt haben, sondern sie sind niedriger und entbehren in der Regel der senkrechten Steilwände. Die Kuppen sind von unterschiedlicher Höhe und erheben sich 30 m bis 75 m über die Plateau-Ebene. Es herrscht die Einzelkuppe vor, aber an einigen Stellen treten die Kuppen zu kleinen Miniaturgebirgsketten zusammen, die meistens aus drei, fünf oder mehr Karstkuppen bestehen. Diese Ketten verlaufen in einer bestimmten Richtung. Worauf dieser „gerichtete" Karst zurückzuführen ist, läßt sich aus dem Luftbild allein nicht mit letzter Sicherheit entscheiden. Aber aus der Anordnung der Karstkuppenreihen (Karstketten) ersehen wir, daß im ganzen Gebiet mehr oder weniger dieselbe Richtung (NO—SW) auftritt. Auch fällt die sehr gerade Erstreckung auf. Es könnte sich also um karstkorrosiv herausgearbeitete Kluftlinien handeln. Eine zweite Möglichkeit, die wir allerdings in Ermangelung von Angaben über das Schichtfallen nicht nachprüfen können, wäre die, daß es sich bei den reihenförmig angeordneten Kuppen um ausstreichende Schichtköpfe handelt, die zu Kegelreihen umgeformt sind (Strukturbindung). H. LEHMANN hat solche Verhältnisse aus Puerto Rico beschrieben. Dort ist in Küstennähe eine völlig klare Bindung des *„gerichteten"* Karstes an das Schichtstreichen zu konstatieren (Abb. 13).

Im Karstgebiet von Nord-Bone treten die ausgeprägten Kegelformen nur in bestimmten Teilen des Plateaus auf. Fast die Hälfte des Plateaus ist als Fläche ausgebildet, doch erkennt man auf dem Luftbild in ihr noch kleine Karstrestkuppen. Auch fehlt jedes fluviatile Relief, wie es uns in den benachbarten Gebieten sofort auffällt. Mindestens teilweise dürfte hier also noch der Kalk erhalten sein.

Die Uroberfläche dieses Kalkgebietes war im Vergleich mit derjenigen des Kalkgebietes von Maros von keinen mächtigen nichtkalkigen Schichtpaketen überdeckt worden, höchstwahrscheinlich nur von einer relativ dünnen Schicht von Tuffaschen der benachbarten Vulkane während der Ausbrüche. Diese relativ dünne Schicht wurde dann sehr rasch von der Erosion und Denudation abgetragen.

161

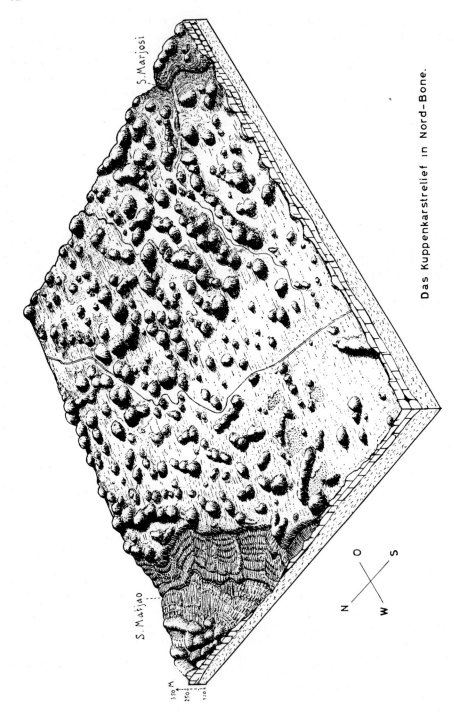

Abb. 12. Das Kuppenkarstrelief in Nord-Bone. Karstrandebenen zwischen Manati und Vega Bajo.

Es erhebt sich die Frage, warum hier in Nord-Bone ein so anderes Kegelkarstrelief entwickelt ist, als bei Maros, mithin die weit über unser Gebiet hinausgreifende Frage nach dem Verhältnis des *„Gunung-Sewu"*-Typus und des *„Turmkarst-(Cuba)"*-Typus [17]). Sie gewinnt besonders dadurch an Aktualität, daß J. CORBEL [18]) in einer neueren Publikation den Zyklusgedanken von A. GRUND aufgegriffen hat und in den Unterschieden der Form einfach einen Unterschied im Verkarstungsalter sehen will. Nach ihm wäre der Gunung-Sewu-Typ das Ergebnis

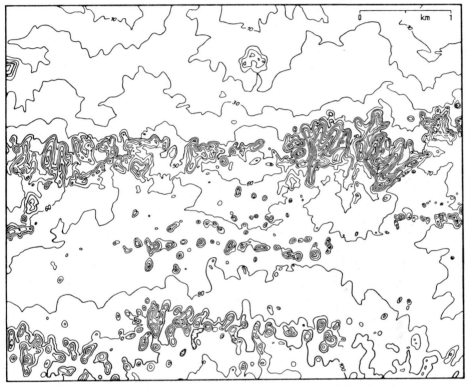

Abb. 13. Ausschnitt der Karte von Puerto Rico, Manati Quadrangle.

einer Verkarstung seit dem Miozän, der Turmkarsttypus mit Karstrandebenen und isolierten Mogoten, wie er auf Cuba (Sierra de los Organos) vorliegt, dagegen ein Karst von wesentlich höherem Alter.

Nun ist es natürlich verlockend, den Unterschied zwischen dem Karst von Maros und dem von Nord-Bone auf ein verschiedenes Alter zurückzuführen, zumal da die recht jugendliche (altquartäre) Hebung des Bone-Gebietes gesichert ist. Aber es sprechen mehrere Argumente gegen eine solche einfache Zurückführung der Formunterschiede auf das Verkarstungsalter. Zunächst entspricht der Formen-

---

[17]) Im Sinne von H. v. WISSMANN. Wir möchten in allen Fällen, in denen allseitig *senkrechte* Wände gleich welcher Höhe vorliegen, den Ausdruck „Mogotentyp" vorziehen.
[17]) Annales de Géographie 1959.

schatz von Bone keineswegs dem „*Stadium*", das CORBEL in seinem Blockdiagramm für Pliozän erklärt, sondern es ist viel „*fortgeschrittener*". Sodann zeigt sich, daß die Kuppen von den Rändern des Karstgebietes her von einer Korrosionsebene aufgezehrt werden, mithin kein Wachstum der „*Cockpits*" zwischen den Kegeln nach der Tiefe hin erfolgt. Es liegt also bereits das „*Mogotenstadium*" vor, wie es CORBEL in seinem Diagramm als Altersstadium für eine Entwicklung seit der Kreidezeit gekennzeichnet hat, nur daß die senkrechten Wände unter dem zugerundeten Kuppenteil fehlen. Die Verkarstung geht hier aber höchstens bis in das obere Pliozän wahrscheinlich nur bis ins ältere Quartär zurück.

Der Unterschied zu dem Turmkarsttypus liegt wahrscheinlich darin begründet, daß in Nord-Bone das Kalkpaket über der undurchlässigen Unterlage wenig mächtig ist, also ein Stau des Karstwassers eintreten mußte, der ein weiteres Tieferwachsen der Hohlformen verhinderte. Es ist durchaus möglich, ja wahrscheinlich, daß die Verkarstung im Gebiet von Bone jünger ist als die von Maros, aber ebenso ist sicher, daß bei Bone niemals ähnlich schroffe Kalktürme entstehen würden, einfach weil die undurchlässige Unterlage schon in verhältnismäßig geringer Tiefe erreicht und damit dem Tieferwachstum der Cockpits ein Ende gesetzt wird.

Welcher Art sind nun die zwischen den Kegeln und Kegelreihen auftretenden Ebenheiten, die auf der Karte wie im Luftbild deutlich ins Auge springen? Sind es Karstrandebenen im Sinne von K. KAYSER und H. LEHMANN, oder handelt es sich einfach um die aufgedeckte Unterlage?

Es läßt sich erkennen, daß der südliche Teil der Korallenkalkplatte in das aus vulkanischen Ablagerungen und Mergeln bestehende Hügelland übergeht, aber stellenweise deutlich eine „*Schichtstufe*" zwischen beiden eingeschaltet ist. Dies dürfte darauf deuten, daß die Kalke hier noch erhalten sind und wir eine — heute zerschnittene — Karstrandebene vor uns haben. Treffender wäre in diesem Fall der Ausdruck „*Karstrestebene*". An anderen Stellen ist der Übergang allerdings weniger scharf und hier kann man im Luftbild nicht erkennen, wo die Kalke aufhören.

Am ausgedehntesten ist die Ebenheit von Langantja. Sie dacht sich von SW nach NO ab; ihre Höhenlage beträgt 200 m bis 120 m ü. N. N. Ob wir diese Ebene als Karstrestebene betrachten dürfen, analog der von Bantimurung und Lealleang, hängt davon ab, ob sie durchgängig im Kalk ausgebildet ist. Nach den Luftbildern scheint es der Fall zu sein. Zwar fließen auf ihr einige kleine Bäche, sie ist aber nicht in ein Riedelland zerschnitten, wie es bei nichtkalkigen Gesteinen der Fall sein würde. (Die Ebenheit liegt beträchtlich über dem Niveau der Hauptvorfluter.) Aber ebenso läßt sich aus den Luftbildern erkennen, daß in geringer Tiefe schon das nichtkalkige Liegende auftritt. Einige Restkegel ragen aus dieser Ebene noch auf. Die Verhältnisse ähneln denen im Gunung Sewu bei Punung, wo das Aufzehren der Kalke über einem undurchlässigen Untergrund von H. LEHMANN beschrieben wurde. Es scheint aber so, als ob in Nord-Bone die Tendenz zu einer lediglich seitlichen Korrosion schon einige Zehner von Metern über dem undurchlässigen Untergrund einsetzt, wie dies ja zu erwarten ist, und daß von hier aus die Ebene sich auch in das tiefere Karstgebiet vorschiebt. In diesem Fall können wir auch diese Ebene als Karstrandebene interpretieren.

Abb. 2. Kegelkarstplateau und Karstrandebene von Maros

Abb. 3. Rand des Kegelkarstplateaus bei Lealleang nördlich Maros

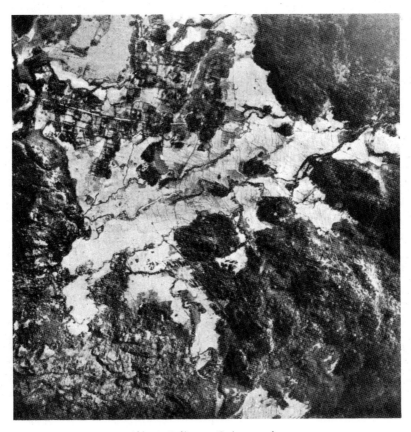

Abb. 4. Polje von Daimanggala

Abb. 5. Embryonalpoljen bei Lealleang

Abb. 8. Blick über die Karstrandebene und den Korrosionsrand des Kegelkarstplateaus von Bantimurung (Photo H. Lehmann)

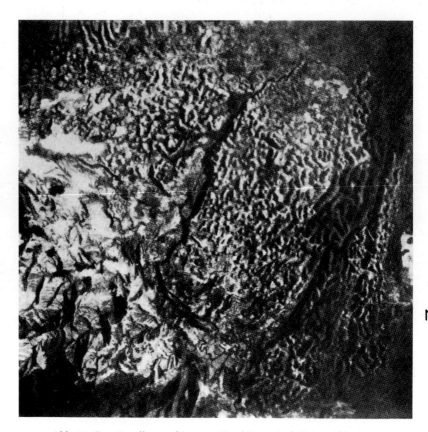

Abb. 11. Das Kegelkarstgebiet von Nord-Bone (vgl. Karte Abb. 10)

Das charakteristische Merkmal der Karstrandebene bei Langantja am nördlichen Teil des Kalkplateaus ist, daß der Übergang von den Karsterhebungen zu diesen Ebenen nicht durch geschlossene Steilränder mit senkrechten Wänden gekennzeichnet ist, wie bei Maros, sondern (in den meisten Fällen) durch vereinzelte Karstkuppen, die in dieser Richtung niedriger werden.

Dies hängt zweifellos mit der geringen Mächtigkeit des Kalkpaketes bzw. mit der Höhenlage der Unterlage zusammen.

Auch auf Puerto Rico gibt es in der Küstenebene keinen Steilrand, wie er in Cuba (ähnlich wie in Maros) auftritt. Hierfür ist lediglich der Höhenunterschied zwischen der Ausgangsfläche der Verkarstung und der sich bildenden Karstrandebene maßgebend.

Zur Frage, wieweit die Gesteinsunterschiede (dort dickbankiger Nummuliten-Kalk — hier Korallen-Kalk) an der unterschiedlichen Physiognomie des Gebietes von Maros und von Nord-Bone maßgeblich beteiligt sind, läßt sich wenig sagen. Auch bei den Korallen-Kalken von Nord-Bone handelt es sich um ziemlich reine Kalke, die allerdings eine ungleich geringere Mächtigkeit aufweisen. Die letztere Tatsache scheint ausschlaggebender zu sein, als die Gesteinsbeschaffenheit. Der Unterschied zwischen dem Mogoten- oder Turmkarsttyp und dem Halbkugel- oder Gunung-Sewu-Typ liegt also in erster Linie in der unterschiedlichen Mächtigkeit des Kalkpaketes über der durch den Vorfluter gegebenen Korrosionsbasis begründet. Trotz des nachweislich sehr jungen Alters des Karstgebietes von Nord-Bone zeigt dieses ein *„fortgeschrittenes"* Stadium. Die Kegel sind weit stärker durch Korrosionsebenen voneinander isoliert, als es bei Maros der Fall ist. Das relative Alter der Verkarstung läßt sich also aus dem Formenschatz allein nicht ablesen. Dieser ist weitgehend abhängig von der Mächtigkeit des Kalkpaketes über dem Niveau des Vorfluters.

Vorschlag für einen vergleichenden Karstatlas

auf der Basis freier internationaler Zusammenarbeit vorgelegt von der Karstkommission der IGU

1. Ziel: Der „Internationale Karstatlas" (Titel) soll ausgewählte Karstlandschaften aus allen Klimazonen der Erde in Karte, Bild und beschreibendem Text darstellen. Er soll einen objektiven, von schematisierenden Verallgemeinerungen freien Vergleich ermöglichen und die Grundlage für eine der Vielfalt des Karstphänomens besser angepaßte Terminologie bilden. Das Schwergewicht soll demnach auf die morphogenetische Deutung der unter verschiedenen klimatischen und geologisch-lithologischen Bedingungen auftretenden typischen Formengruppen liegen. Dabei sollen besonders auch die karsthydrographischen Verhältnisse der dargestellten Gebiete berücksichtigt werden.

Als Beispiel für die Themen der einzelnen Karten mögen genannt werden: Poljen und poljenartige Hohlformen in Karstgebieten verschiedenartiger klimatischer Bedingungen und Entwicklung, Dolinen- und Trockentalkarst der gemäßigten Breiten, Kegelkarsttypen der Tropen, Hochgebirgskarst, Karstentwicklung im Bereich diluvialer Eisbedeckung usw.

2. Organisation: Der Karstatlas soll aus einer losen Folge von Einzelblättern bestehen, deren Auswahl und Bearbeitung den einzelnen Autoren überlassen bleibt. Auf eine zentrale Redaktion und ein festgelegtes Programm wird daher zugunsten einer freien wissenschaftlichen Initiative verzichtet.

Die einzelnen Blätter des Karstatlas sollen von dem jeweiligen Bearbeiter in seinem Heimatland als selbständige Publikation oder in einer beliebig gewählten Zeitschrift veröffentlicht werden. Sie müssen jedoch in jedem Fall auch einzeln und ungefaltet von Interessenten zu einem angemessenen Preis bezogen werden können. Es wird empfohlen, zu diesem Zweck 200 Separata beim Verleger oder an einer anderen, dem Buchhandel zugänglichen Stelle vorrätig zu halten. Zweck dieser Maßnahme ist es, dem Verfasser ein uneingeschränktes Verfügungsrecht über seinen wissenschaftlichen Beitrag einzuräumen und die finanziellen Lasten sinnvoll zu verteilen. Die publizierten Karten werden jeweils in der „Zeitschrift für Geomorphologie" angezeigt, wobei auch die Stelle mitgeteilt wird, bei der die Karten zu beziehen sind. Die einzelnen Bearbeiter werden gebeten, die beabsichtigte Publikation der Karstkommission mitzuteilen. Diese behält sich vor, weitere Blätter anzuregen und ihre Bearbeitung nach Kräften zu unterstützen.

3. *Format und äußere Gestaltung:* Um die einzelnen Publikationen zu einem Atlas zusammenfassen zu können, ist es notwendig, daß die Bearbeiter die folgenden, sich nur auf die äußere Gestaltung beziehenden Richtlinien beachten:

Der Atlas soll das Format DIN A 3 (29,7 × 42 cm) einhalten. Dabei soll an der linken Schmalseite ein Heftrand von 2 cm Breite und eine Kopfleiste mit dem dreisprachigen Titel vorgesehen werden.

Jeder Beitrag soll nach Möglichkeit aus jeweils drei Blättern im gleichen Format (DIN A 3) bestehen: einer topographischen Karte, einem Bildteil (der auch geologische und morphologische Nebenkärtchen enthalten kann) und ein doppelseitig bedrucktes Textblatt. In besonderen Fällen kann von diesem Schema abgegangen werden.

a) Die *topographische Karte* soll die Karstformen hinreichend klar und nicht in Form von schematischen Signaturen zeigen. Sie soll in einem dem Zweck angepaßten Maßstab von 1 : 10 000 bis höchstens 1 : 200 000 gehalten werden, um die Gefahr einer zu starken Generalisierung zu vermeiden.

Die Art der Geländedarstellung kann frei gewählt werden; sie wird sich in der Regel nach den vorhandenen Unterlagen richten. Der übrige Karteninhalt ist nach Möglichkeit auf das zur Orientierung nötige Maß zu beschränken. Auf der Karte sollen Standorte und Blickrichtung der im Bildteil wiedergegebenen Photos in laufender Numerierung angegeben sein. Ein Nebenkärtchen soll die Lage des Blattausschnittes im größeren geographischen Rahmen zeigen.

b) Der *Bildteil* soll eine größere Anzahl von Photos (etwa 8 bis 10) enthalten. Nach Möglichkeit soll ein charakteristischer Ausschnitt der Karte im Luftbild wiedergegeben werden. Eine geologische Kartenskizze im Maßstab 1 : 100 000 bis 1 : 200 000 ist dringend erwünscht, desgleichen ein geeignetes Profil.

c) Der *Textteil* soll in drei beliebig gewählten Sprachen abgefaßt werden, von denen jedoch eine englisch oder französisch sein muß. Der beschreibende Text soll möglichst folgende Reihenfolge einhalten: stratigraphische und petrographische Gliederung (in Tabellenform) — Tektonik — morphologische Analyse des Formenschatzes (gegebenenfalls mit Vorschlägen zur Terminologie) — karsthydrographische Verhältnisse der Gegenwart — Erläuterung der einzelnen Bilder — Literaturangaben. Sofern es dem Autor durch das Thema seiner Karte begründet erscheint, kann von diesem Schema abgewichen werden.

174

LA TERMINOLOGIE CLASSIQUE DU KARST SOUS L'ASPECT CRITIQUE DE LA MORPHOLOGIE CLIMATIQUE MODERNE

par H. Lehmann [1]

RÉSUMÉ. — *La terminologie karstique a été établie d'après le karst dinarique. Or les karsts tropicaux présentent des formes qui, voisines, ne sont pourtant pas exactement les mêmes. L'auteur montre ce que deviennent en pays tropical les dolines, ouvalas et poljés classiques; il propose, pour désigner les formes nouvelles ainsi découvertes, une terminologie plus variée que celle qui est issue du karst dinarique. L'essor de la morphologie climatique doit amener l'enrichissement d'une terminologie trop liée à la génétique des formes en milieu tempéré.*

« Terminologie classique »? Je devrais plutôt dire : la terminologie du karst classique. Le karst classique, c'est le karst dinarique. La terminologie karstique s'est développée suivant les formes des paysages du Karst et de ses régions voisines.

Ce karst classique de la zone tempérée a été étudié dans une période classique de la morphologie, de J. Cvijic à Grund, en passant par de Martonne et Danes.

Depuis une ou deux décades la morphologie a connu un nouvel essor, dû à l'étude du rôle du climat, et les conceptions de la morphologie classique doivent être soumises à la critique de la climatomorphologie moderne. Le plus grand obstacle que l'on rencontre sur la voie des nouvelles découvertes n'est pas tant la façon classique de concevoir la géomorphologie que la terminologie classique. Toute terminologie repose sur l'abstraction; elle a pour but de réduire à un petit nombre de notions l'infinie diversité des formes particulières. Expression de l'expérience originalement enrichie par induction, elle joue le rôle d'un élément déductif dans les recherches postérieures. Cela explique sa puissance, mais cela constitue également son danger. Elle facilite la classification scientifique des nouvelles impressions reçues dans d'autres régions étrangères ; mais elle présente en même temps les désavantages de tout cliché plus ou moins rigide. L'observation objective se trouve limitée par la représentation du modèle qui est à la base de toute terminologie. Celle-ci oriente le choix de ce qui est vu, c'est-à-dire de ce qui est observé consciemment, et elle laisse échapper trop facilement tout ce qui s'écarte de la règle. Trop souvent on ne voit que ce que l'on a appris à voir. Ainsi chaque terminologie, une fois établie, ressemble au lit de Procuste : elle ajuste par la force tout ce qui ne se soumet pas naturellement

---

1. Cet article est le texte d'une conférence faite à la Faculté des Lettres de Lyon à l'occasion de la visite de l'Université de Francfort-sur-le-Main.

à la règle. Elle aime mieux admettre des exceptions à la règle que de changer ou de compléter la terminologie usuelle. Telle est également la raison pour laquelle la morphologie classique était convaincue que, en principe, l'évolution des formes devrait être la même sur toute la terre, étant donné que les conditions endogènes ou exogènes telles que l'eau, le vent ou la glace sont les mêmes. C'est Walter Penck qui a le dernier formulé ce dogme en toute netteté dans son « analyse morphologique ». Davis et son école se sentaient donc autorisés à regarder comme un ensemble les formes fluviatiles et à les décrire à l'aide d'une terminologie unique. On n'hésita pas à réunir dans le même cycle et à considérer comme stades d'une suite génétique des formes observées sous des climats humides ou secs, dans les zones tropicales ou tempérées. C'est ainsi qu'a procédé Alfred Grund dans le domaine de la morphologie du karst. Il voyait dans les formes karstiques que Danes avait décrites pour Java et la Jamaique, le stade avancé d'une évolution, dont le karst dinarique représentait un état antérieur. Il aurait dû être mis en garde en étudiant la description de Danes et également d'autres plus anciennes, comme par exemple celle de Junghuhn sur Java. Mais il avait le préjugé de la terminologie qui le rendit aveugle. Danes lui-même, qui avait bien aperçu les formes nouvelles, les présenta pourtant comme quelque chose de bien connu, sous l'aspect de la terminologie du karst dinarique.

Il faut malheureusement constater que même des ouvrages relativement récents répètent la même faute, bien que les auteurs connaissent les résultats des recherches morphoclimatologiques. Machatschek, par exemple, donne une reproduction instructive du kegelkarst dans la Chine méridionale, mais il s'en tient pour l'explication au schéma établi par Alfred Grund et à la terminologie classique. Il est vrai que Derruau met en ligne de compte dans son « Précis de géomorphologie » (2ᵉ éd., 1958) des nouvelles découvertes sur les variations climatiques dans la morphologie du karst, mais il reste sceptique et s'en tient au fond aux conceptions classiques.

Il semble donc nécessaire d'examiner la validité de la terminologie classique du karst dans d'autres régions climatiques que l'Europe centrale. J'aimerais le faire en opposant les formes directrices du karst dinarique aux formes directrices du karst tropical qui me sont particulièrement bien connues. Les formes directrice du karst sont, d'après la terminologie classique, la doline, l'ouvala et le polje. Quant au karst dinarique, ces notions originalement sont définies comme notions descriptives, moins bien comme notions génétiques. Peut-on les appliquer également au karst tropical ?

Commençons par la *doline*. Dans le karst dinarique elle se présente comme une dépression fermée sans écoulement superficiel, en forme d'écuelle peu profonde mais souvent aussi en forme d'entonnoir ou de chaudron aux parois raides ; les contours de la doline classique sont toujours plus ou moins *arrondis*. Derruau dit en toutes lettres : « la doline est une dépression de forme ovale, à contours parfois sinueux, mais non anguleux ».

Mais dans le karst tropical, par exemple à Puerto Rico ou à Cuba, la forme correspondant à la doline présente en général des contours anguleux et des courbes de niveau concaves ! Les formes en relief au contraire, qui restent entre les dépressions, c'est-à-dire, les pitons calcaires, offrent des contours bien ronds et généralement réguliers. La reproduction cartographique d'un paysage karstique dans les zones tropicales nous donne donc l'impression du paysage karstique à dolines classique, mais inversé: au lieu des dolines rondes qui caractérisent le karst des zones tempérées, ce sont les cônes, les pitons calcaires arrondis qui attirent notre attention dans le karst tropical. Ce sont *eux* qui, à tous les stades de l'évolution, dominent la physionomie du karst tropical. Il n'y en a pas d'équivalent dans le karst dinarique, même si l'évolution d'un paysage karstique à dolines est bien avancée, comme par exemple dans le Montenegro.

Sans doute les cônes qui ont donné au karst tropical le nom de kegelkarst représentent-ils les parties demeurées intactes entre les dépressions, modelés par corrosion, mais ces restes ne sont pas le signe d'un âge avancé dans le sens du cycle karstique établi par Alfred Grund. Ils apparaissent dès le début de l'évolution karstique, d'abord sous forme de coupoles ou de ballons peu élevés comme à Java dans le Gunung Sewu: ils se transforment ensuite pour donner des sommets en forme de ruche et enfin, par la corrosion permanente au pied, des tours à flancs raides comme dans la Chine méridionale. Les dépressions enserrent, pour ainsi dire, les contours ronds des cônes. Les dépressions communiquent entre elles au moyen d'étroits corridors formant des seuils plus ou moins élevés, de sorte qu'elles forment un réseau cohérent, d'où les pitons s'élèvent généralement avec une symétrie étonnante.

En raison de ce phénomène qui se répète dans toutes les régions karstiques des climats chauds et humides, il serait impropre de garder le terme de « doline » pour les dépressions du karst tropical. Il convient donc logiquement d'employer pour ces dépressions l'expression de « cockpit », usuel à la Jamaïque. Malheureusement Alfred Grund a abusé du terme technique de « cockpit », en l'appliquant pour désigner un certain stade d'évolution du karst; quelques auteurs l'ont même employé pour les formes en relief, c'est-à-dire pour les pitons ou cônes. Comme on le sait, les cockpits des tropiques forment donc souvent un réseau très régulier avec des lignes directrices, de sorte que j'aime parler de « karst orienté ». Le phénomène est conditionné en général par le réseau latent des fissures ou des autres lignes tectoniques, comme à la Jamaïque, à Puerto Rico, aux Célèbes, mais il est sans doute en partie la conséquence d'un réseau hydrographique superficiel à l'origine, assujetti à la karstification, comme je l'ai démontré pour le karst de la Gunung Sewu à Java.

Quant à l'*ouvala* du karst dinarique, elle est également bien différente de la forme correspondante que l'on trouve aux tropiques. Dans la terminologie classique l'ouvala est définie comme une dépression allongée que l'on s'imagine née de la réunion de deux ou plusieurs dolines. A considérer seulement le point de vue génétique, nous devrions regarder le réseau des cockpits tropicaux, qui sont tous solidaires, comme une chaîne d'ouvalas. Mais nous avons là la même différence physionomique qu'entre la doline et le cokpit, c'est-à-dire que les formes tropicales sont anguleuses, elles offrent, souvent, l'aspect de corridors sinueux, et toujours des courbes de niveau concaves et des versants raides.

Enfin le *poljé*. Le poljé est, déjà dans le karst dinarique, un phénomène discuté en ce qui concerne se genèse et sa répartition. Dans les régions karstiques des États-Unis qui forment de magnifiques paysages karstiques à dolines, j'ai cherché en vain des poljés. Dans les régions karstiques de l'Europe Centrale et Occidentale, où les couches calcaires sont plus ou moins horizontales, les véritables poljés manquent également. Ce n'est qu'en Italie et dans les régions dinariques, qu'ils sont bien développés. Par le terme de poljé la terminologie classique du karst désigne une dépression assez grande, s'étendant le plus souvent sur plusieurs kilomètres de largeur et de longueur, au sol plat et couvert de terra rossa. Poljé signifie littéralement « champ » ; dans le karst dinarique dénudé il offre souvent la seule surface labourable cohérente de quelque extension, comme dans le Popovo-Poljé en Yougoslavie.

En beaucoup de régions karstiques tropicales, comme par exemple à Java et aux Célèbes, il n'y a pas de formes qui font penser aux poljés, mais il en existe à Cuba et à la Jamaïque. Si on les observe de plus près, ces formes tropicales diffèrent absolument des poljés dinariques, non seulement dans leur physionomie, mais encore manifestement dans leur genèse, Je me permets d'insister particulièrement sur les poljés, parce que ce point touche la question principale de la morphologie karstique, à savoir la genèse de surfaces karstiques par l'action de la *corrosion*.

Examinons d'abord un poljé typique du karst dinarique, celui de Popovo : les pentes s'élèvent obliquement, jamais en ligne verticale au-dessus du sol plat de la dépression qui décrit des méandres comme une vallée. Elles sont pour la plupart droites, ni convexes, ni concaves. On ne trouve ni ponors, ni corniches qui indiquent d'ordinaire une corrosion karstique particulièrement active au pied des versants. On admet cependant, et avec raison, que les sols des poljés s'élargissent grâce à la corrosion karstique, c'est-à-dire, que les pentes *reculent*. La dénudation des versants doit aller du même pas, sinon il se formerait peu à peu des flancs verticaux. Quelques monts ou collines isolés se dressent comme témoins du recul, tel le célèbre *Hum* dans le poljé de Popovo, dont le nom est devenu générique. Ils présentent le même profil que les versants du poljé. La sol du poljé est couvert de terra rossa ; en général seule la partie inférieure d'un poljé est périodiquement inondée, comme dans le Poljé d'Imotzki.

Voyons maintenant un *poljé tropical,* celui de San Vicente dans la Sierra de los Orgános à Cuba. Il a un fond plat et couvert de terre rouge ou brune entouré de hauts flancs raides, même souvent verticaux. L'écoulement des eaux ne s'effectue pas par un seul ponor comme dans le poljé de Popovo, mais par une infinité de ponors et cavernes qui percent littéralement de toutes parts le pied des versants raides. J'ai appelé ces ponors-cavernes « Fuss höhlen » [2]. Les cavernes montrent des signes d'un fort afflux d'eau périodique ou épisodique. En effet, quand passent des cyclones tropicaux les poljés doivent être fortement inondés au moins épisodiquement. Nom-

---

2. « Cavernes de pied de versant », pourrait-on traduire.

breux sont les signes d'une corrosion particulièrement intense au pied des flancs raides, nombreuses sont les excavations en lignes horizontales, qui n'ayant rien à voir avec la stratification inclinée, indiquent de hauts niveaux d'eau ou encore la zone de très forte corrosion. Les flancs minés par corrosion s'effondrent souvent et dans la région de la dissolution la plus intense au pied des versants les débris sont vite déblayés. Il arrive que des pitons karstiques soient dégagés de la masse du versant; on les appelle « mogote » à Cuba et ils sont l'équivalent des hums du karst dinarique. Ce sont des tours à pentes raides, aux contours ronds et offrant une coupe conique. J'ai fait l'exposé schématique de leur formation dans plusieurs publications.

Jusqu'ici le poljé tropical semble confirmer la théorie de la corrosion appliquée au poljé dinarique. Mais il manque au karst dinarique les versants verticaux et le phénomène des corniches causées par la corrosion creusant des excavations au pied des versants.

J'ai appelé ce phénomène « Lösungsunterschneidung »[3], un phénomène très frappant sous les tropiques, qui donne au karst de ces régions son aspect abrupt et sauvage.

Enfin, si nous examinons des photos aériennes des poljés tropicaux, particulièrement celle du poljé de S. Vicente, une autre différence, et peut-être décisive, saute aux yeux. Les poljés se trouvent bien dans le calcaire même, mais à la limite des roches imperméables, et le poljé de S. Vicente, par exemple, n'est pas un véritable poljé au sens classique, car une de ses pentes se compose de schistes et de grès (de la formation de Cayetano).

Mais ce que l'on trouve sur le flanc méridional de la chaîne de Viñales est encore plus bizarre. Devant le front massif du karst s'étend une vaste plaine karstique en forme de bassin, au-dessus de laquelle s'élèvent des mogotes, isolés ou bien en groupes. Au sud, la plaine est dominée par les collines schisteuses de la formation de Cayetano. Il s'agit d'un bassin, fermé de tous côtés comme un poljé, dont le drainage s'effectue à travers la région calcaire vers le nord. Le sous-sol du bassin est calcaire, enfoui sous plusieurs mètres de terre de décomposition, non seulement terra rossa mais aussi quelque matériel allochtone.

Comment appeler un tel phénomène? D'après la forme et le mode d'écoulement des eaux, il s'agit d'un poljé, mais dont l'une des pentes ne serait pas calcaire. Ce phénomène se retrouve fréquemment dans la Sierra de los Organos. Toujours, devant les chaînes calcaires aux flancs verticaux s'étendent des dépressions, dont le sol est également calcaire. Le niveau de ces dépressions est évidemment conditionné par le niveau du « Vorfluter », c'est-à-dire de l'écoulement des eaux superficielles (ici le Rio Ancon) des terrains schisteux voisins.

Sans doute, il s'agit ici d'un processus de corrosion au bord du terrain calcaire, un peu analogue à la formation du « Karstrandebene ». Le terme technique « Karstrandebene » ou plaine bordière du Karst a été employé pour la première fois par K. Kayser pour le Montenegro. Il désigne une

---

3. Littéralement « entaille basale par dissolution ».

étendue plate en bordure du karst, couverte d'une couche peu épaisse de sédiments fluviatiles, mais le plus souvent causée par la corrosion. Dans le Kegelkarst tropical, ces plaines bordières sont toujours remarquablement dessinées. Nous les connaissons aux Célèbes, où un de mes élèves, Sunatardirdja, est en train de les étudier. Je ne veux montrer qu'un exemple. Voici une plaine bordière du karst devant le plateau karstique de Bantimurung aux Célèbes, que j'ai visitée il y a de nombreuses années. Le mur raide du kegelkarst ressemble en tous points au karst de la Sierra de los Organos. Ici comme à Cuba les plaines bordières du karst se forment au-dessus d'un énorme soubassement calcaire, en aucune façon directement sur le sous-sol imperméable. De tels cas sont connus, de Java aux Célèbes.

Dans les plaines bordières du karst la direction des cours d'eau superficiels est normale, c'est-à-dire opposée au karst. Mais, que se passe-t-il, si la plaine bordière du karst possède un système de drainage souterrain à travers la région calcaire? La conséquence en est que le niveau de la plaine bordière du karst s'abaisse à mesure que les cours d'eau souterrains creusent leurs lits. Cela peut arriver plus vite que le nivellement normal des roches imperméables voisines; ainsi naît une dépression à sol plat. Notre soi-disant poljé de Viñales n'est pas autre chose qu'une plaine bordière du karst, mais avec un écoulement au travers la montagne calcaire. Dans le karst dinarique de telles formes n'existent pas, mais elles sont fréquentes, on peut même dire typiques, pour Cuba et peut-être aussi pour d'autres régions karstiques tropicales. Ces formes, nous pouvons les appeler « semi-poljés », « poljés de bordure » ou « poljés marginaux ». Nous retrouvons le même problème qu'à propos des cockpits: élargir et varier la terminologie karstique.

Je crois avoir montré par le simple exemple du karst tropical que la terminologie classique du karst doit se borner au karst des zones tempérées et que, pour les autres régions karstiques qui possèdent un climat spécifiquement différent, il nous faut trouver de nouveaux termes techniques bien définis.

C'est la seule manière d'éviter le danger d'être mal compris par qui ne connaît pas le karst tropical par expérience propre. Le kegelkarst tropical ne présente pas le tableau d'un stade avancé de l'évolution karstique normale. Il a sa propre évolution, spécifique de son climat et exprimée par des formes qui ne sont caractéristiques que de lui-même.

M. Corbel l'a démontré, de même, pour les karsts subnivaux dans son ouvrage sur les karsts du Nord-Ouest de l'Europe. Certainement, la morphologie classique dans son ensemble n'est pas une chose révolue. On ne s'est occupé ici que des variations morphoclimatiques, mais il faut qu'on trouve pour ces variations une terminologie propre.

Quant à moi, je reste un élève d'Albrecht Penck. Ce fut Penck qui m'a enseigné à ne pas me fier à la doctrine mais seulement à l'observation. C'est l'observation, et jamais un schéma, qui donne, quelle que soit l'époque, une base sûre à la science.

Glanz und Elend der morphologischen Terminologie

Festvortrag anläßlich des 60. Geburtstages von Prof. Dr. J. Büdel
gehalten von *Herbert Lehmann* [1]

Lieber Freund und Kollege, geehrte Festversammlung!

Wenn ich bei der Formulierung meines Themas „Glanz und Elend der morphologischen Terminologie" eine literarische Anleihe bei dem genialen Verfasser der comédie humaine gemacht habe, so wollte ich damit andeuten, daß es nicht meine Absicht ist, in diesem Festvortrag den tierischen Ernst einer fachwissenschaftlichen Kontroverse walten zu lassen. Vielmehr möchte ich mir erlauben, gleichsam in augenzwinkernder Distanz von der Hauptkampflinie (die ja wohl durch Würzburg hindurchgeht) über ein Thema zu plaudern, zu dem wir alle, vorweg unser verehrter Jubilar, unsere guten und bösen Erfahrungen gemacht haben. Nicht, daß ich das tertium comparationis meiner literarischen Anspielung auch auf den zweiten Teil des Balzacschen Romantitels ausdehnen und die morphologischen Terminologien mit Kurtisanen vergleichen wollte — glänzend nach außen, doch fragwürdig im inneren Gehalt — nein, der Ton liegt auf Glanz und Elend, auf dem Plus und dem Minus. Unsere heutige Feier gibt uns Veranlassung genug, ein wenig über das Wesen der morphologischen Terminologie nachzudenken, über ihre fördernde und hemmende Rolle in der fortschreitenden wissenschaftlichen Erkenntnis, denn unser *Julius Büdel* ist einer der erfolgreichsten Vorkämpfer im Streit wider den falschen Glanz der Kurtisanen — Verzeihung: der oder einiger morphologischer Terminologien aus der klassischen Epoche der Geomorphologie.

Ich bitte um Verzeihung, wenn ich ein wenig weit aushole. Lassen Sie mich ausgehen von dem Wort Terminologie. Sie ist bekanntlich die Summe bzw. das System der termini technici eines wissenschaftlichen Gebietes. Seit dem Mittelalter verstehen wir unter terminus technicus den abgrenzenden, einkreisenden, „definierenden", in ein Wort gefaßten Begriff einer Sache oder eines Sachverhaltes. Ein hintergründiges Wort also, mit dem wir, wenn es einmal geprägt ist, eine Sache uns aneignen, sie be—greifen, sie einordnen und damit bewältigen können. Im Anfang war das Wort. Schon auf der vorwissenschaftlichen Stufe bedeutet Benennung: Aneignung und Bewältigung des Unbekannten.

---

[1] Wortlaut des Festvortrages

Sie kennen aus den Sagen und Geschichten aller Völker die Vorstellung, daß der unbekannte Feind seine Macht verliert, wenn man ihn beim Namen zu nennen weiß und diesen ausspricht. Sie wissen, daß aus „Tausend und einer Nacht" der Weg dem freigegeben wird, der das Zauberwort kennt: „Sesam öffne dich." Diese Vorstellung beruht auf dem Glauben an die Magie des rechten Wortes, der richtigen Bezeichnung. Und sie geht schon zurück auf die primitiven Erfahrungen, daß das, was ich weiß, mich nicht heiß macht, sie beruht auf dem Ur-Instinkt des Menschen als biologisches Wesen, sich in seiner Umwelt zurechtzufinden, sie aus der unbekannten Bedrohung in zahme Vertrautheit überzuführen.

Wie jedem lebendigen Wesen ist uns am Wiedererkennen gelegen, am Identifizieren, wir wollen orientiert sein. Das völlig Fremde irritiert uns, es verliert seinen latent bedrohenden Charakter erst, wenn wir es einordnen, d. h. wenn wir es mit Namen nennen können. Im Namen ist die Sache enthalten.

Sie alle werden die Beobachtung gemacht haben, daß Touristen, die einen Aussichtspunkt betreten, statt sich an der Schönheit des sich vor ihnen entrollenden Bildes zu erfreuen, sofort damit beginnen, die umliegenden Berghäupter zu identifizieren und mit Namen zu nennen. Meist kommt eine messingne Panoramascheibe diesem scheinbar urmenschlichen Drang, diesem Drang zum „Recognoszieren", zum Wiedererkennen entgegen. Es ist merkwürdig und gibt zu denken, welche sichtbare Befriedigung dieses Tun auslöst und wie weitgehend sich bei den meisten das Interesse mit der namentlichen Identifizierung erschöpft. Ich sagte „namentliche" Identifizierung, denn diese Form der Aneignung, die das „Aha"-Erlebnis auslöst, wie es die Pädagogen nennen („Aha, das da drüben ist also der Schneeberg"), beruht in der Regel nicht auf dem bewußten Wiedererkennen einer bekannten individuellen Gestalt; eine Bildähnlichkeit ist in den seltensten Fällen gegeben, denn die Berge sehen von oben ganz anders aus, als aus der Talsicht. Auf die Identifizierung der Form scheint es auch gar nicht anzukommen. Auch in völlig fremdartiger Gestalt wird ein nach Lage und Namen identifiziertes Objekt zu einem bekannten Objekt; die Befriedigung stellt sich ein, das Vorfeld ist geklärt.

Die uralte Magie des Namens — der mehr ist als Schall und Rauch —, nämlich Gewähr für Bekanntes und damit Bewältigtes wird hiermit sichtbar.

Meine Kollegen, Hand aufs Herz: Eignet dieselbe Magie nicht gleichfalls der morphologischen Terminologie, mit der wir tagaus — tagein operieren? Auch der terminus technicus will das Kind beim Namen nennen, nicht bei seinem individuellen, sondern gleichsam bei seinem Familien- oder Gattungsnamen, der seine Herkunft verrät. Er zielt auf die Ordo in einem System. Jedes wissenschaftliche Bemühen, eine solche Ordo der Phänomene herzustellen, beginnt mit dem beschreibend einengenden Wort für das einzuordnende Einzelphänomen. Nur so wird sie ihres Gegenstandes habhaft. Die Morphologie hat es in diesem Punkt nicht leicht, Geländeformen begrifflich, d. h. in abstrahierenden Definitionen zu erfassen. Vor allem aber, sie eindeutig zu benennen, stößt auf ungeahnte Schwierigkeiten —, womit wir gleich bei einem Elend der morphologischen Terminologie angelangt wären. Erstens weiß man nie, wo bei dem fließenden Ineinander eine Geländeform anfängt und wo sie aufhört. Wo hört das Tal auf, wo fängt der Berg an? Ein Talhang ist zugleich ein Teil eines Berges. Zweitens ist bei den meisten Menschen das haptische Sehen, d. h. das auf dem Tastsinn beruhende, ins Optische übertragene dreidimensionale Formensehen gering entwickelt. Im allgemeinen sehen wir in der Entfernung nur Konturen, keine Körper.

Drittens stellt uns die Sprache ein geradezu kümmerliches Vokabular hinsichtlich der Formbeschreibung zur Verfügung — und doch ist gerade der sprachlich treffende Ausdruck, das benennende Wort für jede Verständigung unerläßlich. An *allgemeinen* Kategorien kennt unsere Sprache und die anderer Völker, soviel ich sehe, noch kein halbes Dutzend Ausdrücke. Berg, Tal, Hügel, Ebene, Bucht. Zur näheren Kennzeichnung müssen vage Analogien herhalten. Da der Mensch das Maß aller Dinge ist, werden sie aus dem Bereich der eigenen Gestalt entlehnt: Kopf, Nase, Zunge, Rücken, Buckel, Schulter, Knie bis herab zum Bergfuß — oder dem Bereich seiner Haustiere: Kamm, Horn, Sporn — oder aus der Welt des eigenen Bauens: Mauer, Wand, Stufe, Treppe, Gesims, Säule, Rampe, Bastion, Turm. Oder dem Reich mathematischer Körper: Kegel, Pyramide, Tafel. Das Repertoire ist bald erschöpft. Man muß zugeben, daß man darauf eine exakt beschreibende Terminologie schwerlich aufbauen kann. Die Hilflosigkeit der Sprache zeigt im übrigen, wie wenig uns — als biologische Wesen — die Formen der Natur als solche angehen, wobei ich nach der Heideggerschen Methode das Wort an-gehen mit einem Bindestrich schreiben möchte. An-geht mich der Abgrund, denn er greift gleichsam nach mir, wenn ich schwindelnd vor ihm stehe; ein formbeschreibender Ausdruck ist es nicht. An-geht mich der Paß, denn er lädt ein zu passieren; ein formbeschreibender Ausdruck ist es nicht. *Henri Baulig* hat in der Einleitung zu seinem Vocabulaire de Géomorphologie darauf hingewiesen, daß die Bezeichnungen Fjord, Föhrde, Firth im Grunde gar keine Formbezeichnungen sind, sondern ganz simpel auf das Wort „Fahren" zurückgehen, daß sie eine mögliche Schiffspassage ins Land hinein meinen.

Die Sache wird auch nicht viel besser, wenn wir die Fülle der Dialekt-Bezeichnungen heranziehen oder den beschreibenden Wortschatz im Ausdruck aus anderen Sprachen vermehren. Das Lokalkolorit, und auch darauf hat *Baulig* hingewiesen, verschleiert nur allzu leicht die Tatsache, daß sich unter einem sehr heterogenen Vokabular ein und dieselbe Sache verbirgt, was sehr speziell klingt, aber doch meistens die Privatterminologie einer längst unter anderem Namen bekannten Sache ist.

Die Naturwissenschaft verfügt nur über *eine* eindeutige Beschreibungsart, die mathematische. Die läßt sich jedoch auf die uns in der Natur entgegentretende Formwelt nicht anwenden. Gewiß, wir haben gelernt, wenigstens die Form der Bach-Schotter — die „Entenschnäbel, Butterstullen und Straußeneier" unserer Jugend — durch Abplattungs- und Zurundungsindexes messend einigermaßen zu erfassen, auf eine vergleichbare mathematische Größe zu bringen. Bei den Geländeformen versagt aber ein solches Verfahren. Weder die Bestimmung der sogenannten Reliefenergie noch die mittlere Hangneigung noch sonst eine nach Zahl und Maß bestimmbare Größe gibt uns die *Form* in

13

die Hand; alle derartigen Versuche morphographischer Art führen in eine Sackgasse. Eine Form läßt sich nur beschreibend mit dem Auge wie mit feinfühliger Hand abtasten, dynamisch als Bewegungsablauf. Ist das wissenschaftlich?

Nun, die relativ junge Wissenschaft der Geomorphologie hat sich zu helfen gewußt. Sie geht aus von der Erkenntnis, daß die Berge einfach das sind, was die Täler übriggelassen haben. Ihr Zauberwort heißt „Abtragung". Sie betrachtet die Formen als das, was sie meistens sind, als das Produkt der Zerstörung.

Jetzt ist es möglich, eine Geländeform aus ihrer beobachteten oder gedanklich erschlossenen Vorgeschichte zu verstehen — auf Kosten ihrer einmaligen individuellen Gestalt. Jetzt ist es möglich, die vagen und vieldeutigen Ausdrücke der Umgangssprache zu Kunstworten, zu termini technici zu erheben, indem man ihnen eine bestimmte Bedeutung vorschreibt, und zwar eine *genetische*. Um nur ein Beispiel anzuführen: Doline heißt in der gewöhnlichen jugoslawischen Umgangssprache „Tal", „Polje" ist Feld oder Ackerebene. Als morphologische Termini technici gewinnen beide Worte aber eine bestimmte Bedeutung, nämlich die von oberirdisch abflußlosen Hohlformen im Karst, die irgendwie durch Lösung des Kalksteines entstanden sind. Im Wort der Umgangssprache liegt das nicht drin. Als terminus technicus kann das Kunstwort für alle ähnlich entstandenen Gebilde gebraucht werden, wenn sie den Bedingungen entsprechen, die ihnen die Definition vorschreibt. Damit aber büßt das Wort weitgehend seine für die Verständigung so nötige, beschreibende Bedeutung ein, es wird „aufgewertet" zu einem erklärenden morphologischen Begriff, dem eine ganz bestimmte Auffassung zugrunde liegt. Wie die Morphologie nach der treffenden Verdeutschung von *William Moris Davis* eine *erklärende* Beschreibung der Landformen ist, so sind es auch schon die in ihr verwandten Termini technici — die allermeisten wenigstens.

Welch ein ungeheurer Fortschritt! Der morphologisch vorgebildete Tourist wird von seinem Aussichtspunkt nun nicht mehr bloß die Namen der Berge ermitteln können, er wird Kare sehen und Firnmulden, Trogtäler und Terrassen, Schuttkegel und Moränen, Dolinen und Poljen, Rundhöcker und Drumlins. Das ganze Blickfeld bevölkert sich mit „erkannten" Teilformen, für die nun eine Bezeichnung da ist, ein Name, ein Zauberwort. — Im Vollbesitz der erlernten morphologischen Terminologie ist unser Tourist in der Lage, der diffusen Fülle des sich vor ihm ausbreitenden Formenschatzes Herr zu werden — denkt er. Denken wir. Bis wir einmal die Erfahrung machen, daß durch die groben Maschen des überlieferten Begriffsnetzes, das wir über die Wirklichkeit werfen, doch allerhand hindurchschlüpft. Daß wir uns vorzeitig beruhigt haben, der magischen Wirkung eines vorgefaßten Begriffes — einer im Terminus technicus verborgenen Auffassung erlegen sind und uns der eigenen Beobachtung, dem Erkennen des etwa Neuem enthoben fühlten. Das *Neue*, das noch nicht Gesehene zu sehen, ist außerordentlich schwer. Denn im allgemeinen sehen wir ja nur das, was wir zu sehen gelernt haben oder besser, wir sehen es, wie wir es zu sehen gelernt haben. Gewiß ist die Beobachtung die Grundlage der geomorphologischen Forschung, aber gerade die Terminologie ist es, die allzuoft dem Sehen des Neuen im Wege steht. Je plausibler, je folgerichtiger

14

sie zu sein scheint, je mehr Autorität hinter ihr steht, desto stärker ist ihre Faszination. Sie beherrscht die offizielle Lehre, die Universitäten, die Schulen, die Lehrbücher — letztere übrigens am längsten. Brauche ich an die Zyklenlehre von *William Moris Davis* zu erinnern, an die längst als unhaltbar erkannten terminologischen Begriffe des jungen, alten und greisenhaften Formenschatzes? In allen Lehrbüchern, vor allem des Auslandes, treiben sie ihr Unwesen und immer wieder fließen sie unwillkürlich in unsere Diktion ein, wenn wir sie auch nicht mehr im Sinne von *Davis* meinen. *Davis* hat bekanntlich seinen Meister in *Walter Penck* gefunden. *Walter Pencks* „Morphologische Analyse", der wir alle viel verdanken — nicht nur durch den Widerspruch, den sie in uns weckte — schien ein Muster der Exaktheit, schien unser morphologisches Denken in neue Bahnen zu lenken, es der mathematischen Exaktheit näher zu bringen.

Dennoch, die „morphologische Analyse" bedient sich einer Terminologie, die in einigen Punkten besonders geeignet erscheint, unser Thema vom Glanz und Elend der Terminologie zu illustrieren. Sie war von einer bestechenden Faszination, und es gehörte aller Forschermut der jungen — heute 60jährigen Generation dazu, die Autorität der morphologischen Analyse zu brechen.

Sie wissen, daß allen voran unser Jubilar als junger Doktor und noch nicht einmal Privatdozent den Mut aufbrachte, gegen den von *Walter Penck* geprägten terminus technicus „Piedmonttreppe" und die darin enthaltene Vorstellung mit gewichtigen Argumenten anzugehen. Daher scheint es angebracht, gerade diesen terminus technicus, seinen Aufstieg und seinen Fall, hier als Beispiel unter die Lupe zu nehmen.

Der Terminus „Piedmonttreppe" knüpft an eine Beobachtung an, nämlich an das treppenförmige Übereinanderliegen von Verebnungen. Darauf zielt der beschreibende Ausdruck „Treppe". Das Wort „Piedmont", das man am besten mit „Bergfußflächen" übersetzt, kann gleichfalls als beschreibend gelten. Aber hinter dem Wort Piedmonttreppe verbirgt sich eine *genetische* Theorie, die von bestimmten Prämissen ausgeht. Erstens, daß sich eine solche *diskontinuierliche* Treppe bei der kontinuierlichen Heraushebung eines zentralen Berglandes bilden könne, und zweitens, daß die sich heraushebenden Flächen gleichzeitig weiterwachsen in Richtung auf das zentrale Bergland, endlich drittens, daß Piedmonttreppen dieser Art in allen Klimazonen entstehen können getreu dem Walter Penckschen Grundsatz, daß in allen Klimazonen die gleichen Formen entstünden, wenn nur die endogenen Bedingungen, d. h. die Bewegungsabläufe, die gleichen sind. Ich brauche in diesem Kreise nicht eigens zu erwähnen, daß die erste Prämisse schon gleich nach Erscheinen der morphologischen Analyse (1924) Widerspruch fand. Aber zehn Jahre lang wimmelte es in der Fachliteratur nur so von Piedmonttreppen, und man kann nicht behaupten, daß sie ausgestorben sind und überall der neutralen „Flächentreppe" Platz gemacht haben, obgleich Freund *Büdel* auf dem Nauheimer Geographentag 1934 in seinem glänzenden Referat über die Rumpftreppe des westlichen Erzgebirges die beiden anderen Prämissen *Walter Pencks* endgültig widerlegt hatte. Immerhin, eine Piedmonttreppe erscheint nicht mehr in *Herbert Louis'* Lehrbuch der Geomorphologie. Glanz und Elend eines faszinierenden genetischen terminus technicus! Uns geht es hier nicht um die Beweisführung, die Sie alle kennen, sondern um das Grundsätzliche.

Diese Art von termini technici bezeichnet *Formenkomplexe;* es ist nicht der ursprüngliche Anteil der Beobachtung, der sie unhaltbar macht, sondern die untergeschobene mit dem terminus unlöslich verbundene genetische Auffassung. *Walter Penck* hat sich leidenschaftlich gegen die deduktive Methode der Zyklenlehre von *W. M. Davis* gewandt, aber sein Werk ist selbst weitgehend auf deduktiven Elementen aufgebaut.

In der „aufsteigenden" und „absteigenden Entwicklung" hat *Penck* terminologische Begriffe geschaffen, die nicht weit von *Davis'* „Altersstadien" entfernt sind. Beide sind gedankliche Ableitungen, die zwar auf gewissen Erfahrungen beruhen, aber in unserer heutigen klimatischen Morphologie keinen Platz mehr haben.

Ganz gewiß kann eine wissenschaftliche morphologische Terminologie auf das genetische Moment nicht verzichten, und dies setzt immer oder doch oft notwendigerweise, ein wenig Deduktion voraus. Unsere morphologische Wissenschaft beruht nun einmal auf dem Wechselspiel von Induktion und Deduktion, da wir wegen der langen Dauer morphologischer Prozesse gezwungen sind, aus dem Nebeneinander von Formen auf der Erde auf ein Nacheinander zu schließen. Das war der Grundsatz von *Davis'* Zyklenlehre und er ist — als Grundsatz — richtig, freilich mit einer Einschränkung, die das Ergebnis der neueren klimatischen Morphologie ist: Nebeneinander, besser noch: Übereinander finden wir in unserem Klimabereich das Ergebnis der „Prägestöcke" (wie *Büdel* so schön sagt) verschiedener Klimate. Statt einer Formenreihe haben wir deren eine unbegrenzt große Anzahl — nicht allein wegen des wechselnden Kräfteverhältnisses der endogenen und exogenen Faktoren zwischen Hebung und Ablagerung — was schon *Walter Penck* betonte —, sondern auch wegen der prinzipiellen Ungleichartigkeit der klimatischen Abtragungsvorgänge in Raum und Zeit. Genetische Terminologien sind um so gefährdeter, je größere Formkomplexe sie umfassen und einheitlich erklären möchten. Die Piedmonttreppe ist solch ein Beispiel.

Ein anderes, uns hier besonders naheliegendes, ist die Schichtstufenlandschaft.

Man kann den terminus technicus rein deskriptiv verwenden; er bezeichnet dann ein Stufenland im Bereich mehr oder minder flachlagernder Schichtgesteine. Aber wer beschränkt sich darauf? Von vornherein enthält der Ausdruck eine weitere Aussage: nämlich, daß die Stufe an das Auftreten einer morphologisch harten Schicht gebunden ist. Damit aber beginnt die Deutung der Entstehung. Soviel Theorien der Entstehung der Schichtstufenlandschaft es auch gibt; die einzyklische, die mehrzyklische, die Dellentheorie *Schmitthenners,* die Firstverschneidungstheorie *Gradmanns* —, alle nehmen sie ein Rückwärtswandern der Stufe als etwas Selbstverständliches an, und alle bringen die Stufe in notwendige Verbindung mit dem Ausstreichen harter Schichten. Wieder war es ein Geographentag — der Würzburger —, an dem unser Jubilar für eine morphologische Sensation — vielleicht eine Revolution — auf dem Gebiet der Schichtstufenlandschaft sorgte, indem er das Galliläische „Und sie

16

bewegt sich doch" umkehrte in ein „Und sie bewegt sich nicht"; indem er in den Stufenflächen oder Landterrassen (wenigstens für die Gäuflächen) kein proxymales und distales Ende annahm, sondern die Gleichzeitigkeit der Einsenkung („Tieferschaltung") von Spülflächen beiderseits einer zentralen Entwässerungsader, analog den Verhältnissen im Kristallin des tropischen Gondwanalandes. Neue Auffassungen bedingen neue termini technici. Der Ausdruck „Spülfläche" geht freilich weiter zurück, wenigstens dem Sinn nach. Schon seit einigen Jahrzehnten sah man hierin die Abtragungsform tropischer Schichtfluten. *Büdel* hat nun darauf hingewiesen, daß in den feuchten Tropen die Verwitterung in bestimmten Fällen stets einige Schritte der flächenhaften Abtragung vorauseilt, so daß man außer der oberflächlichen Abtragung noch eine weitere, an der Unterseite der vielfach Zehner von Metern mächtige Verwitterungsdecke annehmen müsse. Sie ist eigentlich eine Aufbereitungsfläche, die nach Entfernung des aufbereiteten Materials als Fläche bzw. flaches Relief bloßgelegt werden kann. Ob sich der Terminus: doppelte Abtragungsfläche — wir Frankfurter apostrophieren sie als „doppeltes Lottchen" — halten wird, ist eine andere Frage. Aber die Sache als solche bleibt bestehen. Schon *Credner* hat in seiner Arbeit über die intramontanen Becken in Siam auf die parallele bzw. quasiparallele Tieferschaltung zwischen Ober- und Unterfläche hingewiesen.

Was die Schichtstufen betrifft, so sieht *Büdel* in ihnen gleichsam nur noch „Arabesken". Diese „Arabesken" haben allerdings ihr eigenes Gesetz; sie bleiben Schichtstufen, indem sie sich rein formal, d. h. im speziellen Formenschatz von Denudationsstufen im anderen Gestein unterscheiden. *Kurt Kayser* hat sehr schön am Great Escarpment in Südafrika zu zeigen vermocht, wie eine Denudationsstufe sofort den Charakter einer Schichtstufe annimmt, sobald sie in den Bereich der Trappdecke gerät. Der Terminus Schichtstufe — er wird uns sicher erhalten bleiben — ist immer ein Unterbegriff der Denudationsstufe und als solcher gerechtfertigt. Erst im theoretischen Gebäude der Schichtstufenlandschaft spielt er eine Sonderrolle. Es wäre gut, die Stufe von der unbedingten Verpflichtung, also solche zurückzuwandeln, zu befreien und ihr wieder den beschreibenden Charakter zurückzugeben — unabhängig davon, ob die für das Gäuland entwickelte neue Auffassung von *Büdel* sich überall als zutreffend erweist oder nicht.

Die Gerechtigkeit gebietet es, daran zu erinnern, daß auch schon die Schule *Mortensen*, wenngleich in anderem Zusammenhang, im Begriff der alternierenden Abtragung die Schichtstufe zu einer zeitweiligen „Arabeske" gestempelt hat. Auf die sachlichen Argumente in punkto Schichtstufenlandschaft einzugehen, kann ich mir an dieser Stelle gewiß schenken. Sie sind Ihnen allen bekannt genug. Und uns geht es ja hier nur um das Wesen der Terminologie, ihre beabsichtigte oder unbeabsichtigte dirigistische Rolle.

Es sei erlaubt, daran zu erinnern, daß wir alle durch die Bank der Suggestion der Terminologie und der auf Grund dieser Vorstellung gezeichneten Profile, gerade hinsichtlich der Schichtstufenlandschaft, erlegen sind. So haben wir undiskutiert hingenommen, daß die Landterrassen von der Stirn der Stufe weg in Richtung des angeblichen Stufenwanderers einfallen. Ich meine, auch *Büdel* selbst hat irgendwann einmal — es mag auch in einem internen Kolloquium der Fall gewesen sein — bemerkt, der Unterschied zwischen den Piedmontflächen und den Landterrassen im Schichtstufenland sei der, daß die Piedmontflächen von der oberen Stufenkante jeweils ansteigen, nämlich in Richtung des Hebungszentrums, im Schichtstufenland die Flächen dagegen von der oberen Stufenkante abfallen — nämlich in Richtung des Stufenwanderers. Diese eklatante Definition hat mir damals mächtig imponiert. Wir alle lernen Gott sei Dank dazu.

Büdel selbst hat uns nun gezeigt, daß wir der Suggestion der Idealprofile durch das Schichtstufenland erlegen sind, und er hat dieses vom Terminologie-Gehalt her diktierte Idealprofil wenigstens für diesen Raum hier auf dem Würzburger Geographentag berichtet. Gestatten Sie mir nun noch ein letztes Beispiel, und zwar eines aus meinem speziellen morphologischen Arbeitsgebiet, der Karstforschung. Die klassische karstmorphologische Terminologie ist, wie Sie alle wissen und — wie es der Ausdruck „Karst" schon besagt — im dinarischen Raum entwickelt worden.

Daß eine Landschaftsbezeichnung für den Oberbegriff eines morphologischen Phänomens herhalten mußte, ist schon sehr bezeichnend und vom Standpunkt unserer heutigen klimatischen Morphologie sehr bedenklich. Noch immer gilt der dinarische Karst als der klassische Karst. Gewiß, wissenschaftsgeschichtlich betrachtet ist er es. Hier sind die klassischen Begriffe Doline, Uvala, Polje geprägt worden, hier sind auch vornehmlich durch *Cvijić* und seine Schule die Vorstellungen über die Genese der Karstformen entwickelt worden und haben von hier aus die ganze wissenschaftliche Welt erobert.

Mit dem Erfolg, daß man jedes Karstgebiet der Erde mit dinarischem Maßstab an den klassischen Musterformen gemessen hat, ob die wirklich beobachteten Formen in das Prokrustesbett paßten oder nicht. Es gehört zu den Eigentümlichkeiten einer bequemen Terminologie, daß möglichst vieles hineinpaßt. Was sich nicht so recht einfügen will, ist dann eine örtliche Variante. Immer noch besser, als jede Variante zu einem eigenen morphologischen Typ zu erklären.

Aber wann läßt die angebliche Variante etwas grundsätzlich Neues erkennen? Wenn man die Berichte von *Daneš* etwa aus dem Gunung Sewu im Java oder aus dem Karstgebiet von Jamaika liest, findet man eine große Fülle von guten Beobachtungen, aber zu ihrer Beschreibung werden die klassischen termini technici aus dem dinarischen Karst benutzt. Die Dolinen sind tiefer, gewiß, sie werden hier auf Jamaika Cockpits (d. h. Gruben, in denen Hahnenkämpfe ausgeführt werden, dann auch der abgeschlossene Sitzraum einer Segeljacht) genannt — ein von den Engländern eingeführter Ausdruck, der übrigens ganz und gar nicht für die Form dieser tropischen „Dolinen" paßt, sondern eher noch für die außertropischen. Es ist erstaunlich zu sehen, wie angesichts einer so neuartigen Formenwelt die „klassischen Grundformen" wiedererkannt werden, wie die Terminologie den Forscher zwingt, in bestimmter Weise zu sehen.

Junghuhn, von morphologischen Terminologien weniger belastet, konnte vom Gunung sewu noch sagen, es sähe aus „wie ein Acker, auf dem Maulwürfe ihre dichtgedrängten Haufen aufgeworfen haben". Sein ungetrübter Blick erkannte die Vollformen als das physiognomisch Wesentliche und in dem Wort

18

„dichtgedrängt" liegt eine vortreffliche Beobachtung verborgen. Heute ist der tropische „Kegelkarst" aus einem terminologischen Novum längst zu einem anerkannten Begriff geworden. Warum hat es so lange gedauert, ihn zu sehen, das Andersartige in ihm zu sehen?

Unsere genetische Terminologie nimmt keinen Anstoß an auch noch so auffallenden physiognomischen Unterschieden. Vollformen sind eben Restformen, das was übrigbleibt. Wenn man Dolinen sich eintiefen läßt, so daß sie sich schließlich gegenseitig berühren, so bleiben in den Zwickeln zwischen ihnen Restberge übrig.

Das war die notwendige Folgerung von *A. Grund*, als er seinen morphologischen Karstzyklus aufstellte und, auf *Daneš* Beobachtungen fußend, das Cockpitstadium als Altersstadium der Karstentwicklung in seinen Zyklus einbaute. Seine Vorstellung vom Cockpitkarst, die er in seinen Blockdiagrammen niedergelegt hat, sah freilich ganz anders aus als die Wirklichkeit, die er nie gesehen. In *Machatscheks* „Kleine Geomorphologie" der 6. Auflage von 1954 erscheinen die — unzutreffenden — Blockdiagramme Grund's unmittelbar neben einer Aufnahme eines prächtigen Kegel- oder Turmkarstes, die ich ihm zugeleitet hatte. Mit keinem Wort wird die ins Auge springende Diskrepanz zwischen Blockdiagramm und photographierter Wirklichkeit gesehen. Der „Zyklus" ist stärker. *Grund* hat das Cockpitstadium für ein Zeichen des „reifen" und „alternden" Karstes angesprochen, das sich leider in dem jungen dinarischen Karst nicht beobachten ließ. In Wahrheit ist der dinarische Karst vielfach *älter*, als der tropische Kegelkarst, der z. T. in miozänen Kalken voll ausgebildet ist. Der Zyslusgedanke verhinderte *Daneš* wie *Grund*, nach dem absoluten *Alter* jener tropischen Formen zu fragen. Sie schienen einfach in den Zyklus zu passen, und damit waren sie eben als alt abgestempelt. *Grund* hätte vielleicht stutzig werden sollen wegen eines anderen Vorurteils, nämlich der Auffassung, daß in den Tropen die Karstlösung langsamer vor sich gehen solle als in den gemäßigten Breiten, da ja warmes Wasser weniger CO_2 enthalte als kaltes.

Noch in einem Briefwechsel zwischen *Otto Lehmann* und mir hat *Otto Lehmann* diese Meinung vertreten. Er schreibt mir unter dem Datum vom 24. Mai 1934, das Regenurwaldklima und das feuchtheiße Monsunklima schlössen „ohnehin die kraftvolle Mitwirkung der Kohlensäure bei der Auslaugung aus". Unsere Messungen auf Cuba haben 30 Jahre später das Gegenteil erwiesen.

Dies nur als Beispiel, wie verständliche wissenschaftliche Vorurteile die Terminologie nach dem Motto „weil nicht sein kann, was nicht sein darf" mitgestalten helfen.

Im Fall der Karstmorphologie hat die Übermacht der klassischen Terminologie — gewonnen in einem Gebiet, in dem Art und Größenordnung der Karstkorrosion faktisch weit geringer ist als in den feuchten Tropen und feuchtheißen Monsunklimaten — einfach die Beobachtungsergebnisse gefälscht, bzw. als plausible Konsequenz der einen und einzigen Entwicklungsreihe erscheinen lassen. Sie hat die Forschung gehemmt, um es schlicht und gerade zu sagen.

Inzwischen läuft der „tropische Kegelkarst" erneut Gefahr, terminologisch zu verhärten. Da wird z. B. „mein" Kegelkarst gegen den Turmkarst von

Wissmann ausgespielt. Der Botaniker *Handel-Mazetti*, auf den letzten Endes der rein beschreibende Ausdruck Kegelkarst zurückgeht, vergleicht den von ihm besuchten Karst in Queitschou mit den Kegeln eines Kegelspiels. Er meint also das, was *Wissmann* den Turmkarst nennt — in meiner Ausdrucksweise, einem anderen Sprachbereich entnommen: einen steilen Mogoten, eine Spielart des Kegelkarstes, lediglich abhängig von der Mächtigkeit der Schichten über dem Vorfluter und dem Stadium der Auflösung. Entschuldigen Sie, daß ich hier selber das aus dem Zyklen-Denken stammende Wort „Stadium" gebrauche. Es gibt immer Stadien der Zerstörung. Mit der Propagierung des umfassenden Ausdrucks Kegelkarst habe ich, angeregt durch Handel-Mazetti, einen Oberbegriff schaffen wollen für alle Karstausprägungen, bei denen die „dichtgedrängten" Vollformen stärker in das Auge fallen, als die Löcher, die Dolinen — vom „Kegelkönig" angefangen bis zu den „Bienenkörben" der holländischen Literatur, den „Maulwurfshaufen" *Junghuhns* und den „Haystakes" (Heuhaufen) der Amerikaner auf Puerto Rico.

Daß hier die Vollform, die „dichtgedrängten" Kegel herrschen, hat noch eine andere Konsequenz: die Doline (bzw. das Cockpit) kann nicht rund sein. *Cvijić* und alle Lehrbücher beschreiben eine Doline aber als eine trichter- oder schüsselförmige Karsthohlform mit rundlichem, im Idealfall kreisförmigem Grundriß.

Natur und Kartenbild zeigen uns in den Tropen zipflige, konvex nach innen eingebogene Konturen der Karsthohlformen, die Vollformen dagegen haben oft fast ideal kreisförmigen Grundriß. Der Kegelkarst sieht im Kartenbild aus wie das Negativ eines außertropischen Dolinenkarstes.

Ich habe vor wenigen Tagen in meinen Übungen zur Karteninterpretation für Fortgeschrittene die Probe aufs Exempel gemacht und den Teilnehmern schöne Blätter des Karstes auf Puerto Rico in Isohypsenmanier vorgelegt, mit der Frage, worum es sich hier morphologisch handele. Die Antwort lautete: „um Karst". „Warum?" — „ich sehe lauter Dolinen". — „Also sehen sie sich die Dolinen an und zeichnen sie sie mir dann aus dem Gedächtnis an die Tafel".

Der erste zeichnete prompt Kreise — natürlich blieben dann in den Zwickeln benachbarter Kreise nur eckige Formen für die Restberge übrig. Erst der fünfte kam darauf, daß der Grundriß der tropischen Dolinen eckig, mit konkav nach innen eingebogenen Seiten sein müsse, wenn Karstkegel mit rundem Grundriß von ihnen getrennt werden. Jeder hatte die Karte vor Augen, aber sah es nicht, und ohne die Karte, an der Tafel, wurden die Dolinen alle rund. Weil Dolinen eben rund zu sein haben.

Genug! Ich will es bei diesen Beispielen bewenden lassen. Man wird mir entgegenhalten, ich habe zu sehr das wohlbekannte Elend der wissenschaftlichen Terminologien geschildert, nicht aber ihren Glanz, ihre positive Leistung. Jede Terminologie ist etwas Vorläufiges, wird man sagen, aber sie ist nötig. Und dem stimme ich voll zu. Sie enthält immer eine Modellvorstellung. Aber ein Modell, das aus der Vorstellung geboren ist und das Vorgänge, Entwicklungen veranschaulichen soll, ist immer ein vorläufiges Hilfsmittel, es darf nicht verabsolutiert, darf nicht zum *Dogma* und damit zum Hindernis für weitere

Forschungen werden. Das Bohrsche Atommodell, so klar und einleuchtend, aber weder von seinem Erfinder *Nils Bohr* noch von den Physikern, die damit operierten, als bare Münze genommen, soll uns als Warnung dienen; es veranschaulicht nun zwar grundsätzlich Unanschauliches, während unsere morphologischen Modelle ja durchaus anschauliche Formen zur Grundlage haben, makroskopische Gebilde. Da wir es in der Morphologie mit genetischen Modellen zu tun haben, ist es vielleicht angebracht, an *Goethes* „Urpflanze" zu erinnern, wenngleich dieses zweite Beispiel auch zu sehr ins Biologische übergreift. *Goethe* hatte die „Urpflanze" anschaulich vor Augen, als Ergebnis zusammenmontierter Erfahrung. *Schiller* belehrte ihn eines Besseren. *Goethe* selbst berichtet über dieses Gespräch: „Da trug ich die Metamorphose der Pflanzen lebhaft vor und ließ ... eine symbolische Pflanze vor seinen Augen entstehen ..., als ich aber geendet, schüttelte er den Kopf und sagte: „Das ist keine Erfahrung, das ist eine Idee".

Damit ist zugegeben, daß jede Modellvorstellung über den Bereich der Erfahrung hinausgeht, hinausgehen muß.

Jede Terminologie, die auf solchen Modellvorstellungen aufgebaut ist, hat in den Augen des ernsthaften Forschers nur einen hermeneutischen Charakter und ist ersetzbar, ja sie muß ersetzt werden — sonst würde das einen Stillstand der Forschung bedeuten. *Jaspers* hat einmal gesagt: eine Wissenschaft ist nur solange lebendig, als sie bereit ist, ihren Vorstellungsschatz — ihre Terminologie — ständig zu revidieren. Nur gegen den falschen Glanz klassischer Terminologien, nur gegen das Festhalten an ihnen waren meine Ausführungen gerichtet — weniger polemisch als psychologisch zu verstehen.

Aber zugleich wollten sie ein kleiner Appell sein, die neuen Terminologien, die wir auf Grund der fortschreitenden Erkenntnisse erfinden und aufstellen, möglichst sorgfältig zu wählen. Zwischen beschreibenden und genetischen Termini technici wäre am besten zu trennen. Der amerikanische Morphologe *Russel* in Baton Rouge hat kürzlich die gleiche Forderung aufgestellt. Unsere genetischen termini technici werden der Mannigfaltigkeit der Formenwelt nicht gerecht. Für geographische, also auch speziell morphologische Zwecke brauchen wir, so sagt er, mehr eindeutig definierte morphographische, formbeschreibende termini technici. Ob das möglich ist, wage ich zu bezweifeln. Immerhin, auch die beschreibenden Termini bedürfen unserer Sorgfalt und sie müssen frei von möglichen Mißverständnissen sein. Wenn ich die hier anwesenden nichtgeographischen Damen frage, was eine positive Strandverschiebung ist, werden sie mir gewiß antworten: nun, ein Vorschieben des Strandes gegen das Meer. Denn der Strand ist ja ein Teil des Landes. Aber die Terminologie will es umgekehrt. Bei einer positiven Strandverschiebung weicht der Strand zurück. Logik, du kennst keine Grenzen!

Lieber Freund *Büdel*, meine Damen und Herren — Sie haben vielleicht bemerkt, daß meine kleine Plauderei vor allem eines bezweckte, nämlich die bisherige Lebensleistung unseres Jubilars in eine allgemeine Betrachtung einzufangen. Er hat, früh schon, den mutigen Kampf gegen Vorstellungen aufgenommen, die unserer klassischen geomorphologischen Terminologie zugrunde liegen. Er ist einer der großen Bahnbrecher der klimatischen Geomorphologie, die nicht mehr wegzudenken ist. Lassen Sie mich schließen mit einem Vers *Rilkes* aus dem Stundenbuch:

>„Werkleute sind wir, Knappen, Jünger, Meister
>und bauen Dich du hohes Mittelschiff
>und manchmal kommt ein ferner Hergereister,
>geht wie ein Glanz durch unsere hundert Geister
>und zeigt uns zitternd einen neuen Griff."

So manchen neuen Griff hast Du uns gezeigt, lieber Jul, wenn auch nicht zitternd, sondern im Gegenteil, ganz ohne Zagen. Wir, Deine Kommilitonen der schönen und zugleich auch schweren Zeit in Berlin, wissen das am besten.

So darf ich Dir im Namen der Berliner, aber wohl auch im Namen der Wissenschaft der Geomorphologie, einen weiteren glücklichen Schaffensabschnitt in Deinem Leben wünschen.

10. Jahrestagung (8.10.1966), Festvortrag

Die Karstlandschaften der Erde in vergleichender Sicht

Von HERBERT LEHMANN (Frankfurt am Main)

Meine Damen und Herren!

Im siebenten Buch seines Dialogs über den Staat läßt Plato durch den Mund des Sokrates das berühmte Höhlengleichnis entwickeln, das ich Ihnen nicht ohne ketzerische Hintergedanken zu Beginn meiner heutigen Ausführungen in Erinnerung rufen möchte.

Denken wir uns - so Sokrates - Menschen, die von frühester Kindheit an ihr Leben in einer Höhle verbringen, gefesselt an Fuß und Nacken, mit dem Rücken zum einfallenden Licht, so daß sie sich nicht umdrehen können und nur die Schatten der sich draußen abspielenden Dinge an der Höhlenwand wahrnehmen können. Müssen sie nicht diese Schattenbilder für die volle und einzige Wirklichkeit nehmen?

Wenn nun einer dieser Troglodyten sich freimachte von den Fesseln und stiege in die Oberwelt hinauf, müßte er nicht verwirrt sein vom Anblick der wahren Dinge unter der Sonne und zunächst die gewohnten Schattenbilder für wirklicher und relevanter halten als ihre Urbilder hier draußen? Gewöhnte er sich aber an den neuen Aspekt der Dinge und käme dann zurück zu seinen Troglodyten und erzählte ihnen, wie die Dinge wirklich liegen, würde er da nicht mit Spott überschüttet und müßte Reden vernehmen, wie - und nun zitiere ich wörtlich: "Er stieg aus der Höhle und kehrte mit verdorbenen Augen wieder" oder "Nicht lohnt auch nur der Versuch einer Reise nach oben!"

Nun, meine Damen und Herren, Sie wissen natürlich, daß dieses Gleichnis auf Platos Ideenlehre zielt, auf den Unterschied von Sein und Schein, und nicht etwa anwendbar ist auf den Unterschied zwischen dem Speläologen, der sein Forscherleben in Höhlen verbringt und dem Karstmorphologen, der die Dinge von außen, also gewissermaßen oberflächlich betrachtet. Dennoch bekommt der Karstmorphologe von den zünftigen Speläologen oft das gleiche Wort zu hören, wie jener sokratische Outsider vom Chor der Troglodyten: nicht lohnt auch nur der Versuch einer Reise nach oben! Wir aber wollen heute jene Reise nach oben unternehmen, wollen die Karstlandschaften der Erde betrachten, so wie sie sich dem prüfenden und vergleichenden Blick darbieten, ohne freilich dieser oberflächlichen Betrachtungsweise den Primat in der Karstforschung zusprechen wollen.

Längst wissen wir ja, daß zwischen den Oberflächenformen des Karstes und den unterirdischen Karstphänomenen ein inniger Zusammenhang besteht, und daß beides zusammen gesehen werden muß. Freilich, welcher Art die Beziehungen sind, wissen wir vorerst nur zum Teil. Der Vielzahl von morphologischen Karsttypen entspricht nicht die gleiche Anzahl von Höhlentypen -

um nur ein Beispiel zu nennen. Wir treffen in den Höhlen des tropischen Kegelkarstes zum guten Teil die gleichen Phänomene an, wie in den Höhlen des dinarischen Karstes, und doch unterscheiden sich die Karstlandschaften beider Gebiete auf unverwechselbare Weise. So müssen wir uns vorerst damit begnügen, die Karstlandschaftstypen der Erde nach ihrem morphologischen Habitus möglichst genau zu erfassen und voneinander abzugrenzen. Auf diesem induktiven Wege werden wir das Feld für den zweckmäßigen Einsatz morphogenetischer, geochemischer, petrographischer und hydrographischer Untersuchungsmethoden vorbereiten können.

Daß die Karstlandschaften der Erde verschieden sind, hat man gewiß schon früh bemerkt. Aber man hat, wie so oft in der Wissenschaftsgeschichte, das Gebiet, in dem der Formenschatz des Karstes zuerst genauer studiert worden ist, den dinarischen Karst als Prototyp einer Karstlandschaft schlechthin genommen, hat die hier entwickelte Terminologie: Doline, Jama, Uvala, Polje und so weiter unbesehen auf andere Karstgebiete mit abweichendem Formenschatz angewandt, bzw. sie an ihnen gemessen. Damit ist man in eine Sackgasse geraten, aus der eine Umkehr nicht so leicht möglich war.

Kein Geringerer als der Altmeister der Karstforschung, Jovan Cvijić selbst hat in seinem nachgelassenen, erst 1960 von der serbischen Akademie der Wissenschaften herausgegebenen Werk "La Géographie des Terrains calcaires" diesen meines Erachtens falschen Weg vorgezeichnet, den die Karstforschung tatsächlich gegangen ist.

Wie der Titel dieses in den Zwanziger Jahren verfaßten, auch heute noch mit kritischem Vorbehalt durchaus lesenswerten Werkes besagt, versucht Cvijić in ihm eine Klassifizierung der verschiedenen ihm aus eigener Anschauung oder aus der Literatur bekannten Karstlandschaften der Erde. Aber sie werden nicht auf ihren spezifischen Formenschatz hin untersucht, sondern gemessen nach dem Anteil an dem Katalog der im dinarischen Karst beobachteten, als charakteristisch und quasi universal angesehenen Karstphänomene. So unterscheidet Cvijić nur drei Gruppen von Karstlandschaften.

1.) Den Holokarst oder Vollkarst (vom Griechischen hólos = ganz). "C'est le Karst complet, dans lequel toute les formes karstiques sont parfaitment développées ainsi que les phénomènes les plus variés de l'hydrographie Souterraine".

2.) Den Mero- oder Teilkarst (vom Griechischen méros = Teil), der folgendermaßen definiert wird: "Dans celui-ci ne sont développées que certains traits du relief karstique; d'autres manquent complètement ou sont considérablement modifiés. C'est donc un Karst partiel et imparfait."

Schließlich 3.) Die Übergangsformen (types de transition) von denen namentlich der "type de causses" und der "type karstique du Jura" als Typen erwähnt werden, die sich mehr dem Holokarst als dem Merokarst anschließen.

Ich verzichte darauf, die von Cvijić vorgenommene Einordnung der einzelnen europäischen Karstgebiete in die Gruppe der Übergangsformen zu rekapitulieren, da der Begriff der Über-

gangsformen ohnehin ein purer Verlegenheitsbegriff ist.
Indessen möchte ich ein Wort aus der gleichfalls sehr weitherzigen Definition des Merokarstes aufgreifen:
"Traits du relief karstique considérablement modifiés."
Modifiés - gemessen an dem vermeintlichen Standard-Typ des dinarischen Karstes, an seinem für schlechthin charakteristisch angesehenen Formenschatz. Aber gerade auf dieses "modifiés" kommt es an. Was ist Urbild, was Modification, was die Regel, was die Abweichung?

Heute wissen wir, daß auch der dinarische Karst nur eine Variante und nicht etwa der allein maßgebende Prototyp des Karstphänomens ist. Einen solchen nämlich gibt es nicht.
Cvijić hat in seiner genannten Schrift als Beispiel für den Holokarst neben dem dinarischen Karst als gleichrangig und bis auf gewisse "senile" Züge gleichartigen Karst der Insel Jamaica genannt, den er nur aus der Beschreibung von Danes kannte.
Alfred Grund hat dann in seiner Lehre vom Karstzyklus im jamaicanischen Karst ein fortgeschrittenes Stadium, das sogenannte Cockpitstadium, einer allgemeinen gradlinigen Karstentwicklung zu erkennen geglaubt. Heute wird der tropische Kegelkarst allgemein als eine klimabedingte Variante sui generis anerkannt, die sich weder vom Formenschatz des dinarischen Karstes ableiten, noch ihrerseits als der Prototyp einer reinen, ungestörten Karstentwicklung hinstellen läßt. Denn dieser Typ des Kegelkarstes ist strikt an das feuchtheiße Tropenklima beziehungsweise Monsunklima gebunden - genauer gesagt, an geographische Breiten, in denen ein solches Klima mindestens seit dem Jungtertiär ununterbrochen herrschte.
Damit ist heute die <u>Klimavarianz</u> des Karstphänomens erwiesen.
Der dinarische Holokarst ist - wenn wir diesen terminus technicus überhaupt noch gebrauchen wollen - nicht gleich dem Holokarst der Tropen.
Mindestens seit dem internationalen Karstsymposium in Frankfurt 1953 ist das Wissen um die klimagenetische Differenzierung des Karstes Allgemeingut unserer Forschung geworden, wenn auch im einzelnen viele Fragen auf diesem Feld noch zu klären sind.

Ein weiterer Faktor, der das Antlitz der Karstlandschaften maßgebend bestimmt, den Cvijić in seiner Systematik Holokarst Merokarst übersehen hat, ist die "Epirovarianz" im Sinne von Büdel, und die zu vergessen, die "Tektonovarianz".
<u>Tektonovarianz</u>: Es macht einen großen Unterschied aus, ob ein Karstgebiet tektonisch durchbewegt ist, wie es im dinarischen Karst mit seinem Deckenbau der Fall ist, oder ob es sich um flachlagernde, kaum gestörte Kalkpakete handelt, die flächenmäßig meines Erachtens auf der Erde bei weitem überwiegen. Zum Beispiel ist die Bildung echter Poljen, wie wir sie aus dem dinarischen Karst kennen, wenn auch nicht direkt, so doch gewiß indirekt an die Tektonik gebunden, wie schon ihre Einregelung in das Streichen der Falten und Störungen zeigt.
In weithin flachlagernden ungestörten Kalken habe ich noch kein echtes Polje angetroffen, auch wenn der Verkarstungsprozeß erwiesenermaßen bis ins Alttertiär oder noch weiter zurück reicht. Cvijić hat solchen Gebieten das Prädikat "Holokarst" versagt.

Epirovarianz: Darunter verstehen wir den Einfluß weitgespannter epirogenetischer Krustenbewegungen. Es macht einen Unterschied aus, ob eine der Verkarstung unterworfene Scholle eine junge, kräftige tektonische Hebung über das Niveau des Vorfluters erfahren hat, oder ob sie im Gegenteil lange in geringer Meereshöhe verharrt hat.

Soweit ich sehe, ist zum Beispiel der tropische Kegelkarst trotz Vorhandenseins aller anderen Vorbedingungen in Kalkgebieten, die in geringer Meereshöhe verharrt haben, nicht anzutreffen, ebensowenig wie in den meeresnahen tropischen Karstrandebenen, die bereits einen sogenannten Karstzyklus hinter sich haben und nun quasi das Äquivalent zu den meeresnahen Rumpfflächen in nichtdurchlässigen Gesteinen bilden.

Endlich ist unter den Faktoren, die eine Karstlandschaft prägen, die Petrovarianz zu erwähnen. Sie ist seit langem bekannt, wenn auch noch keineswegs genügend untersucht. Mancher Karstforscher würde sie an die erste Stelle setzen und auch Cvijić hat im wesentlichen sie für den unvollkommenen Karstformenschatz seines "Merokarstes" verantwortlich gemacht. Gewiß sind die Einflüsse der Reinheit der Kalke, ihre Mächtigkeit und Bankung von größter Bedeutung für die Verkarstung, doch darf man unseres Erachtens ihnen nicht alle Unterschiede im Bild der Karstlandschaften in die Schuhe schieben. Gerstenhauer und Pfeffer haben die Verkarstungsfreudigkeit von Kalken verschiedener Herkunft und Konsistenz im Laboratorium des Frankfurter Geographischen Institutes untersucht und sind zu sehr wertvollen Schlüssen gekommen. Sie haben aber mit Recht daraufhingewiesen, daß die Bedingungen in der Natur sehr viel komplexer sind als im Labor. Meine Erfahrungen in tropischen Karstgebieten lehren mich, daß die gleichen Kegelformen in Kalken sehr unterschiedlicher petrographischer Zusammensetzung und Bankung auftreten, wenn bestimmte Bedingungen erfüllt sind, die mit dem Alter und der Beschaffenheit der Kalke nichts zu tun haben; andererseits habe ich selber auf Unterschiede im Formenschatz des tropischen Karstes aufmerksam gemacht, die überall da auftreten, wo der Reinheitsgrad der Kalke einen gewissen Schwellenwert merklich unterschreitet. Aber viele der von Cvijić zum Merokarst gerechneten Kalke Mitteleuropas würden in den Tropen den schönsten Kegelkarst abgeben, wie z.B. die Malmkalke unserer Alb, die nach Cvijić ja auch zum Merokarst gerechnet werden müssen.

Klimavarianz, Tektonovarianz, Epirovarianz und Petrovarianz sind also die Größen, die in mannigfaltiger Zusammensetzung das Antlitz der Karstlandschaften der Erde bestimmen. Es ist klar, daß somit kein Karstgebiet, auch nicht der so schön entwickelte dinarische Karst, der Maßstab für andere sein kann, und wenn wir weiterhin vom klassischen dinarischen Karst sprechen, so nur im wissenschaftsgeschichtlichen Sinne und keineswegs im Sinn eines "idealen" oder normativen Formenschatzes. -----

Im zweiten Teil seines Vortrages brachte Prof. Dr. H. Lehmann an Hand von Bildern eine Reihe konkreter Beispiele zu den Ausführungen des 1. Teiles. Die Ausführungen im zweiten Vortragsteil waren so eng mit den Diapositiven aus den Karstgebieten von Griechenland, Italien, Mallorca, Mitteleuropa, England, Cuba, Java, Jameika, Indiana, Kentucky und Florida verknüpft, daß ihre Wiedergabe ohne die entsprechenden Bildbeispiele nicht möglich ist, weshalb an dieser Stelle leider darauf verzichtet werden muß.

ZUR MORPHOLOGIE DER MITCHELLPLAIN UND DER PENNYROYAL-PLAIN IN INDIANA UND KENTUCKY

Mit 4 Karten und 3 Abbildungen

Von Herbert Lehmann (Frankfurt/M)

Wer die topographischen Blätter 1 : 24 000 von Indiana und Kentucky mit ihren Isohypsen-Intervallen von 10 zu 10 Fuß durchgeht, wird in gewissen Gebieten auf eine Landform stoßen, wie sie in dieser Art und Ausdehnung in Europa nicht vorkommt, nämlich *eine tallose, von unzähligen Schlüsseldolinen* jeder Größe durchsetzte Ebenheit im Kalk von 5 bis nahezu 20 km Breite, die über große Distanz eine einheitliche Meereshöhe von 6—700 Fuß einhält. Diese Dolinenebene (Sinkhol-plain) wird von einer bis zu 100 m hohen Stufe, dem Chester-Escarpment, begrenzt.

Nach dem locus typicus wird die Dolinenebene in Indiana Mitchellplain genannt, die morphogenetisch und physiognomisch gleichartige Ebenheit in Kentucky nach dem Vorschlag von Carl Sauer Pennyroyal-plain. Das begrenzende Escarpment

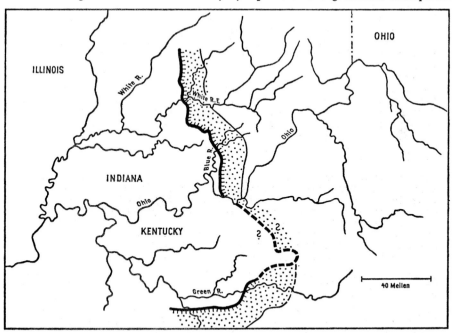

Karte 1 Chester-Escarpment (schwarze Linie) und Mitchellplan bzw. Pennyroyal-plain (punktiert) in Indiana und Kentucky

heißt in Indiana Chester-Escarpment, in Kentucky „Dripping Spring-Escarpment"; im Einverständnis mit den hier arbeitenden amerikanischen Geologen wollen wir beide Stufen einheitlich mit dem in Indiana gebräuchlichen Namen „Chester-Escarpment" bezeichnen (Karte 1).

Mitchellplain bzw. Pennyroyal-plain und Chester-Escarpment sind in der Literatur meist mit dem klassischen Schema der Schichtstufenlandschaft gedeutet worden, und in der Tat legen Bau und Oberflächenformen der Interior lowlands nahe, das Chester-Escarpment als Schichtstufe und die Mitchellplain als Landterrasse im Sinne von HETTNER aufzufassen — sofern man über den Mechanismus der Bildung der verkarsteten Landterrasse — also der Mitchellplain — sowie der Stufe selbst noch nichts ausgesagt, sondern den Terminus „Schichtstufe" beschreibend nimmt.

Genauer gesehen besteht jedoch ein großer Unterschied zwischen dem geläufigen Bild der Schichtstufenlandschaft in Europa und den Verhältnissen in Indiana und Kentucky. Landterrasse und Stufenhang werden nämlich gleicherweise aus morpho-

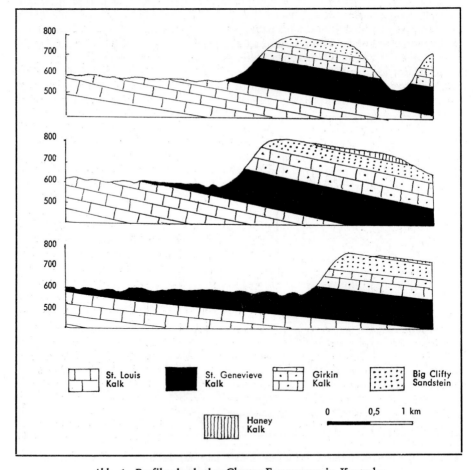

Abb. 1 Profile durch das Chester-Escarpment in Kentucky

logisch hartem Kalkgestein gebildet; der oberste Trauf bzw. die Deckschichten dagegen aus morphologisch weichen Sandsteinen und Schiefern (Abb. 1). Ihr stufenbildender Effekt liegt nicht in ihrer Härte, sondern in ihrer Unlöslichkeit. Die Landterrasse davor zeigt ihrerseits keine Spur von Trockentälern, Dellen oder dergleichen, sondern nur Dolinen, und zwar in einer Häufung, wie sie selbst in Jugoslawien nicht vorkommt. Im übrigen handelt es sich um einen sogenannten bedeckten Karst, nur gelegentlich tritt an den Rändern der Dolinen das Anstehende zu Tage.

Geologisch handelt es sich in den Interior Lowlands westlich der Appalachen und östlich des Mississippi um eine Serie von paläozoischen Kalken, Sandsteinen und Schiefern, die durch die Aufwölbung des Nashville-Domes im Süden, sowie des Cincinnatiarch im Osten schräggestellt worden sind. Im Kern der Aufwölbungen tritt das Ordoviz zu Tage, während die jüngsten Schichten das Pennsylvanien bilden. die Coal measures des oberen Carbon. Die uns interessierende Mitchellplain wird aus den insgesamt über 100 m mächtigen *St. Genevieve und St. Louiskalken* der sogenannten Blue-river-Gruppe des oberen Mississippien gebildet, das gleichfalls dem Carbon angehört. Die Schichtgrenzen verlaufen wie üblich senkrecht zum Einfallen der Schichten, daher ihr starkes Umbiegen aus der durch die Cincinnati-Aufwölbung bedingten Nord-Südrichtung im Bereich von Indiana in die Ost-Westrichtung im Bereich des Nashville-Domes von Kentucky. Auch das Chester-Escarpment folgt diesem Gesetz — wie es sich für eine echte Schichtstufe gehört. Das ganze Schichtgebäude wird gekappt von einer schwer datierbaren, im allgemeinen heute für Mittel- bis Jungtertiär gehaltenen Rumpffläche der sogenannten Lexington- oder Highland Rimpeneplain in rund 900—1100 Fuß, die, wenn sie überhaupt als einheitliche Fläche bestanden hat — heute nur durch die gleichen Höhen des Norman Upland, des Crewford Upland, des Dearborn Upland und des Mammoth Cave-Plateau rekonstruiert werden kann.

Die Mitchellplain in Indiana und die Pennyroyal-plain in Kentucky sind gleichfalls eine *Schnittfläche*. Sie überschneidet z. B. wie aus den an Hand der zuverlässigen geologischen Meßtischblätter von 1963 und 1964 gezeichneten Profilen ersichtlich ist, in Kentucky die St. Genevieve-Kalke (schwarz) und die St. Louiskalke (schraffiert) bis zu deren Basis, insgesamt ein Schichtpaket von hier mehr als 100 m Mächtigkeit auf 16 km (Abb. 2). Ähnliches gilt für den Indianaabschnitt der Mitchellplain, von dem leider noch keine geologischen Spezialkarten vorliegen. Auch hier wird ein Teil der Dolinenebene von den St. Genevievekalken gebildet, der weiter vom Escarpment entfernte Teil der Mitchellplain dagegen von den St. Louiskalken (Abb. 3). Die tiefsten Teile der Mitchellplain und der Pennyroyal-plain liegen jeweils unmittelbar vor dem Escarpment. Sie sind also leicht zum Escarpment einfallende Flächen. In Kentucky, wo das Escarpment ost-westlich verläuft, liegt die Ebenheit vor der Stufe im Osten etwas höher als im Westen. In Indiana und teilweise in Kentucky setzt sich das Niveau der Mitchellplain in den verkarsteten Tälern des Crawford Uplandes bzw. des Mammoth Cave Plateaus fort. Das distale Ende der Mitchellplain ist wenig scharf ausgeprägt: allmählich geht sie in Indiana bis auf 800 Fuß ansteigend in das stärker bewegte und durch Täler — auch Trockentäler — gegliederte aus Sandstein bestehende Norman *Upland* über, das seinerseits mit dem markanten Knobstone Escarpment zu einer subsequenten Ausraumzone in den New Albany Shales, dem Scottsbury Lowland abfällt. In Kentucky ist ihre Grenze da zu ziehen, wo die Blind-Täler ansetzen und das immer noch schwache Relief nicht mehr durch Dolinen allein geprägt ist (Karte 2).

Abb. 2

Abb. 3

1 u. 2: SÜD-INDIANA, 3 u. 4: KENTUCKY

Zur Morphologie der Mitchellplain und der Pennyroyal-plain 363

Im übrigen wird die Mitchellplain in Richtung der Hauptabdachung West-Süd-West von einigen stark mäandrierenden Flüssen gequert, in Indiana nördlich des Ohio vom Indian Creek, vom Blue River, dem an mehreren Stellen versickernden Lost River und dem White River, die alle in die Stufe hineinfließen. Ein Teil der Flüsse verliert

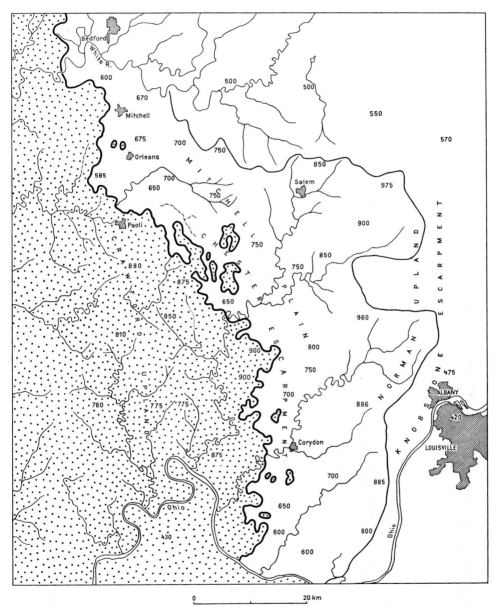

Karte 2 Crawford Upland und die Mitchellplain in Indiana (Höhenzahlen in Fuß)

auf dem Wege über die Mitchellplain Wasser durch Versickerung, so der Indian Creek und besonders der Lost River, der streckenweise ganz trocken fällt. Was nun die Genese der Mitchellplain betrifft, so faßt FENNEMAN in seiner „Physiography of Eastern United States" (1938) die drei Möglichkeiten in zwei lapidaren Sätzen zusammen: „In general the surface on soluble limestones is a *local Peneplain* of a relatively subcycle, either of the normal or the cavern type. At places, however, the Mitchell plain slopes with the dip and appears to be controlled by structure rather than by a former base level" (S. 427). Also: a) Lokale fluviatile Verebnung relativ jungen Datums, b) korrosive Karstverebnung (das ist seit LOBEK mit cavern type gemeint) und c) petrographisch bedingte Akkordanz an eine Schichtfläche. Unter den neueren Autoren vertritt RICHARD L. POWELL, Regierungsgeologe des Indiana Geological Survey, zugleich die Möglichkeit a) und b). In einer zusammen mit HENRY H. GRAY verfaßten Arbeit (1965) heißt es eindeutig: „The Mitchell Plain was first formed by Surface Streams" und: „The present Karst character of the Mitchell-Plain dates in part from ... early to middle Pleistocene" (parallel zu einer neuen Phase der Tiefenerosion der Flüsse). Aber in einer ein Jahr davor erschienenen Abhandlung desselben Verfassers heißt es ebenso eindeutig: „The Mitchell plain is a Karst plain that was formed by solution".

Unsere eigene Beobachtung hat zu dem Ergebnis geführt, daß tatsächlich der Karstprozeß in der Genese der Mitchellplain eine entscheidende Rolle spielt und daß keine fluviatile Verebnungsphase der Verkarstung vorausgegangen ist. Die Ver-

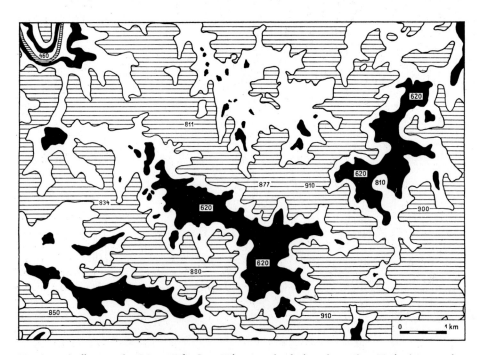

Karte 3 Auflösung des Mammoth Cave Plateaus durch karstkorrosive Verbreiterung der im Sandstein (schraffiert) angelegten Täler im Bereich der liegenden St.-Geneviève-Kalke

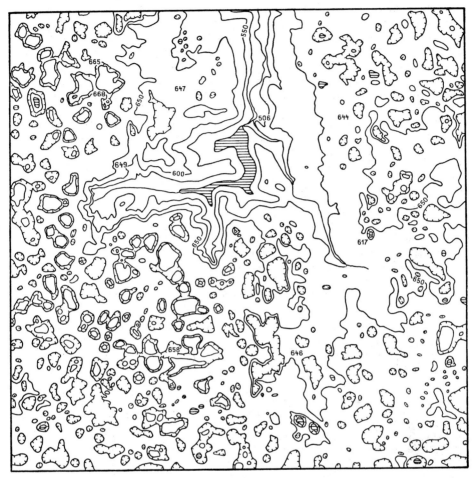

Karte 4

karstung setzt vielmehr ein, sobald die im Sandstein angelegten Täler auf den liegenden Kalk treffen (Karte 3). Die tallose Ebenheit mit ihrer siebartigen Dolinendurchlöcherung ist eindeutig an die hochgradig verkarstungsfreudigen St. Geneviève- und St. Louis-Kalke, aber nicht an einen bestimmten Horizont gebunden. Die Bildung einer so ausgedehnten Karstebenheit setzt voraus, daß der piezometrische Karstwasserhorizont, worauf auch die Anlage der Mammoth Cave und anderer Höhlen des Gebietes hinweist, längere Zeit in konstanter Höhe geblieben ist. Das wiederum ist nur möglich, wenn der Vorfluter gleichfalls längere Zeit keine Absenkung erfahren hat. R. L. POWELL glaubt denn auch in dem sogen. Blue River strath ein solches altes Bezugsniveau gefunden zu haben. Dieses Niveau ist leider nur an wenigen Stellen eindeutig durch Schotter nachweisbar. In großen Teilen der Mitchellplain und der Pennyroyal-plain liegt der

Karstwasserspiegel heute rund 50 Meter unter der Durchschnittshöhe der Ebene. Besonders klar werden die Verhältnisse im Spring Mill State Park westlich Mitchell, wo die Decke über einem unterirdischen, zum nahen White River gerichteten Gerinne eingebrochen ist. Im Niveau der Sohle liegt ein annähernd horizontales Höhlensystem in ± 500 Fuß Höhe, während die Oberfläche der Mitchellplain in ± 650 Fuß Höhe liegt (Karte 4). Daß die Mitchellplain und die Pennyroyal-plain als ganzes keine fluviatile Verebnung sind, scheint mir auch dadurch bewiesen zu sein, daß sie mit einer durchschnittlich 60 cm bis 1 m mächtigen Decke von Kalkroterde bedeckt sind, die offensichtlich in situ gebildet, direkt der korrodierten Kalkoberfläche aufliegt. Die Roterde enthält vereinzelte Fragmente verkieselter Fossilien und Bruchstücke von verkieseltem Kalkstein (Chert). Diese bilden an der Oberfläche der Roterde ein teilweise mit Löß gemischtes bis zu zwei Dezimetern mächtiges Steinpflaster, das offenbar ein Konzentrat der unlöslichen Bestandteile aus den durch Verschwemmung oder Verwaschung abgetragenen Feinmaterials der oberen Roterdehorizonte darstellt. Darüber folgt steinfreier, größtenteils entkalkter Löß des Wisconsin oder Illinoien Glazials. Gelegentlich konnte am Fuß des Escarpments an der Basis des Löß Solifluktionsschutt beobachtet werden. Löß kleidet auch die meisten Dolinen aus. In diesem Fall ist die Sandfraktion bedeutend höher als sonst. Das eben erwähnte Steinpflaster weist darauf hin, daß *auch* flächenhafte Abtragung, seien sie äolischer oder fluviatiler Natur an der Erniedrigung der Mitchellplain mitgearbeitet hat — freilich nur in dem Residuum des Korrosionsprozesses.

Literatur

DUNCAN, J., Mc GREGOR and DEE RARICK, R.: Some Features of Karst Topography in Indiana. Indiana Departm. of Conservation, Geol. Survey 1962.
FENNEMAN, N. M.: Physiography of Eastern United States New York.
GRAY, H. H. and POWELL, R. L.: Geomorphologie and Groundwater Hydrology of the Mitchell Plain and Crawford Upland in Southern Indiana. Geological Survey Field Conference Guidbook II, Bloomington, Indiana 1965.
Geologische Karten: Dep. of the Interior, United States Geological Survey.
   Geology of the Smith Grove Quadrangle, Kentucky, by P. W. Richards, 1964.
   Geology of the Meador Quadrangle, Kentucky, by Willis H. Nelson, 1963.
   Geology of the Mammoth Cave Quadrangle, Kentucky, by Donald D. Haynes 1964.
   Geology of the Park City Quadrangle, Kentucky, 1966.
LOBEK, A. K.: The Geology and Physiography of the Mammoth Cave National Park, Kentucky Geol. Survey, Ser. 6, 1928.
MALLOT, C. A.: Physiographie of Indiana in: Handbook of Indiana Geology, Indiana Dep. of Conservation 21, 1922.
— Lost River at Wesley Chapel Gulf, Orange County, Indiana. Indiana Acad. of Sience, Proceedings 41, 1932.
— The Geology of Spring Mill State Park. Outdoor Indiana 13, 6, 1946.
PERRY, T. G. and SMITH NED M.: The Maramec-chester and Intrachester Boundaries and associated Streta in Indiana. Indiana Departm. of Conservation Bull. 12, 1958.
POHL, E. R.: Vertical shafts in Limestone Caves. Occasional Papers, National Speleological Society, 2, 1955.
POWELL, R. L.: Origin of the Mitchell Plain in south-central Indiana. Indiana Acad. Sci. Proc. 73, S. 177 ff. 1964.

Zur Morphologie der Mitchellplain und der Pennyroyal-plain 367

Diskussionen zum Vortrag Lehmann

Prof. Dr. H. Dongus (Saarbrücken):

Herr Professor Lehmann hat den Begriff „lokal" betont. Ich frage, ob die Mitchell-Stufe wirklich nur eine lokale oder aber eine doch weiter verbreitete Art von Schichtstufen darstellt. Huttenlocher beschrieb von der Hochfläche der Südwestalb im Massenkalk verkrüppelte Karstschichtstufen. Diese entsprechen nicht dem normalen SCHMITTHENNERschen Stufenbild, sondern eher dem der Mitchell-Stufe. Zwischen dem Schicht-Delta und dem Massenkalk fehlt auf der Alb eine Mergelserie. Trotzdem bildet der Massenkalk häufig eine ziemlich deutliche Härte-, also Schicht- und nicht Rumpfstufe über den Delta-Verebnungen.

Prof. Dr. H. Valentin (Berlin):

Handelt es sich bei der von Ihnen erwähnten Roterde um den in den südöstlichen USA weit verbreiteten roten podsoligen Boden, um Roterde nach Art der Terra rossa oder gar um eine lateritische Roterde der äußeren Tropen — also um einen Vorzeitboden?

Prof. Dr. H. Mensching (Hannover):

Herr Lehmann ist zu dem Ergebnis gekommen, daß es sich wahrscheinlich um eine Korrosionsebene handelt. Damit ist das Problem, warum diese Ebene in der genannten Höhe tiefer gelegt wird, natürlich noch nicht geklärt. Es muß ja die Lage eines Vorfluters als „Korrosionsbasis" hierfür vorhanden sein. Nun haben wir bisher doch immer gesagt, daß Verkarstungen ältere Flächen konservieren. In diesem Falle hat die Verkarstung diese tiefere Fläche aber erst geschaffen. Vielleicht können Sie zu diesem möglichen Widerspruch etwas sagen.

Professor Dr. H. Lehmann (Frankfurt):

Was den Vergleich mit der Albtrauf betrifft, so handelt es sich in Indiana und Kentucky um eine überwiegend aus hartem Kalk gebildete Stufe von 300 km Länge und 100 m Höhe. Dann die Böden: Ja, mit Rotlehm habe ich mich versprochen; ich würde sagen, es sind Roterden, die den mediterranen Roterden gleichkommen, mit 70—80 % Ton und ganz minimalem Sandgehalt. Zur Frage des Vorfluters: Die Voraussetzung ist, daß ein Vorfluter lange Zeit in einer bestimmten Höhenlage bleibt. Aber leider kann man das eben nur beweisen mit dem allerdings riesengroßen System der Mammoth und Flint-Ridge-Caves, deren obere Galerien trocken sind, und deren untere Galerien 50—80 Meter tiefer liegen. Es gibt leider am Ohio keine Terrassen, wohl aber eine Verschüttungsphase, und wir haben auch am Blue River keine Terrassen gefunden. Der „Blue River Strath" des Herrn Powel würde einer Terrasse entsprechen, aber es ist eine offene Frage, ob es sich wirklich um eine solche handelt. Uns schien es nicht der Fall zu sein. Fluviatile Ablagerungen fehlen.

Konservierung oder Zerstörung? Ich habe mir natürlich überlegt: wie sieht denn im Kalk eine fluviatile Einebnung aus? Ich kann mir eine so zusammenhängende Fläche wie die Mitchell-Plain vor dem Chester-Escarpment nicht so recht als Werk der Flüsse vorstellen. Wo sind denn die Flüsse? Sie fehlen auf weite Strecken ganz. Die Mitchell-Plain ist größtenteils eine tallose Ebenheit, wie wir sie sonst nur im Karst antreffen. Natürlich: tropische Flächenspülung. Nun der Mitchell-Plain ist nach WSW geneigt, also gegen das Chester Escarpment, ebenso wie die Flüsse des Escarpment nach SW hin durchbrechen — das spricht gegen die Annahme einer tertiären Rumpftreppe. Die Böden (Roterde) sehen überall so aus, als seien sie in situ gebildet. Bei 5 % unlöslichen Residuen der Kalke würden zwei Meter Kalkroterde einer Kalkschicht von 40 Meter Mächtigkeit entsprechen. Rechnet man dazu den Betrag des abgespülten Materials mit nochmals zwei Meter, so würde das insgesamt ein Schichtpaket

205

von 80 Meter bedeuten, also ungefähr den Betrag, um den die Mitchell-Plain unter der alten, das Cawford-Upland und Norman-Upland schneidenden Rumpffläche liegt.

Prof. Dr. K. Kayser (Köln):

Im Hinblick auf die Frage der Ebenheit oder Ausgeglichenheit der Karstrandebenen möchte ich nur darauf hinweisen, daß diese keineswegs in dem gleichen Maße wie etwa Fluß-Verebnungsflächen „plan" zu sein brauchen, denn es handelt sich ja um Einebnungen durch Karst-Korrosion, die ursprünglich unter Schwemmland-Bedeckung entstanden sind und nach der Freilegung noch Unebenheiten verschiedener Art aufweisen.

KEGELKARST UND TROPENGRENZE

Von HERBERT LEHMANN (Frankfurt)

Bei der Taufe einer charakteristischen, offenbar nur in bestimmten Klimazonen auftretenden Formgemeinschaft innerhalb des allbekannten Karstphänomens auf den Namen *Kegelkarst* ist in das Taufregister voreiliger Weise der Zusatz *tropisch* eingetragen worden. Unter der Firma *tropischer Kegelkarst* (H. LEHMANN) oder noch schlimmer *Tropenkarst* (GELLERT)[1] ist er in die Literatur eingegangen. Den Propagandisten des Begriffes *Kegelkarst* als einer nicht im „klassischen" Karstzyklus unterzubringender klimamorphologischen Sonderform, also nicht zuletzt auch dem Verfasser dieser Betrachtung, ist dabei durchaus bewußt geworden, daß der Typus des Kegelkarstes mindestens in Südostasien die konventionelle Grenze der Tropen, wie auch immer man sie festlegt, weit überschreitet. Der Name Kegelkarst ist erstmalig sogar für ein außerhalb der Tropen liegendes Karstgebiet geprägt worden. OTTO LEHMANN hatte bei der Bearbeitung der Reiseeindrücke des österreichischen Botanikers HANDEL-MAZETTI einen rein beschreibenden Ausdruck dieses Reisenden, der sich beim Anblick der abenteuerlichen Karstformen Kweitschous an ein Riesenkegelspiel erinnert fühlte, aufgegriffen und somit einen neuen *terminus technicus* für die Karstmorphologen geschaffen, freilich ohne sich bewußt zu sein, daß er einer weit verbreiteten, klimagenetischen Sonderform des Karstphänomens den Namen gegeben hatte. Aus meinem Briefwechsel mit O. LEHMANN kurz vor dessen allzu-frühem Tod weiß ich, daß er sich bis zuletzt keinen Vers auf die Genese dieser abenteuerlichen Formenwelt hat machen können.

H. VON WISSMANN, der erste deutsche Geograph, der die südchinesischen Karstgebiete im größeren Zusammenhang studiert hat, äußert die gewiß naheliegende Vermutung, daß der Ausdruck *Kegelkarst* sich von dem in der französischen Südostasienliteratur seit langem als beschreibenden terminus technicus verwendeten Bezeichnung *terrain karstique à pitons* herleitet.[2] In Band IX,2 der Géographie Universelle gebraucht JULES SION die noch treffenderen Ausdrücke *hauts pitons coniques* und *pains de sucre*, (Zuckerhutberge). O. LEHMANN hat diese suggestiven Bezeichnungen natürlich gekannt, aber nicht an sie, sondern an die Schilderung HANDEL-MAZETTI's,

---

[1] J.F. GELLERT – Der Tropenkarst in Süd-China im Rahmen der Gebirgsformung des Landes. Dt. Geographentag Köln 1961 – Tagungsbericht und Wiss. Abhandl., Wiesbaden 1962, S. 376–384.

[2] H. V. WISSMANN, Der Karst der humiden, heißen und sommerheißen Gebiete Ostasiens. Erdkunde 8, 1954, S. 122–130.

mithin an die aufgestellten Kegel eines Kegelspieles gedacht, als er den Ausdruck *Kegelkarst* prägte. VON WISSMANN seinerseits hat für diese übersteilen Kegel die Bezeichnung *Turmkarst* vorgezogen. Suchen wir einen Oberbegriff für all diese in engem Verband stehenden Pitons, Türme, zuckerhutförmigen, bienenkorbartigen und halbkugelförmigen Gebilde, so scheint die generelle Bezeichnung *Kegelkarst* dennoch nicht schlecht gewählt. Denn es sind im Gegensatz zu dem Dolinen- und Trockentalkarst unserer Breiten die Vollformen, die das Antlitz der „tropischen" Kegelkarstlandschaft prägen — sofern man sich unter *Kegel* durchaus im landläufigen Sinne einen mehr oder minder steilen Bergkegel und nicht die streng mathematische Kegelform vorstellt. Die Bezeichnung *Sinuskarst,* die D. PFEIFER als Oberbegriff an die Stelle des mühsam eingeführten und keiner formalen Mißdeutung mehr ausgesetzten Bezeichnung Kegelkarst setzen möchte, halte ich für verfehlt.[3] Denn sie setzt an die Stelle der beanstandeten mathematischen *Kegel* wiederum ein mathematisches Gebilde, die Sinuslinie — ganz abgesehen davon, daß wir im Gelände keine Linien, sondern dreidimensionale pralle Formen sehen.

Warum aber *tropischer* Kegelkarst? Nun, das ist eine Kurzformel für die Erkenntnis, daß ein derartiger Formenschatz sich offenbar nur in einem Klima entwickeln kann, das ganzjährig oder mindestens halbjährig bestimmte *tropische* Züge aufweist, das heißt hohe Niederschläge, hohe Temperaturen (möglichst über $20°$ Celsius) und das Fehlen von Frosttagen. Wir sind inzwischen einigermaßen darüber unterrichtet, welche Rolle den einzelnen Klimafaktoren für die Bildung des Kegelkarstes zukommen. Hohes Wasserangebot ganzjährig oder zur Regenzeit fördert in jedem Klima den Kalkumsatz. Hohe Temperaturen vermindern ihn unter Laboratoriumsbedingungen bei sonst gleichen Bedingungen, da warmes Wasser weniger CO_2 enthält als kühles. Über die Werte dieses Austauschfaktors L sind wir seit langem unterrichtet. Nach dem Gesetz von HENRY-DALTON hängt aber die Menge des im Wasser gelösten CO_2 auch ab von dem Partialdruck p des Kohlendioxydes in der Luft bzw. an der Grenzschicht Luft/Wasser. Dieser Partialdruck ist, soviel wir wissen, im tropischen Milieu um vieles höher als in den gemäßigten Breiten, und zwar dank der hohen Temperatur, die ein reiches organisches Leben ermöglicht, das seinerseits ein hohes Angebot von biogener CO_2 in der bodennahen Luftschicht und in der Bodenluft zur Folge hat. Bei niedrigen Temperaturen um $10°$ kann man mit Partialdrucken von der Größenordnung von 0,0005 at rechnen. Bei $20°$ kann im tropischen Milieu nach den leider noch sehr wenigen Messungen der Partialdruck 0,0002 at betragen. Setzt man mit GERSTENHAUER und PFEFFER[4] diese Werte des Austauschfaktors in die Gleichung

$$CO_2 \text{ gelöst} = L \cdot p \cdot 1{,}964,$$

so erhält man für

$t = 10°$ 0,0012 g gelöstes CO_2 im Wasser, für
$t = 20°$ aber 0,0035 g gelöstes CO_2 im Wasser,

also den doppelten Wert. Das heißt, das Angebot von biogenem Kohlendioxyd bzw. sein höherer Partialdruck, eine indirekte Folge der hohen Temperatur, ist entscheidend für den CO_2-Gehalt im Wasser und damit für den hohen Kalkumsatz in den Tropen. Wie weit die mit der Temperatur steigende Reaktionsgeschwindigkeit ein weiteres dazu

---

[3] H. FLATKE und D. PFEIFER, Grundzüge der Morphologie, Geologie und Hydrogeologie im Karstgebiet Gunung Sewu/Java (Indonesien). — Geolog. Jahrbuch 83, 1965, S. 533 ff.

[4] A. GERSTENHAUER und K.H. PFEFFER, Beiträge zur Lösungsfreudigkeit von Kalkgesteinen.— Abhdlg. zur Karst- und Höhlenkunde, Reihe A, Heft 2 — Blaubeuren 1966.

beiträgt, ist noch nicht quantitativ untersucht worden. Damit wird klar, daß keine der üblichen Tropengrenzen sich zur Abgrenzung des Kegelkarstes eignet. Vorbedingungen für sein Auftreten ist ein Milieu, in dem genügend CO_2 produziert wird, um wesentlich höhere Partialdrucke des Kohlendioxyd zu erzeugen, als sie (heute) in den gemäßigten Breiten gemessen werden. Hinreichende Niederschläge, ganzjährig oder in der warmen Jahreszeit scheinen gleichfalls erforderlich zu sein. Beide Bedingungen sind auch in den sommerfeuchten Subtropen gegeben. Innerhalb der üblichen Tropengrenzen kommt der Kegelkarst beispielsweise in Indonesion sowohl im wechselfeuchten Monsunwaldklima wie im immerfeuchten Regenwaldklima vor[5]. Im Hinblick auf die CO_2-Produktion dürften die lorbeerblattähnlichen Wälder des außertropischen Monsunasien den wechselfeuchten Tropen gleichzustellen sein. Bedauerlicherweise liegen gerade aus diesen Gebieten keine CO_2-Messungen in der bodennahen Luftschicht vor. Es ist daher, wie eingangs zugegeben, eine sprachliche Nachlässigkeit, das Wort *Tropen* im Zusammenhang mit dem Begriff des Kegelkarstes zu gebrauchen, sofern nicht dem *tropisch* die Worte *und sommerfeucht subtropisch* hinzugefügt oder mindestens hinzugedacht werden.

Nicht auf das Konto sprachlicher Nachlässigkeit zurückzuführen ist der weitverbreitete Irrtum, es gäbe in den Tropen und sommerfeuchten Subtropen *nur* den Kegelkarst. Daran sind freilich nicht die Autoren der Primärliteratur über den Kegelkarst schuld, die selbst innerhalb der Tropengrenzen nicht generell von *Tropenkarst* schlechthin sprechen. H. VON WISSMANN erwähnt in den Kegelkarstgebieten Süd-Chinas ausdrücklich das Auftreten von flachwelligen Hügeln und seichten Dolinen neben dem eigentlichen Kegelkarst. Ich selbst habe auf meinen Reisen in Ost- und Westindien große Kalkgebiete angetroffen, die keine Kegelkarstformen aufweisen, sondern eher Karsterscheinungen, die an den dinarischen Karst erinnern oder überhaupt keine deutlichen Verkarstungsformen aufweisen. Auch BLUME[6] hat solche Gebiete beschrieben. Offenbar gibt es noch andere Vorbedingungen für das Zustandekommen des Kegelkarstes als das *tropische* Milieu — auch ganz abgesehen von den noch keineswegs genügend untersuchten petrographischen Einflüssen. Kegelkarst kann sich offenbar nur entwickeln, wenn eine ausreichende Höhenspanne zwischen der — zumeist jungtertiären — Ausgangsfläche der Verkarstung und dem Vorfluter gegeben ist. Die in die unzerschnittenen Rumpfflächen Mittelcubas eingebauten Kalke weisen kein Kegelkarstrelief auf. Das gleiche gilt für sehr jung gehobene Küstenterrassen. Andererseits fand ich auf pleistozänen Terrassen des Rio Grande de Arecibo auf Puerto Rico, die wahrscheinlich im Zusammenhang mit den glazialeustatischen Schwankungen des Meeresspiegels stehen, sehr schön ausgebildeten Kegelkarst. GERSTENHAUER und K. H. PFEFFER haben in Puerto Rico bzw. Jamaica und Tabasco bestätigt, daß sich nahe dem Vorfluter durch Aufzehrung der Kuppen Karstrandebenen von Rumpfflächencharakter ausbilden können. Auf Florida, dessen Klima dem der Subtropen Süd-Chinas in vieler Beziehung gleicht, habe ich vergeblich nach Ansätzen von Kegelkarst unter der pleistozänen Sandbedeckung gesucht. Seitdem die Halbinsel im Miozän aus dem Meer auftauchte, ist sie zwar gründlich verkarstet, aber ihre karstmorphologischen, meist von pleistozänen Sanden begrabenen „Großformen" sind weitgespannte Flachkuppen und große flache, meist von Seen erfüllte Schüsseldolinen. Solche Beob-

---

[5] D. BALAZS, Karst Regions in Indonesia. Budapest 1968.
[6] H. BLUME, Problemas de la Topografía kárstica en las Indias Occidentales. Union Geografica Internacional, Conferencia Regional Latinoamericana, Bd.III, Mexico 1966, S.255–266. Vgl. dazu auch den Beitrag von H. BLUME in dieser Festschrift.

achtungen haben Zweifel aufkommen lassen, ob der Kegelkarst für die Kalkgebiete der Tropen (und die sommerfeuchten Subtropen) überhaupt signifikant sei. Nachdem man überall in Mitteleuropa fossilen Kegelkarst hat entdecken wollen, schlägt nunmehr das Pendel nach der anderen Seite aus. Doch er ist signifikant mit gleichem Recht, wie es die tropischen Inselberge im Kristallin sind, wenn auch an bestimmte azonale nichtklimatische (tektonische, petrographische) Voraussetzungen gebunden. Uns interessieren hier allein die heutigen klimatischen Grenzen des aktiven Kegelkarstes. Nach H. VON WISSMANN und GELLERT liegt die Polargrenze des Kegelkarstes in Süd-China am Yangtse. Sie fällt hier am 30. Breitengrad mit der Polargrenze der *laterisierten* Roterden und der Grenze des lorbeerblättrigen Waldes zusammen. Im Kweitschou und Ostyünnan steigt er mit den roten Böden und dem Lorbeerwald über 1800, ja über 2000 m an[7]. In der Neuen Welt fällt er nach GERSTENHAUER[8] in dieser Höhenlage südlich des Wendekreises der Zerstörung anheim. Im Hochland von Zentral-Yünnan verschwindet er nach VON WISSMANN bei gleichzeitiger Abnahme der Niederschläge und deren Konzentration auf die fünf Sommermonate. Innerhalb der Tropenzone selbst fehlt er trotz günstiger Temperaturbedingungen überall da, wo die Niederschläge unter ein gewisses Maß sinken. Auf der größtenteils aus Kalk bestehenden, aber sehr trockenen Insel Sumba (Indonesien) habe ich keinen vollausgebildeten Kegelkarst angetroffen (D. BALÁZS spricht allerdings hier von *primitive conical hills*[9]). Im Regenschatten der Blue Mountains auf Jamaica, südlich und südwestlich von Kingston fehlt er im Bereich der gleichen Gesteine, die das Kegelkarstgebiet des Cockpit Country bilden.

Nun sind freilich von SWEETING und JENNINGS[10] aus den semiariden Gebieten NW-Australiens Kegelkarstformen beschrieben worden. Ähnliche Formen sind aus dem semiariden Inneren von Brasilien bekannt.[11] Doch sind diese zerfressenen Karrensteintürme im Formenschatz vom klassischen Kegelkarst recht verschieden (so TRICART). Möglicherweise handelt es sich um Relikte aus einer feuchteren Klimaperiode. Es erscheint verlockend, aus der Verbreitung des Kegelkarstes klimatische Schwellenwerte für seine Bildung abzuleiten. Sie könnten allerdings nur darüber Auskunft geben, unter welchen Bedingungen sich ein Kegelkarstgebiet noch heute weiterbildet. Abgesehen davon, daß der Nachweis rezenter Weiterbildung von Kegelkarstgebieten nicht immer eindeutig zu erbringen ist, reicht ihre Anlage meist weit in das Jungtertiär zurück. In Süd-Kwangsi sind in Höhlen, die heute bis zu 100 m über den Vorfluter aufragen, altpleistozäne (altersmäßig dem europäischen Villafranchio entsprechende) Faunen mit Gigantopithecus gefunden worden[12].

Ihre Lage setzt ein bereits am Ende des Pliozäns voll ausgebildetes Kegelkarstrelief voraus. Andererseits ist als Ausgangsniveau der Kegelkarstbildung in der Alten und Neuen Welt eine Verebnung von Rumpfflächencharakter erkannt worden, deren

---

[7] H. V. WISSMANN, a.a.O.

[8] A. GERSTENHAUER, Beiträge zur Geomorphologie des mittleren und nördlichen Chiapas. Frankf. Geogr. Hefte 41, 1966.

[9] D. BALAZS, Karst Regions in Indonesia. Budapest 1968.

[10] J.K. JENNINGS and M.M. SWEETING, The Limestone Ranges of the Fitzroy Basin, Western Australia. Bonner Geogr. Abhdl., Heft 32, Bonn 1963.

[11] J. TRICART et T. CARDOSO DA SILVA, Un exemple d'évolution karstique en milieu tropical sec: Le Morne de Bom Jesus da Lapa (Bahia, Bresil). – Zt. f. Geomorphologie NF 4, 1960, S.29–42.

[12] GELLERT, a.a.O., S. 378.

Alter kaum über das Miozän hinaus zurückreicht. Nur in Süd-China kommt allenfalls ein alttertiäres Alter in Frage. Der Versuch von J. CORBEL, ein Entwicklungsmodell des tropischen Kegelkarstes aufzustellen, das bis in die Kreidezeit zurückreicht, geht an den Tatsachen vorbei[13].

Über den Klimaablauf in den niederen Breiten seit dem Miozän sind wir ungenügend unterrichtet. Daß die Kegelkarstgebiete sich im großen und ganzen unter denselben oder nur graduell verschiedenen Klimabedingungen entwickelt haben, wird von den meisten Forschern angenommen, wenn auch das Vorkommen von Kalkkrusten an den Kegeln von einigen (zu denen ich nicht gehöre) auf eine vorzeitliche Trockenperiode geschlossen wird. Die Tropengrenze selbst wird aus paläoklimatischen Gründen während des Alttertiär, im Miozän und je nach Bedarf auch noch im Pliozän weit im Norden vermutet, wo sie gebraucht wird, um die tertiären Flächensysteme und die Relikte tropischer Roterden zu erklären. Wie kommt es dann aber, daß weder im mediterranen Bereich noch in den mitteleuropäischen Karstgebieten so gut wie keine echten Relikte von Kegelkarstlandschaften zu finden sind? Der Kuppenalb, die man zeitweilig als einen fossilen Kegelkarst angesprochen hat[14], fehlen die charakteristischen Merkmale eines solchen, nämlich die Massierung der Kuppen auf engstem Raum, Fußhöhlen und anderes mehr. Auch die kegelkarstverdächtigen Kuppenlandschaften im dinarischen Karst kann man sich bei genauerem Studium nicht als aus einem Kegelkarst hervorgegangen denken[15]. Restberge mit schrägen Hängen wie der bekannte Hum im Popovo-Polje sind keine umgewandelten Mogotes. Die *Türme* in den Causses, an die sich SION erinnert fühlte, als er die südostasiatische Kegelkarstlandschaft einen *Type des Causses* nannte[16], sind nach meiner Auffassung keine echten Kegelkarstbildungen, sondern Gebilde selektiver Erosion in dolomitischen Gesteinen. Sie reichen nicht in die *tropische* Vergangenheit des Central-Plateaus zurück.

Allem Anschein nach echte Relikte einer Kegelkarstlandschaft haben MAURIN und ZÖTL ausgerechnet auf Ithaka in den Randgebieten einer nach den Autoren aus dem semiariden Oberpliozän stammenden Karstrandebene entdeckt[17]. Sie erinnern in verblüffender Weise an die von JENNINGS und SWEETING aus NW-Australien sowie den von TRICART und CARDOSO DA SILVA aus dem trockenen Brasilien beschriebenen Karstformen. Auch für sie ist aber zu fragen, ob sie wirklich im semiariden tropischem Klima gebildet worden sind oder in einer früheren feuchten Phase des Tertiärklimas und sich nur in das semiaride Klima des ausgehenden Pliozäns bzw. in das heutige Klima hinübergerettet haben. Ähnliche Bilder bietet übrigens auch die stark verkarstete Westkette Mallorcas mit ihren bizarren, von tiefen Karrenrillen zerfurchten, mehrere Meter hohen Karrensteinen, auf die zuerst MENSCHING[18] hin-

---

[13] J. CORBEL, Érosion en terrain calcaire. Annales de Géogr. 68, 1959, S. 97–120.

[14] J. BÜDEL – Fossiler Tropenkarst in der Schwäbischen Alb und in den Ostalpen. Erdkunde 5, 1951, S. 168–170.

[15] V. PANOŠ and O. ŠTELCL, Physiographic and Geologic Control in Development of Cuban Mogotes. Zt. f. Geomorphologie NF 12, 1968, S. 117–173. (Mit Diskussionsbeiträgen von A. GERSTENHAUER u. H. LEHMANN.)

[16] J. SION – L'Asie des Moussons II: Inde, Indochine, Insulinde. Géographie Universelle, Tome IX, 2, Paris 1929.

[17] V. MAURIN - J. ZÖTL – Ein fossiler semi-arider tropischer Karst auf Ithaka, Erdkunde 20, 1966, S. 204–208.

[18] H. MENSCHING, Karst und Terra Rossa auf Mallorca. Erdkunde 9, 1955, S. 188–196.

gewiesen hat. Aber wesentliche Merkmale des Kegelkarstes — die Häufung nahezu gleichhoher Kegel und der dazwischen liegenden tiefen Cockpits — fehlen diesen Gebieten. So kann die Frage nach dem Verbleib des eigentlich zu fordernden Vorzeit-Kegelkarstes bis heute für große Gebiete, denen wir eine *tropische* Vergangenheit mindestens noch während des Miozäns zusprechen, noch nicht beantwortet werden.

Über „Verzauberte Städte" (ciudades encantadas, villes de rocher) und ähnliche „Naturspiele" in Carbonatgesteinen Südwesteuropas

1

Unweit der spanischen Stadt Cuenca, die durch ihre „hängenden Häuser" berühmt ist, stößt der Wanderer auf den einsamen und eintönigen, schütter bewaldeten Hochflächen der Serrania plötzlich auf ein ausgedehntes Areal voller merkwürdiger Felsgebilde, die bald monumentalen architektonischen Bauwerken, bald grotesken steinernen Standbildern gleichen. Schmale und breitere Gassen, hier und da an einem natürlichen Torbogen vorbei, führen kreuz und quer durch das Labyrinth von Quadern und Wänden mit vorkragendem Gesims und lassen es verständlich erscheinen, daß die Bewohner dieser Gegend in Wahrheit eine „Ciudad encantada", eine verzauberte Stadt vor sich zu sehen glaubten.

Es gibt aus der Feder eines spanischen Historikers, Trifon Muñoz y Solvia, aus der zweiten Hälfte des 19. Jahrhunderts eine Schilderung der Ciudad encantada, die mit überschwenglicher südlicher Phantasie diesen Vergleich noch weiter führt und dabei bewußt oder unbewußt die nachahmende „vis plastica" des arabischen Philosophen Ibn Sina alias Avicenna beschwört, die allenfalls noch im 18. Jahrhundert in den Köpfen selbst der Gelehrten spukte, eine Schilderung, die ich hier wenigstens auszugsweise wiedergeben möchte. Es habe – so schreibt dieser Gelehrte in seiner „Geschichte der Stadt Cuenca" – der Natur gefallen, auf der Hochfläche eines Gebirges die überraschende Ciudad encantada aufzustellen: „Nachahmungen von viereckigen Gebäuden mit Türen und Fenstern, Straßen die auf andere Querstraßen münden ..., dazu zahlreiche Felsen, die Trümmer bald von Säulen, bald von Kirchen und Palästen zyklopischer Architektur darstellen, prachtvolle Bogen, kühne Brücken ... und überall zwischen den Felsen abhebend, zeigen sich seltsame Gestalten, die Menschenköpfen mit Turbanen ... ähneln und tausend und abertausend Merkwürdigkeiten, die den Reisenden nicht loskommen lassen von der Betrachtung dieses Spielzeugs, das die Natur im Augenblick des Mutwillens und der Freigebigkeit schuf."[1]

[1] Zitiert nach H. LAUTENSACH, Cuenca und die Ciudad encantada. Jahrbuch d. Geogr. Ges. Hannover 1930.

Soweit das Zitat. Der nüchterne Naturforscher, der das Wort „Naturspiele" höchstens im metaphorischen Sinn gebraucht, wird nur einige wenige Grundformen, die in Varianten immer wiederkehren, erkennen können, und er fragt nach dem Gesetz, das hier waltet.

Verzauberte Stadt! Ähnlich wie die phantasievollen Spanier argumentierten die Hirten von Montpellier in Frankreich, wenn sie auf ihrer Wanderung zu den Sommerweidegebieten der Causses hoch über dem Tal der Dourbie einen chaotischen Komplex von grauen Felstürmen und Mauern für eine verlassene Stadt hielten und sie „Montpellier Le Vieux" nannten. Hier ist es sogar ein nüchterner Naturwissenschaftler unserer Tage, der Morphologe Marres, der beim Anblick der Felsgebilde von Montpellier Le Vieux ins Schwärmen gerät: „Des mégalithes aux formes tourmentées, des fauves pétrifiés, des monstres d'apocalypse sculptés dans le rocher, des piliers ajourés, des arches, des portes triomphales se dressent comme les ruines d'une cité cyclopienne"[1].

Dies fast im Wortlaut übereinstimmende Schilderungen zweier „Ciudades encantadas" oder „villes de rocher", der Felsenstädte in den Carbonatgesteinen, die in Südeuropa gar nicht so selten sind. Sie bilden gewissermaßen das Gegenstück zu den Granitfelsburgen unserer Mittelgebirge, von deren einer, der Luisenburg im Fichtelgebirge, selbst Goethe, der immerhin die Alpen gequert und die malerischsten Vorgebirge Italiens gesehen hatte, 1820 sagt: „Die ungeheure Größe der ohne Spur von Ordnung und Richtung übereinander gestürzten Granitmassen gibt einen Anblick, dessen Gleichen mir auf allen Wanderungen niemals wieder vorgekommen ..."[2]

Es ist ein Problem für sich, warum so relativ bescheidene Formen die Phantasie oft mehr herausgefordert haben als die ungleich größeren Felsgebilde der Alpen, etwa der Dolomiten. Offenbar hängt dies damit zusammen, daß jene mit menschlichen, wenn auch cyklopisch menschlichen Maßen gemessen werden, vielleicht auch, weil sie inmitten der sanfteren Mittelgebirgsformen eine Ausnahme sind, die um so mehr auffällt, je seltener und überraschender sie auftritt. Doch lassen wir dieses Problem beiseite und wenden wir uns der Frage ihrer Morphogenese zu.

Was die Granitfelsburgen betrifft, so hat kein geringerer als Goethe selbst bereits 1820 am Beispiel der Luisenburg im Fichtelgebirge den grundsätzlich richtigen Weg zur Deutung ihrer Erklärung gewiesen (Abb. 1), indem er die Isolierung von Felsquadern auf eine ungleichförmige, längs der Klüfte vordringende chemische Verwitterung der einzelnen Felspartien zurückführt. Freilich vollzieht sich dieser Vorgang nicht an

---

[1] P. Marres, Les grands Causses, Tours 1935
[2] Goethes sämtliche Werke, Cotta'sche Ausgabe von 1851, Bd. 30, S. 229 „Die Luisenburg bei Alexandersbad (1820)".

der Oberfläche, wie die von Goethe entworfene Skizze zeigt, sondern subkutan im Bereich der Vergrusungszone bis zur Freilegung der Blöcke durch Ausspülung des Feinmaterials, vorwiegend im periglazialen Klima[1].

Goethe, dem Gegner jeglicher Katastrophentheorie, war es darum gegangen, zu zeigen, ,,was die Natur, ruhig und langsam wirkend, auch wohl Außerordentliches vermag".

Über die Genese der Felsenstädte in den Carbonatgesteinen Südeuropas sind wir weniger gut unterrichtet. Eine schöne Studie über die Ciudad encantada bei Cuenca von Hermann Lautensach schließt mit den Worten: ,,Es ist eine verlockende Zukunftsaufgabe, die anderen Felsenstädte im Wechselklima ... mit der Ciudad encantada zu vergleichen." An europäischen Beispielen nennt Lautensach namentlich den Torcal bei Antequera in Südspanien und den Cirque de Mourèze im französischen Departement Herault. Man darf wohl auch Montpellier Le Vieux sowie die anderen Felsburgen und Türme, die den Causses in der Umgebung von Millau ihren besonderen Charakter verleihen, noch zu den südwesteuropäischen Vorkommen dieses Typus rechnen.

Dank der Unterstützung durch die Wissenschaftliche Gesellschaft hatte ich in diesem Frühjahr und Frühsommer unter Assistenz von Dr. Friderun Fuchs im Rahmen eines umfassenden karstmorphologischen Programms Gelegenheit, die genannten Felsenstädte mehr oder weniger eingehend zu studieren, bis auf die Pedra Furada in Portugal, die bereits Lautensach zum Vergleich herangezogen hat.

Die Klarstellung der Morphogenese der Felsenstädte in den Dolomiten und Kalken der mediterranen Übergangszone ist aus einem besonderen Grund von aktuellem Interesse. Seit der sogenannte Kegel- und Turmkarst der Tropen und der feuchtwarmen Monsunländer als eine klimaspezifische Sonderentwicklung des Karstphänomens allgemein anerkannt worden ist, sucht man in unseren Breiten und besonders in den Karstlandschaften Südeuropas nach Relikten von Kegelkarstvorkommen aus den Tertiärabschnitten, in denen Europa ein tropisches Klima besaß. Jedes Vorkommen von Kuppen-, Kegel- oder Turmformen geriet so zunächst einmal in den Verdacht, aus einer – wenn auch überarbeiteten – Vorzeitform, dem Kegelkarst, hervorgegangen zu sein. Da der Verkarstungsprozeß nachweislich bis in das Tertiär zurückreicht, also in eine Zeit, in der auch in Europa tropische Temperaturen herrschten, ist ein solcher Verdacht bis zu seiner Widerlegung auch durchaus gerechtfertigt. Als Ergebnis einer diesbezüglichen Überprüfung der südeuropäischen Felsenstädte sei vorweggenommen, daß sie nicht aus einem ehemaligen tropischen Kegelkarst hervorgegangen sind.

---

[1] H. WILHELMY, Klimamorphologie der Massengesteine. Braunschweig 1958.

Überblickt man die natürlich längst bekannten und mehr oder weniger ausführlich beschriebenen Felsenstädte Südwesteuropas, so zeigt sich, daß sie überwiegend in Dolomiten auftreten. Sehr viel seltener sind sie in reinen Kalken. Damit führt die Betrachtung der Felsenstädte unmittelbar in das noch keineswegs gelöste Problem der Korrosions- und Verwitterungsvorgänge in Dolomiten und teilweise dolomitisierten Kalken.

2

Beginnen wir unsere Betrachtung mit der Ciudad encantada auf der Serrania von Cuenca[1] (Fig. 1).

Die Hochfläche der Serrania bildet die Südflanke der keltiberischen Ketten, deren weitgespannter germanotyper Faltenbau von einer über

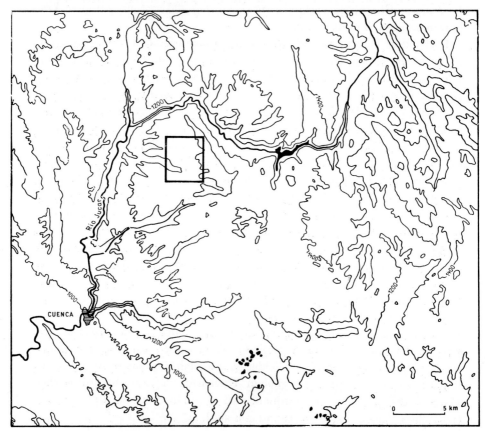

Fig. 1. Die Serrania von Cuenca und das Gebiet der „Ciudad encantada" (schwarz umrandet)

große Flächen wohlerhaltenen postpontischen Rumpffläche gekappt wird. Diese im oberen Pliozän und wohl noch im frühen Pleistozän (Villafranchiano) auf 1300–1400 m, weiter östlich bis auf 1800 m gehobene Rumpffläche schneidet im Raum von Cuenca ein flaches Gewölbe oberkretazischer Schichten (Fig. 2). Sie griff einst auch auf die Tertiärmulde von Ribatajada nördlich von Cuenca über, deren weiche Mergel-Sand-

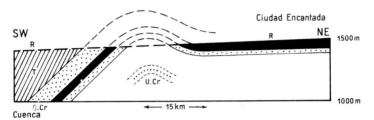

Fig. 2. R–R = Rumpffläche; T = Tertiär (heute ausgeräumt); O.Cr = obere Kreide; U.Cr = untere Kreide (nach H. Lautensach)

steine und Tone des Miozän und Oligozän im Laufe der Hebung weitgehend ausgeräumt worden sind, so daß der Jucar nach seinem Austritt aus dem Bereich der Serrania-Hochflächen, in die er sich cañonartig eingeschnitten hat, 20 km oberhalb Cuenca ein weites Becken mit sanften Geländeformen durchfließt. Der schichtstufenartige Steilabfall der Serrania zu diesen Becken setzt sich auch nördlich des Jucar-Knies fort; die rückschreitende Erosion greift im allgemeinen nur bis zum Hauptquellhorizont, den oberkretazischen Tonmergeln im Liegenden der morphologisch harten Folge von dolomitischen Kalken zurück, die ein mächtiges Gesimse von überkragenden Wänden bilden. Nur wenige wohl schon epigenetisch angelegte Talungen wie der Cañon des Jucar selbst, das Val de Cabras und das Huecartal greifen über diese Front hinaus tiefer in die Hochflächen zurück. Auf dieser selbst repräsentiert ein System von heute außer Funktion gesetzten Trockentälchen eine erste Hebungsphase bzw. eine jüngere Rumpffläche (Lautensach), deren Entwicklung durch die weitere kräftige plio-pleistozäne Heraushebung der Serrania später unterbrochen wurde.

Im Bereich südlich des Jucar-Knies liegen nun die Dolomite und dolomitischen Kalke fast horizontal und die Oberfläche der oberen Dolomitbank fällt mit dem Niveau der postpontischen Rumpffläche auf die Erstreckung von einigen Kilometern fast völlig zusammen. Diese „Accordanz" der Rumpffläche mit der Gesteinslagerung im Verein mit der petrographischen Beschaffenheit der dolomitischen Kalke bildet die

---

[1] Vgl. hierzu die vortreffliche Darstellung von H. Lautensach: Cuenca und die Ciudad encantada, a.a.O.

Voraussetzung für die Entstehung der Ciudad encantada. Dazu kommt ein significanter petrographischer Unterschied der oberen, etwa 1–8 m mächtigen überaus kompakten Dolomitbank und der darunter liegenden, gleichfalls nahezu homogenen Gesteinsfolge, die jedoch eine latente, erst durch den Verkarstungsprozeß sichtbar werdende Schichtung aufweist. Die seinerzeit von Lautensach veranlaßten Analysen[1] ergaben für die obere und untere Schichtgruppe folgende Werte:

Obere Schichtgruppe (Deckschicht der Steinfiguren)		Untere Schichtgruppe (Wände mit Andeutung von Schichtflächen)	
$CaCO_3$	55,79%	$CaCO_3$	59,81%
$MgCO_3$	42,11%	$MgCO_3$	39,29%
Carbonate	97,90%	Carbonate	99,10%

Im Vergleich zum Normaldolomit ($CaCO_3 - MgCO_3$-Verhältnis 1:1, das heißt gewichtsmäßig 54,35% $CaCO_3$ zu 45,65% $MgCO_3$) bedeutet das für die obere Schicht einen $CaCO_3$-Überschuß von 5,68%, für die untere Schicht aber 13,05%. Die Lösungsfreudigkeit bzw. Verkarstungsneigung des Kalkes wird an sich schon bei Anwesenheit geringer Mengen von Mg sprunghaft herabgesetzt und nimmt dann nur noch langsam ab, wie Versuche im Labor des Geographischen Instituts Frankfurt[2] erwiesen haben; ganz hört sie jedoch nicht auf. Auch der reine Dolomit weist bekanntlich echte Verkarstungserscheinungen auf. Zum Teil dürften die neben dem Doppelsalz $CaCO_3-MgCO_3$ im Gestein vorhandenen Calzitkristalle, vor allem aber die aus dem Gitter von Mischkristallen herausgelösten Ca-Kationen, Angriffspunkte für die Korrosion bilden, wodurch die Oberfläche des Gesteins eine poröse Beschaffenheit bekommt, die wiederum der mechanischen Verwitterung (Frostsprengung) Ansatzpunkte liefert. F. Fezer[3] hat festgestellt, daß es schon genügt, wenn ein winziger Anteil von Calzium herausgelöst wird, um das ganze Gefüge des Dolomits zusammenbrechen zu lassen. Daß die Struktur bzw. das Mineralgefüge Einfluß auf die Lösungsfreudigkeit hat, erweist jedenfalls die genannte Untersuchung von Gerstenhauer und Pfeffer.

Auf Grund der geringen Lösungsfreudigkeit und der geringeren Neigung zu mechanischer Verwitterung wirkt die stärker dolomitisierte obere

---

[1] Vgl. LAUTENSACH „Die chemischen Methoden der Untersuchung des Karrenphänomens in „Petermann's Mitteilungen, 1931, S. 83ff.

[2] A. GERSTENHAUER und K. H. PFEFFER, Beiträge zur Frage der Lösungsfreudigkeit von Kalkgesteinen. Abh. z. Karst- und Höhlenkunde, Reihe A, Heft 2, München 1966.

[3] F. FEZER, Tiefenverwitterung circumalpiner Pleistozänschotter. Heidelberger Geographische Arbeiten 1969.

Schicht als das morphologisch widerstandsfähige Gestein. Wo beide Schichten wandbildend auftreten – und das ist in der Ciudad encantada durchweg der Fall – kragt die obere Schicht wulstartig bis zu zwei Meter vor, ehe sie zusammenbricht und am Fuß der Wand in Form von groben Blöcken liegen bleibt, wo sie im Kontakt mit dem länger durchfeuchteten Boden relativ rasch der Korrosion zum Opfer fällt. Lautensach hat mit Recht darauf hingewiesen, daß beim Zurückweichen der unteren, weniger stark dolomitisierten Schichten die den Boden der breiten Karstgassen bedeckende ,,Terra rossa'' – nach der heutigen Definition eine mediterrane Braunerde – eine maßgebende Rolle spielt. Dadurch, daß sie länger durchfeuchtet bleibt, hält sie den Korrosionsprozeß in der Kontaktzone Boden – Gestein am Fuß der Wände in Gang. Auf diese Weise wird die Wand ständig unterschnitten (,,Lösungsunterscheidung''), so daß ständig Teile der unteren Wand abstürzen, während die obere Bank genügend statische Festigkeit besitzt, um ein überkragendes ,,Dach'' zu bilden. Das Fehlen eines durchgehenden gleichsinnigen Gefälles der Karstgassenböden läßt es mir geraten erscheinen, nicht mit Lautensach von ,,Trockentälern'' zu reden. Vielmehr handelt es sich um einen Sonderfall einer (unebenen) ,,Karstrandebene'', die freilich auf das Niveau einiger weniger wirklicher Trockentäler eingestellt ist. Ich halte es übrigens für möglich, daß die ,,Terra rossa''-Decke ursprünglich wesentlich mächtiger war als heute. Darauf scheint die zu beobachtende konkave Einbuchtung der Wände hinzuweisen. Auch für die isolierten Steinfiguren, z. B. den ,,Tolmo'' trifft diese Beobachtung zu. Neben der Korrosion spielt heute die mechanische Verwitterung durch Frostsprengung eine nicht unbeträchtliche Rolle. Das zeigt das Auftreten frischen Frostschuttes am Fuß der Wände. Die nächstgelegene, ungefähr gleich hohe meteorologische Station in der Sierra de los Canales, weist durchschnittlich 26,7 Tage mit Schneefall aus, das absolute Minimum der Temperatur liegt in allen Monaten – außer dem August – erheblich unter 0° C. Frostwechsel tritt in dem relativ kontinentalen Höhenklima außer im Juli/August in allen Monaten auf. Schneeflecken erhalten sich an schattigen Stellen noch im März. Entsprechend größer muß die Frostwirkung in den Kaltzeiten des Pleistozän gewesen sein, in denen die Paramos des Serrania den Charakter einer von Schneestürmen gepeitschten Tundra angenommen haben müssen. Den jeweiligen quantitativen Anteil der Korrosion und der mechanischen Verwitterung abzuschätzen, dürfte unmöglich sein, doch ist die durch Beobachtung nicht belegte Auffassung Lautensachs, daß die senkrechten Diaklasen ,,durch würmeiszeitliche Erosion geweitet sind''[1] in dieser vagen Form wohl nicht haltbar.

---

[1] H. LAUTENSACH, Die Iberische Halbinsel, München 1964, S. 113. Dagegen im Jahrbuch d. Geogr. Ges. Hannover 1930, S. 121: ,,Von dem Trockental ausgehend

Allenfalls kann man sich vorstellen, daß – analog zu unseren Felsenmeeren – eine Ausräumung des Frostschuttes bzw. der Dolomitasche, einschließlich von Teilen der ,,Terra rossa" erfolgte.

Ebenso fraglich erscheint Lautensachs Annahme, daß die Anlage der in die pontische Rumpffläche um etwa 10–15 m eingesenkten Trockentäler, die ein zweites in der Entwicklung steckengebliebenes Einebnungsniveau darstellen, ,,*schon* in der letzten Eiszeit erfolgte".[2]

Die Erweiterung der Diaklasen durch eine Kombination von Lösungsvorgängen und mechanischer Verwitterung zu offenen Spalten, dann zu Karstgassen mit kastenförmigem Profil bis zur Bildung größerer Karstrandebenen mit einzelnen isolierten Steinfiguren und schließlich deren Zerstörung ist ein Vorgang, der sicher sehr viel größere Zeiträume erforderte. Die *Anlage* des ,,Trockentalniveaus" Lautensachs geht nach ihm auf eine erste Hebungsphase im Bereich der postpontischen Rumpffläche zurück, ist also doch wohl in das oberste Pliozän oder in das Villafranchiano zu stellen.

Der aus der weiteren Entwicklung resultierende Formenschatz der Ciudad encantada ist das Werk verschiedener klimamorphologischer Epochen, mindestens mehrerer Warm- und Kaltzeiten des Pleistozän. Das bedeutet nicht, daß wir lediglich fossile Vorzeitformen vor uns haben. Sowohl der Karstprozeß wie die mechanische Verwitterung sind noch heute aktive Vorgänge. Alle Stadien der in unserem schematischen Blockdiagramm Fig. 3 und 4 als eine zeitliche Folge dargestellt worden sind, lassen sich in Natura nebeneinander beobachten. Es gibt Stellen, wo die stärker dolomitisierte Deckschicht auf einige Tausend von Quadratmetern noch vollkommen erhalten ist und die sich rechtwinklig schneidenden Diaklasen erst als finger- bis handbreit geöffnete Klüfte erhalten sind. Die Oberfläche der dolomitischen Kalke zeigt kamenitza-ähnliche Napfkarren bis zu etwa 1 m Durchmesser. Es folgen dann schmale, gerade noch begehbare Kluftgassen von 5 bis 10 m Tiefe. An ihren Wänden finden sich taschenuhrgroße Napfkarren, die offenbar vom an sich CO_2armen und daher wenig korrosiv wirksamen Schmelzwasser des winterlichen Schnees herrühren (Abb. 3).

Im nächsten Stadium der Karstgassenentwicklung tritt ein mehr oder weniger ebener Boden auf, die Wandgliederung zeigt deutlich die konkave Ausbuchtung der unteren stärker kalkhaltigen Dolomite und das wulstförmige Vorkragen der dolomitreicheren Deckschicht (Abb. 4).

Daß es sich bei den Karstgassen nicht um Trockentäler handelt, zeigt das Bild zweier paralleler Karstgassen rechts und links einer mauerartigen Mittelwand (Abb. 5). Das gleiche Bild zeigt die Lösungsunterschneidung

weiten sich die steil stehenden Diaklasen durch den *Lösungsvorgang* zu offenen Spalten."

[2] H. LAUTENSACH in Jahrb. d. Geogr. Ges. Hannov. 1930, S. 121.

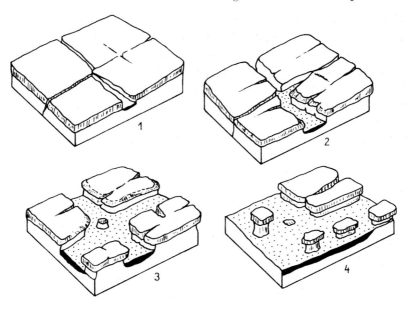

Fig. 3. Schematische Darstellung der Entwicklung der Ciudad encantada. Die Diagramme verdeutlichen sowohl ein zeitliches Nacheinander wie ein Nebeneinander. 1) Initialstadium, Dolomitschicht im Niveau der postpontischen Rumpffläche. 2) Eingreifen eines jungen Niveaus. 3) und 4) Zunehmende Auflösung in den höher gelegenen Teilen des Komplexes. Bildung eines „Karstrandniveaus" und Isolierung einzelner Felsfiguren. (Schwarz=„Terra rossa")

und das ungleiche Gefälle des Karstgassenbodens. Die weiteren Bilder (Abb. 6 und 7) lassen das Zusammenstürzen isolierter Partien erkennen. Die Trümmerfelder sind jedoch eine relativ rasch vorübergehende Erscheinung, sie machen einer nicht petrographisch bedingten, von „Terra rossa" bedeckten Karstrandebene (Abb. 8) im Niveau der Trockentäler Platz. Der ebene bis leicht gewellte Boden erreicht nur gelegentlich 1 m Mächtigkeit über dem Anstehenden. Schließlich bleiben einzelne Felsfiguren übrig (Abb. 10 und 11). Nicht selten sind „Tore" in den Wänden (Abb. 9) oder schmale kühne Felsbrücken (Abb. 12), auf die wir noch in anderem Zusammenhang zurückkommen werden.

Fig. 4. Schematische Darstellung der Auflösungsstadien im räumlichen Nebeneinander. RR = postpontische Rumpffläche; PP = plio-pleistozänes „Trockentalniveau" LAUTENSACHS mit „Terra rossa" (schwarz)

3.

Kaum weniger eindrucksvoll als die ciudad encantada von Cuenca sind die Felsenstädte der Causses des französischen Zentralmassivs. Die Bedingungen, an die derartige Formen hier geknüpft sind, ähneln weitgehend denen der Ciudad encantada bei Cuenca. Die Causses sind 800 bis 1200 m hoch gelegene Kalk- und Dolomitplateaus von Rumpfflächencharakter (Fig. 5). Die von den französischen Geographen einhellig in das

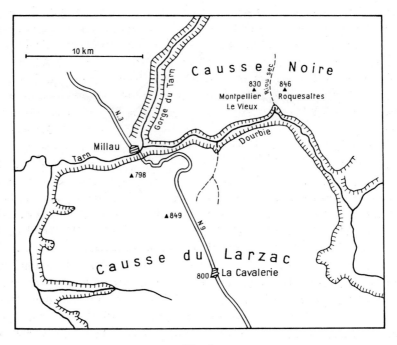

Fig. 5

Pont gestellte Fläche[1] bzw. das Flächensystem schneidet die streckenweise dolomitisch ausgebildeten Kalke des Mittleren Jura in einen sehr flachen Winkel, so daß es mehrfach zu einer Accordanz der Rumpfflächen an die Schichtflächen kommt. Wie die postpontische Fläche der spanischen Serrania ist auch die Pontische Fläche der Causses am Ende des Pliozän und noch im Pleistozän gehoben worden, im Süden, in der Causse du Larzac auf 800 m, weiter im Norden, in der Causse Méjean auf etwas über 1200 m. Während der Hebung hat sich das Flußsystem des Tarn in die Plateaus eingeschnitten, zunächst in relativ flachen, weiten

---

[1] Nur J. CORBEL hält sie für eine Folge von „glacis" bzw. Pedimentflächen.

Tälern. Erst in das jüngere Pleistozän fällt die Ausbildung der cañonartigen Schluchten des Tarn, der Dourbie und der Jonte. Ähnlich wie die dolomitischen Kalke der Kreide in den Talschluchten der Serrania bilden in den Causses namentlich die Dolomite und dolomitischen Kalke des oberen Bathonien (mittlererDogger) ein vorkragendes Gesimse hoch über den Talboden.

So wie die Ciudad encantada sich dort entwickelt hat, wo ein embryonales jüngeres Niveau (das Trockentalniveau Lautensachs) in die Hochfläche eingreift, liegen die Felsgebilde von Montpellier Le Vieux und von Roques Altes auf der Causse Noir dort, wo ein flachmuldenförmiges Trockentalsystem, als Zeuge einer ersten, noch schwachen Hebungsphase, in die Hochfläche bzw. in den Bereich der mächtigen oberen „Dolomit"-Bank des Bathonien zurückgreift (Abb. 14). Die Türme der Felsenstadt Montpellier Le Vieux (830 m) und Roques Altes (846 m) beiderseits des Riou Sec (Abb. 15 und 16), lassen sich in ein Niveau einordnen, das etwas unter dem benachbarten Niveau der Causse Noir liegt und dem ältesten Talboden-Niveau entspricht. Die Entstehung der Felsenstadt Montpellier Le Vieux und der räumlich weniger ausgedehnten, aber durch ihre Isolierung besonders wirksamen Felsengruppe der Roques Altes auf der gegenüberliegenden Talseite des Riou Sec, fällt also in die frühe Phase der Heraushebung und Zerschneidung der Causses, also wohl in das frühe Pleistozän. Beweise für diese Datierung sind zwar nicht an der Dourbie, wohl aber der benachbarten Jonte zu finden. Hier sind in der Höhle von Le Truel hoch über dem heutigen Talboden fast noch im Niveau der Causse Méjean Reste einer altpleistozänen Säugetierfauna gefunden worden. Die jüngeren Steilhänge der Jonte haben die Höhle angeschnitten. Nicht weit von Le Truel fand sich ferner in der kleinen Höhle von Fontfrège am Westrand der Causse Méjean eine Breccie mit einem fast vollständigen Skelett des Rhinoceros Mercki – das im warmen Villafranchiano gelebt hat[1].

Andererseits werden die unter den Travertinen des sog. Plateaus de France, westlich von Millau, 150 m über dem Flußbett des Tarn liegenden Schotter in die Günz- und Mindelkaltzeit gestellt. In dieser altquartären Phase der Talentwicklung war das Talprofil noch verhältnismäßig breit. Die Ausbildung der cañonartigen Gorges des Tarn und der Dourbie fällt dann in das jüngere Pleistozän, nach Enjalbert vorwiegend in der feuchtkalten Periode des Rissglazials. Hand in Hand mit der raschen Eintiefung der Hauptflüsse ging eine erste Zerschluchtung der alten flachen Talhänge, die im Bereich der Dolomite zu einer ersten Herauspräparierung

---

[1] H. ENJALBERT, La Génèse des reliefs Karstiques dans les pays tempérés et dans les pays tropicaux. Essai de chronologie. In: Phénomènes karstiques, mémoires et documents, Paris 1968.

der Dolomittürme führte. Die Entwicklung läßt sich schematisch in einem Blockdiagramm folgendermaßen darstellen (Fig. 6).

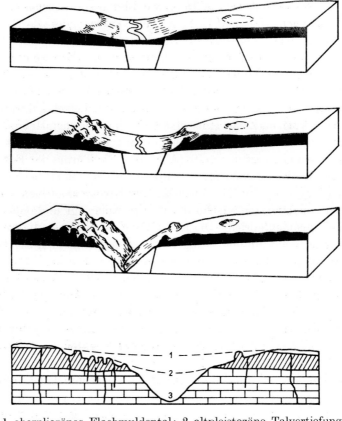

Fig. 6. 1 oberpliozänes Flachmuldental; 2 altpleistozäne Talvertiefung; 3 jungpleistozäne Talvertiefung. Schwarz bzw. schraffiert: Dolomitbank

1. flache Trockentalbildung im obersten Pleistozän durch Schichtfluten; Freilegung der Dolomite an den Talhängen
2. altpleistozänes Muldental, selektive Erosion der Dolomite an den Talhängen
3. energische Talvertiefung im Jungpleistozän (Riß–Würm) = Zeit der Ausbildung der Gorge du Tarn und der Gorge du Dourbie. Ausspülung des Verwitterungsmaterials (Terra rossa und Dolomitasche) besonders in der Riß- und Würmkaltzeit.

Die Ausbildung der Felsenstadt Montpellier Le Vieux und der Bastion von Roques Altes erfolgte demnach während mehrerer Kalt- und Warmzeiten. Die meisten französischen Autoren sind sich darüber einig, daß die Herausarbeitung der Türme längs eines engmaschigen Systems von

Diaklasen allein ein Werk der mechanischen Verwitterung und der selektiven *fluviatilen* Erosion ist.

Dabei spricht wohl die in ihrem Mechanismus noch nicht ganz geklärte Umsetzung des festen ,,Dolomits" in weißlich-graue Dolomitasche noch heute eine maßgebende Rolle. G. Nagel hat als erster gezeigt, daß der Zerfall zu Dolomitasche schon beim mehrmaligen Durchfeuchten und Trocknen von Dolomitstücken in Gang gesetzt werden kann, ebenso durch Erwärmen und Abkühlen[1]. In der Natur geht dieser Prozeß von den Diaklasen aus, er setzt sich aber auch bei den bereits isolierten Türmen fort. Von den Wänden der Türme kann man aus den Nischen händevoll Dolomitasche herausholen. Die Wege, die durch das Labyrinth führen, sind mit hellem Dolomitsand bedeckt. Zur Zeit meines Besuches erlebte ich einen wahren Sandsturm bzw. Dolomitaschensturm, dessen mechanische Wirkung wohl nicht unterschätzt werden darf.

Bei alledem, was auf mechanische Erosion deutet, kann aber eine kräftige Mitwirkung der chemischen Korrosion nicht ausgeschlossen werden. Marres[2] (1954) und Corbel (1954) setzen als Ausgangsgestein der Formen reine Dolomite voraus, die nur in ganz schwachem Maße der Korrosion unterworfen sind. Die französische geologische Karte 1:80000 Blatt Séverac weist im Bereich von Montpellier Le Vieux ,,gelbliche kristalline Kalke und kavernöse Dolomite in großen ungeschichteten Massen" aus. Doch handelt es sich keineswegs durchweg um ,,Normaldolomite". Die Analyse von drei wahllos dem Anstehenden entnommenen Gesteinsproben[3] ergab bei zwei von ihnen einen erheblichen Überschuß von $CaCO_3$. Sie müssen als dolomithaltiger Kalk angesprochen werden. Nur eine der Proben wies eine Zusammensetzung auf, die etwa dem Normaldolomit entspricht.

Analyse von drei Gesteinsproben aus der Felsenstadt Montpellier Le Vieux, Causse Noir, französisches Zentralplateau (aus der Umgebung des Parkplatzes).[3]

	% $MgCO_3$	% $CaCO_3$	% $CaCO_3$-Überschuß
a)	27,6	70,2	47,4
b)	22,6	56,0	29,1
c)	39,3	55,2	8,4

[1] Unveröffentlichtes Manuskript von Dr. G. NAGEL (Geographisches Institut Frankfurt).

[2] MARRES, a.a.O. J. CORBEL, Les phénomènes Karstiques dans les Grands Causses. Rev. d. Ges. de Lyon XXIX, Lyon 1954.

[3] In der Nähe des Parkplatzes, ausgeführt im Labor des Geographischen Institutes der Universität Frankfurt durch Herrn Dr. K. H. PFEFFER und Frau REGINE KULLMANN.

Danach gewinnt die Vermutung Fénelons[1] an Wahrscheinlichkeit, daß möglicherweise nur einzelne Partien des Gesteins stärker dolomitisiert und daher stärker korrosionsresistent waren, während die Kalke zwischen den Dolomitpartien bereits unter der Oberfläche der Korrosion zum Opfer fielen und ihre unlöslichen Rückstände nach der Hebung des Gebietes ausgewaschen wurden. Der Dolomit ist dabei natürlich nicht als völlig unlösliches Gestein zu betrachten, seine Verwitterung ist ein komplizierter physiko-chemischer Prozeß, bei dem die „Rückstände", die Dolomitasche, größtenteils aus dem selben Material besteht, wie das feste Gestein.

Zur Bestätigung der Theorie Fénelons fehlt es noch an schwer durchführbaren dreidimensionalen Analysenketten in der noch unzerlegten Dolomitbank. Doch lassen die Felsbrücken wie das „Tor von Mykenae" (Abb. 13) ähnlich wie die noch schlankeren Felsbrücken in der ciudad encantada (Abb. 12) vermuten, daß die offenbar spätdiagenetische Dolomitisierung[2] nicht völlig gleichmäßig erfolgte, so daß eine selektive Herauspräparierung der stärker oder auch der schwächer dolomitisierten Partien möglich würde.

Der erste Fall würde eintreten, wenn die Korrosion in den Partien mit größerem Kalküberschuß rascher der Korrosion zum Opfer fallen, der zweite Fall, wenn die stärker dolomitisierten Partien rascher durch Vergrusung auf mechanischem Wege zerstört werden – ein Fall, den wir an anderer Stelle noch näher diskutieren werden. Es bleibt also vorerst ungeklärt, in welchem Ausmaß der Karstprozeß an der selektiven Herauspräparierung der Türme beteiligt ist.

Die isolierten Felstürme und Felsburgen bei La Cavalerie auf der Hochfläche der Causse du Larzac (Abb. 17), weit ab von den tief eingeschnittenen Talschluchten des Tarn und der Dourbie sind gleichfalls an einen im flachen Winkel ausstreichenden Dolomithorizont des oberen Bathonien gebunden. Eine für diese Dolomite mit geringem Kalküberschuß (11%) repräsentative Analyse ergab (an der Basis der Felstürme)

$$37,6\% \text{ MgCO}_3 \quad 56,0 \text{ CaCO}_3$$

Die Felstürme erheben sich auf flachem Geländerücken (Abb. 18), deren Fuß etwa von der 800 m-Isohypse umrissen wird (vergleiche Carte de France 1:100000, Blatt Millau 1963). Die Oberkante der Felsgebilde hält sich mehr oder weniger in gleicher Höhe und entspricht dem Niveau der Kuppen und Rücken der südlichen Causse du Larzac, das der pon-

---

[1] P. Fénelon, Le relief Karstique Norois . 1. 1954.

[2] H. E. Usdowski, Die Genese von Dolomit in Sedimenten. Mineral und Petrographie in Einzeldarstellungen, Bd. 4. Berlin–Heidelberg–New York 1967. S. 45f.

tischen Rumpffläche Baulics bzw. dem „mittleren Niveau" Marres' zuzurechnen ist. Von Norden greift ein etwas tieferes, aus einer Folge von ganz flachen Karstmulden in 750–800 m Höhe bestehendes Niveau zwischen die Felstürme bzw. die flachen Geländesockel ein, auf denen sie stehen. Es dürfte in seiner Anlage in die postpontische Verkarstungsphase fallen, die der energischen Hebung und Zerschneidung der Causses im frühen Pleistozän voraufgegangen ist. Solche Datierungen schließen natürlich nicht aus, daß jüngere morphologische Prozesse – auch solche der Gegenwart – ihren Anteil an der Ausgestaltung des heutigen Formenschatzes genommen haben und noch nehmen. Dazu gehört die Freilegung der Dolomittürme durch Ausspülung der Dolomitasche wohl hauptsächlich während der pleistozänen Kaltzeiten, und das erosive Zurückgreifen des tieferen Niveaus in das höhere als Folge von noch heute auftretenden Schichtfluten. Jedenfalls gibt es Stellen, an denen rezente Erosionsspuren festgestellt werden können (Abb. 19).

Daß die flachen Karstmulden nicht merklich auf das rasche Absinken des Vorfluters während des ganzen Pleistozän reagiert haben, nimmt wunder, ist aber wohl aus der geringen Verkarstungsfreudigkeit der Dolomite bzw. der dolomitisierten Kalke sowie durch die Abdichtung der Hohlformen durch eine geschlossene Bodendecke zu erklären. Die zahlreichen „Goufres" (Karstschächte), die für den Dolomit in der Umgebung von Millau typisch sind, treten im Oberflächenbild gar nicht in Erscheinung.

5.

Das dritte Beispiel von Felsturmbildungen im Bereich des französischen Zentralplateaus ist der berühmte Cirque de Mourèze. Es handelt sich um einen kesselartigen Talschluß eines rechten Nebenflusses der Hérault im Süden der Causses, der Dourbie – nicht zu verwechseln mit dem oben genannten gleichnamigen Nebenfluß des Tarn – unweit Clermont l'Hérault. Der nur 200 m hohe Talboden wird überragt von der 523 m hohen Montagne de Liausson im Norden und dem 502 m hohen Mont Mars im Westen. Die Höhen bestehen aus graubankigen Kalken des oberen Jura (Kimmeridge), die oberen Hänge aus einer Folge von mergligen dünnplattigen Kalken. Auf halber Höhe tritt der Dolomit des mittleren Jura zutage, der ein wildes Chaos von Türmen und schlanken Pfeilern mit schluchtartigen Wasserrinnen dazwischen bildet (Abb. 20 und 21). Im Talgrund trifft man auf beträchtliche Accumulationen von Dolomitasche (Grésou), aber auch auf Kalkschutt. Eine Analyse der Dolomite ergab, daß es sich um nahezu reinen Normaldolomit handelt:

$CaCO_3$ 55,2%, $MgCO_3$ 43,0% Kalküberschuß 2,8%.

Aber manche der abenteuerlichen Figuren, besonders einige nadelschlanke Türme mit einer wulstförmigen Verdickung als Kopf zeigen, daß einzelne Schichten der mechanischen Verwitterung bzw. der Korrosion größeren, andere geringeren Widerstand leisten – wohl als Folge des unterschiedlichen Dolomitisierungsgrades. Was die Felsstädte und Felsenburgen im Bereich der mitteljurassischen Dolomite des französischen Zentralplateaus von der monumentaleren ciudad encantada bei Cuenca unterscheidet, ist vor allem der ersichtlich größere Anteil des Vergrusungsprozesses (Bildung von Dolomitasche) sowie die stärkere Zerrüttung des Anstehenden durch ein viel engmaschigeres Netz von Diaklasen, denen die Verwitterungs- und Lösungsprozesse noch unter Bodenbedeckung folgen. Die Isolierung der Türme und Felsfiguren ist dann ein Werk der Ausspülung, wobei sicher den kaltzeitlichen Perioden des Pleistozän eine besondere Rolle zukommt.

6

Völlig anders ist das Bild der Felsenstädte in reinen Kalkgesteinen. Hier überwiegt der Karstprozeß, d. h. die Lösungsvorgänge gegenüber den verschiedenen Formen der mechanischen Verwitterung, wenn letztere auch nicht ganz fehlen.

Das klassische und an Formenfülle kaum zu übertreffende Beispiel ist der Torcal bei Antequera in Andalusien. Dieses ausgedehnte Felsenlabyrinth gehört mit einer absoluten Höhe von 1333 m zu den isolierten Kalkstöcken der alpidisch gefalteten betischen Kordillere. Der 500 m mächtige Kalkkomplex ist in sich jedoch nicht gefaltet. Er umfaßt die gesamte Juraformation in nahezu horizontaler Lagerung und liegt diskordant über intensiv gefalteten Triasmergeln. Miozäne Mergel, von denen nur noch Reste vorhanden sind, haben das Massiv, als es noch eine tiefere Lage innehatte, zu einem guten Teil verhüllt. Mit der pliozänen Hebung wurden die Kalke aus dieser Hülle herauspräpariert und gleichzeitig einer intensiven Verkarstung unterworfen. Solé[1] nimmt ohne hinreichende Beweise zwei zeitlich getrennte „Verkarstungszyklen" an, von denen der ältere auf das Niveau der miozänen Mergel als untere Denudationsbasis eingestellt gewesen sein soll, während der gegenwärtige „Zyklus" die Triasmergel als Basis hat. Im heutigen Formenschatz sind m. E. keine Anhaltspunkte für diese Auffassung zu finden, wohl aber Varianten, die durch die Gesteinsbeschaffenheit und Schichtung bedingt sind. Der untere Jura bildet senkrechte, fast nur von Rinnenkarren gegliederte Wände, von

---

[1] Geografia de España y Portugal, Band I – bearbeitet von L. SOLÉ SABARIS und N. LLOPIS LLADÓ, Barcelona 1952, S. 444 ff.

Zinnen und Türmen gekrönt, während die höheren Horizonte des Jura, ohne im frischen Anschlag eine makroskopisch sichtbare Schichtung aufzuweisen dennoch die eigentümlichen, gleich noch zu erläuternden Formen eines Schichtfugen- und Schichttreppenkarstes (im Sinne von Bögli) aufweist.

Was den Torkal zu einem Vertreter der „verzauberten Städte" macht, ist vor allem das Gewirr schmaler Karstgassen zwischen steilen Wänden, die bis zu 50 m Höhe erreichen (Callejón del Tabaco) (Abb. 22). Sie münden auf breitere, rasenbedeckte, oft fast ebene Karstmulden, die bezeichnenderweise den Namen „Cortijo" führen (Cortijo del Navajo etc.). Folgt man den Gassen in ihrem Auf und Ab, sieht man sich rings von Bastionen und Zinnen umgeben (Abb. 23).

Die Gassen entsprechen einem Kluftnetz mit der Orientierung N 80 E – N 170 E. Ihm folgte und folgt auch heute noch die Verkarstung. Die „Dolinen" (Hoyos, Torcas oder bildlich Cortijos genannt) sind von rötlich-braunem Colluvium einer degradierten „Terra rossa" bedeckt, gelegentlich öffnen sich in ihnen tiefe Karstschlote (Simas), aber ähnliche Schlote finden sich auch in ganz uncharakteristischer Lage an schrägen Karrenhängen.

Offenbar hält Solé die flachen Karstmulden und den begehbaren Boden der Karstgassen für ein Zeichen eines „senilen" Karststadiums, dessen Basis weit über dem heutigen Karstwasserniveau gelegen haben soll, während die Schlote (Simas) einem jüngeren „Zyklus" angehören sollen. Aus der Lage der von uns besuchten Schlote bzw. Schächte (Jamas) könnte man eher schließen, daß sie bereits im Initialstadium der Karstentwicklung angelegt worden sind. Einen neuen Zyklus repräsentieren sie nicht. Besonders auffallend im Torcal ist, wie bereits erwähnt, die Formenwelt des mittleren und oberen Jura. Hier sind die völlig oder nahezu horizontal liegenden Schichtflächen derart herauspräpariert, daß die isolierten Türme einem Stapel von Tellern, umgestülpten Schüsseln, Pagoden oder auch einem Stoß von Büchern („La libreria") gleichen (Abb. 24, 25, 26). Häufig kommt es dabei zu einer völligen Abschnürung, so daß die Türme umkippen. Weitgehend sind Schichtflächen entblößt, die hangenden Partien, ihrerseits durch tiefe horizontale Einkerbungen gegliedert, sind zuweilen um Zehner von Metern zurückgewichen. Dabei sind im frischen Anschnitt – z. B. an der zum Rasthaus heraufführenden Straße – makroskopisch weder Schichtfugen noch ein Gesteinswechsel zu erkennen, es sei denn, durch gelegentlichen bandartigen Farbwechsel von hellgrau zu rötlichem Grau. Auch der verschiedene Grad der Durchfeuchtung und das Auftreten winziger Wasserfäden, die in den Einkerbungen entspringen, deuten auf wasserführende Schichtfugen hin. Nach der übereinstimmenden Auffassung der Autoren, die über das Gebiet berichtet haben[1], handelt es sich im Torcal durchgehend um sehr reine Kalke. Der morphologische Befund legt jedoch nahe, wenigstens an geringfügige petrographische Unterschiede zu denken, die den Wechsel von vorkragenden Platten und tiefen Einkerbungen erklärt. Daher wurden frische Gesteinsproben von den vorkragenden Wülsten und solche aus den Einkerbungen entnommen und im Labor des Geographischen Institutes der Universität Frankfurt anlysiert. Das Ergebnis der Analyse war überraschend: die Vorkragungen („Tellerränder") erwiesen sich als nahezu reine Kalke mit 95% $CaCO_3$ 1,2% $MgCO_3$ und 3,8% unlöslichen Rückständen. In den Einkerbungen sank der $CaCO_3$-Gehalt des Gesteins auf 83,2%, während der $MgCO_3$-Gehalt auf 5,2% und die Nichtkarbonate auf 11,6% anstiegen. Eine Probe ergab sogar nur einen $CaCO_3$-Gehalt von 44,2% bei einem $MgCO_3$ Prozentwert von 35,9% und 21,9% Nichtkarbonate.

Das Unerwartete dieses Befundes liegt darin, daß gerade die reinen, mithin an sich leichter löslichen Kalke die morphologisch widerstandsfähigen Partien, die an Magnesium und unlöslichen Bestandteilen reicheren Gesteine das morphologisch schwächere Glied in der Schichtfolge darstellen. Da die Lösungsfreudigkeit der unreinen und an $MgCO_3$ reicheren Gesteine geringer ist als die der reinen Kalke, müssen andere Verwitterungsvorgänge wie Vergrusung (Bildung von Dolomitasche), Spaltenfrost, Auswaschung und Auswehung für die Einkerbungen in Betracht gezogen werden.

Der Beginn der Verkarstung des Torcal dürfte in das Pont – eine Zeit des relativ ausgeglichenen Reliefs auch im Bereich der Betischen Kordillere – fallen. Die Mächtigkeit der Jurakalke und die intensive Heraushebung des Massivs erklärt die Tiefe der Karstgassen und die schöne Ausbildung des Schichttreppenkarstes. Die Höhe des Massivs, das nicht selten eine kurzfristige Schneedecke trägt, macht trotz der südlichen Lage die Mitwirkung der Frostsprengung verständlich. Diese dürfte in den beiden letzten Kaltzeiten des Pleistozän noch erheblicher gewesen sein als heute. Über die Auswirkung der älteren Glaziale kann man nur vage Vermutungen hegen, denn wahrscheinlich hat das Massiv damals noch eine geringere Meereshöhe erreicht und ein etwas milderes Klima gehabt als zur Riß- und Würmkaltzeit.

[1] Solé a. a. O., Lautensach a. a. O.

Die Abbildungen 3, 5, 10, 12, 13, 22, 26 stammen von Dr. F. Fuchs, die übrigen vom Verfasser.

Abb. 1. Goethes Auffassung von der Entstehung der Granitfelsburgen durch selektive Verwitterung. (Aus der Cottaschen Ausgabe 1850, Bd. 30, S. 230.) Schraffiert sind die rascher verwitternden Partien

Abb. 2. Ciudad encantada. Oberflächlich leicht verkarstete Dolomittafel mit Diaklasen rechts und vorn. Initialstadium

Abb. 3. Ciudad encantada. Durch den Karstprozeß erweiterte Diaklase (Karstgasse)

Abb. 4. Ciudad encantada. Karstgasse mit ebenem Boden. Überkragende Dolomitschicht, darunter konkave Wände in dolomitischen Kalken

Abb. 5. Ciudad encantada. Parallele Karstgassen mit unebenem Boden.

Abb. 6. Ciudad encantada. Zusammenbruch der oberen Dolomitschicht durch Lösungsunterschneidung

Abb. 7. Ciudad encantada. Durch Karstrandverebnung (Lautensachs „Trockentalniveau") isolierte Partien

Abb. 8. Ciudad encantada. Karstrandverebnung mit „Terra rossa", beackert

Abb. 9. Ciudad encantada. Tor in der Wand zwischen zwei breiten Karstgassen

Abb. 10. Ciudad encantada. „El Tolmo" Isolierte Steinfigur

Abb. 11. Ciudad encantada. Isolierte Steinfigur („Die Fruchtschale")

Abb. 12. Ciudad encantada. Naturbrücke in der oberen Dolomitschicht

Abb. 13. Montpelier Le Vieux. Naturbrücke, genannt „Tor von Mykenae"

Abb. 14. Montpelier Le Vieux. Gesamtansicht von NW

Abb. 15. Dolomitturmgruppe der Roques Altes

Abb. 16. Vorgeschobener Dolomitturm der Roques Altes-Gruppe, dahinter älteres Trockentalniveau des Riou Sec

Abb. 17. Dolomitturmgruppe bei La Cavalerie, Causse du Larzac

Abb. 18. Causse du Larzac. Dolomittürme über flachem Sockel

Abb. 19. Causse du Larzac. Frische Erosionsspuren bei La Cavalerie. Dolomitbank durch rückschreitende Erosion angegriffen

Abb. 20. Cirque de Mourèze. Dolomitpfeiler

Abb. 21. Cirque de Mourèze. Dolomittürme

Abb. 22. El Torcal bei Antequera, Andalusien. Karstgasse zwischen turmartig gegliederten Kalkwänden

Abb. 23. El Torcal. Ein „Cortijo", dolinenartige Karstmulde

Abb. 24. El Torcal. Schichttreppenkarst mit umgestürztem Turm

Abb. 25. El Torcal. Pagodenförmige Karsttürme

Abb. 26. El Torcal. Pagodenförmiger isolierter Karstturm im Schichttreppenkarst

KARSTPHÄNOMENE IM NORDMEDITERRANEN RAUM

Herbert Lehmann

Lange Zeit hat man den mediterranen Karst, genauer den Dinarischen Karst, und noch genauer dessen adriatische Hälfte als den Prototyp einer voll entwickelten normalen Karstlandschaft angesehen. Noch heute werden die Karstlandschaften der Erde an dem Dinarischen Karstformenschatz gemessen. Versuche einer vergleichenden Karsttypologie sind von einer Terminologie ausgegangen, die im Dinarischen Karst geprägt worden ist. Bekanntlich basiert der Versuch des Altmeisters der Karstforschung, Jovan Cvijic (1924), zwischen Holokarst und Merokarst, sowie einem Übergangstyp zwischen beiden zu unterscheiden, auf dem Anteil, den ein Karstgebiet an dem als idealtypisch angesehenen Formenschatz hat. Holokarst und Vollkarst „C-est le karst komplet, dans lequel toute les Formes karstiques sont parfaitment develloppes", während im Merokarst oder Teilkarst nur einzelne Züge des idealen Karstreliefs entwickelt sind. Zwischen den beiden Typen, die Cvijic unterscheidet, will er noch einen Übergangstyp gelten lassen, der vollends vage definiert ist. Glücklicherweise hat sich diese Typisierung nicht durchgesetzt. Roglic, J. (1954) spricht zwar im ersten Report der Karstkommission noch von Merokarst, gebraucht aber später für den binnenwärts gelegenen Streifen Jugoslawiens, den übrigens auch Cvijic nicht zum klassischen Vollkarst rechnete, den Ausdruck „Fluviokarst", so in der Karte, die er bei der Reunion Internationale Karstologie in der Languedoc und der Provence 1968 vorgelegt hat (Roglic, J. 1970).

Neben solchen Ansätzen, *innerhalb* des nordmediterranen Raumes Typen mehr oder minder rein ausgeprägten Zonen des Karstformenschatzes zu unterscheiden, laufen seit dem Frankfurter Symposium über Karstentwicklung in den verschiedenen Klimazonen 1953 Versuche einher, den mediterranen Karst als einen klimaspezifischen Typ in das allgemeine Bild einzuordnen. Sie sind nur insofern geglückt, als nachgewiesen werden konnte, daß es bestimmte Formenkomplexe, wie den tropischen Kegelkarst, gibt, die physiognomisch und genetisch nicht in das Bild eines allgemeinverbindlichen, gewissermaßen „normalen" Karstformenschatzes passen.

Inzwischen sind zahlreiche Untersuchungen über die Entwicklung der Karstgebiete des nordmediterranen Raumes durchgeführt worden — ich nenne nur die gewichtigsten Werke von Demangeot, J. (1965) über die Abruzzen und von Nicod, J. (1967) über die Provence, aus denen hervorgeht, daß der Formenschatz im nordmediterranen Raum keineswegs unter den heutigen Klimabedingungen entstanden ist, sondern daß sich sehr unterschiedliche Klimate unterschiedlich lang ausgewirkt haben. Über die jung- und mittelpleistozänen Klimaverhältnisse des Mittelmeerraumes sind wir einigermaßen gut unterrichtet, obgleich schon hier die Ansichten ein wenig differieren. Würm III ist nach DEMANGEOT, J. (1965) in den Abruzzen kalt und trocken, nach NICOD, J. (1967) in der Provence kalt und trocken. Nach BRUNNACKER, K. (1969) und anderen herrscht im Mittelmeergebiet während bestimmter Phasen der Würmkaltzeit ein periglaziales Klima mit baumloser Kältesteppe im Gefolge. Das sind nur relativ feinere Unterschiede. Ebenso relativ unbedeutende Differenzen herrschen in den Auffassungen über das „subtropische" Klima des Riss-Würm Interglazials. Etwas größer sind — soviel ich sehe — die Differenzen in den Ansichten über das Klima des großen Interglazial Mindel/Riss, einer Periode von etwa 200 000 Jahren: Nach NICOD, J. (1967) warm und feucht, Zeit der Ferretto-Bildung. Nach DEMANGEOT, J. (1965) Zeit der „lateritischen" Tone, der Hauptmasse der Stalaktiten und Travertine, also wohl Herrschaft eines Klimas, das wärmer und feuchter war als das gegenwärtige. Für das Altpleistozän bzw. das Villafranchien, einer für die Ausgestaltung des Karstreliefs sehr maßgebenden Zeit von insgesamt einigen 100 000 Jahren, werden die Aussagen immer unpräziser. Noch weniger sicher sind wir über den Ablauf des Klimas während des relativ langen Pliozän. Wie man auch immer die einzelnen Formelemente — Glacis, Flächenbildung im allgemeinen, verkittete Krusten, Dolinengenerationen, Tuffausscheidungen usw. den einzelnen Klimaperioden zuordnet — schon rein klimamorphologisch gesehen sind die Karstgebiete des mediterranen Raumes polygenetisch.

Ein weiterer maßgebender Faktor ist die Tektonik. Der Nordmediterrane Karst liegt im Bereich der alpidischen Faltung, und zwar im Bereich relativ junger Orogenese. Die Kalke sind kräftig durchbewegt und zum Teil noch im Altpleistozän beträchtlich gehoben. Die Vorfluter der Karstgebiete sind teilweise durch die kräftige Erosion im Flysch und in der Molasse um hunderte von Metern abgesenkt, der vadose Bereich des Karstes umfasst eine entsprechende Spanne. Vor allem aber begünstigen die tektonischen Verhältnisse die Entstehung der überwiegend im Streichen der Schichten angelegten Poljen. Wenn überhaupt ein Merkmal für die Karstgebiete des Mittelmeerraumes significant ist, dann sind es die zahlreichen Poljen.

Die morphogenetische Analyse der in nicht-kalkigen Gesteinen ausgebildeten sub- und intra-apenninischen Becken hat z. B. die Bildung von vorübergehend abflußlosen Brachy-Synklinalen erwiesen. Ich erinnere nur an das Valdarno, ein junges Synklinalbecken, das während des Pliopleistozäns (im warmen und im kalten Villafranchiano) mit jungen See- und Flußablagerungen von beträchtlicher Mächtigkeit aufgefüllt wurde, bis der Arno durch rückschreitende Erosion das Becken bei Incisa öffnete und der fluviatilen Ausräumung der Ablagerungen des Villafranchiano den Weg bahnte (MEURER, D., 1968). Nun ist das Valdarno freilich beträchtlich größer als die dinarischen und apenninischen Poljen, aber es gibt noch eine ganze Reihe kleinerer synklinaler Becken im Flyschapennin, die sehr wohl nach Größe und Umriß mit ihnen verglichen werden können. Recht aufschlußreich erscheinen mir auch die Verhältnisse im Untergrund der Poebene im Vorland des Apennin (WUNDERLICH, H. G., 1966). Die Veröffentlichung der zahlreichen Bohrergebnisse der Erdölgesellschaften durch die Academica dei Lincei zeigen junge Krustenbewegungen, ablesbar an der Basis des Quartär, das spindelförmige im Streichen des Apennin angeordnete Senkungsfelder zeigt, deren horizontales Ausmaß außerordentlich gut mit denen der Poljen übereinstimmen (AGIP, Mineraria, 1957).

Ich will damit nicht sagen, alle Poljen seien aus tektonischen Senkungsfeldern hervorgegangen. Auf der anderen Seite können wir nicht an der Tatsache vorbeigehen, daß sich in Poljen der südosteuropäischen Halbinsel Reste tertiärer Beckenablagerungen finden, was natürlich nicht gegen den späteren Poljencharakter dieser Becken spricht.

Auch dafür, daß die hypothetischen Vorformen der Poljen — ich spreche immer von dem Typ der dinarischen Poljen — einem fluviatilen Erosionsrelief angehören könnten, gibt es Anhaltspunkte (K. KAYSER, 1934, H. LOUIS, 1956). Herbert LOUIS und andere Autoren haben darauf aufmerksam gemacht, daß viele Dinarische Poljen mindestens einen talartigen Ausgang haben, der gewöhnlich 50 bis 60 m über dem Poljeboden bzw. über dem Niveau der Ponore liegt. Auch für die Poljen im Apennin gilt dasselbe. Beim schönsten Polje, dem Polje von Castellucio, am Fuße des Monte Vettore in Umbrien liegt der tiefste Punkt der Poljeumrahmung sogar 230 m über dem Hauptponor. (DEMANGEOT, J. (1965) hat meine über dieses Polje geäußerte Ansicht dankenswerterweise dahin korrigiert, daß er eine Verwerfung an der Westseite des Polje konstatiert, die meiner Aufmerksamkeit entgangen ist). Alte Talrudimente, meist bis zur Unkenntlichkeit verwischt, lassen sich öfter auf der Höhe der Poljeumrahmung feststellen. Täler sind allochthone Gebilde im Karst bzw. gleich des Fluvio-Karstes (ROGLIC, J. 1960) und haben mit reinen Korrosionsformen nichts zu tun, auch nicht als Vorform, wenn ich Roglic richtig interpretiere. Man kann jedenfalls nicht umhin, für den mediterranen Karst fluviatile Erosionsphasen im Bereich der sich heraushebenden Massive gelten zu lassen, wie man ja auch in den Poljen quartäre und ältere Schwemmkegel, also die korrelaten Ablagerungen fluviatiler Prozesse feststellen kann.

Die umfassenden Untersuchungen von DEMANGEOT, J. (1965) in den Abruzzen, von NICOD, J. (1967) in der Basse Provence, die Exkursionsprotokolle unserer französischen Kollegen (Actes de la Réunion internationale Karstologie, 1968) und viele andere Arbeiten aus neuerer Zeit, die aufzuzählen ich mir versagen mußte, zeigen, was für ein genetisch kompliziertes Gebilde — auch von der tektonischen Seite her — die mediterranen Karstgebilde sind, und zwar nicht zuletzt dank der jungen Tektonik.

Durchmustert man die Karstgebiete der Erde, so gibt es wohl keines, das den mediterranen Karstgebieten wirklich gleicht. Klimatische Bedingungen (in ihrer zeitlichen Abfolge), das Vorhandensein mächtiger Massenkalke als Erbe der Tethys und geologisch sehr junge Krustenbewegungen treffen im Mittelmeergebiet in geographisch einmaliger Weise zusammen. Sie begünstigen die Entstehung von ausgedehnten Karstebenheiten, von polygenetischen Poljen, die anderswo zu den Ausnahmeerscheinungen gehören, sie begünstigen die — freilich auch anthropogen mitbedingte — Kahlheit wenigstens eines großen Teiles des mediterranen Karstes und dabei das Auftreten ausgedehnter Karrenfelder im nackten Karst. Überspitzt ausgedrückt heißt das aber: der mediterrane Karst, im engeren Sinne der Dinarische Karst, ist nicht das Musterbeispiel der Karstentwicklung überhaupt, sondern eher Ausnahme. Er ist, soviel ich sehe, auch kein eindeutiger klimamorphologischer Karsttypus. Er ist, im Ganzen gesehen, eher ein geographisches Unikum, ein in sich wohldefinierbares komplexes Phänomen.

Das Erstgeburtsrecht der Terminologie karstmorphologischer Phänomene bleibt ihm gleichwohl erhalten. Man wird natürlich weiter von Dolinen, von Poljen, von Ponoren, Jamas usw. sprechen, nur wird man die anderen Karstgebiete der Erde, die insgesamt eine viel, viel größere Ausdehnung besitzen als die mediterranen Kalkgebiete, mit deren Maßstab messen, wie es die klassische Karstmorphologie getan hat.

LITERATUR

AGIP MINERARIA 1957: „Descrizione dei campi gassiferi padani e di altri pozzi esplorativi di maggiore interesse". Acc. Naz. dei Linc. e dall' Ente Naz. Idrocarburi. Milano.

Actes de la Reunion Internationale Karstologie. A Languedoc-Provence 8—12 Juillet 1968. Études et travaux de «Méditerranée» Nr. 7, 1970.

BRUNNACKER, K. et al. 1969: Das Profil von Kitros in Nordgriechenland. Eiszeitalb. u. Gegenwart 20.

CVIJIC, J. 1924: „Types morphologiques des terrains calcaires". Bull. Soc. de Géogr. Belgrad.

DEMANGEOT, J. 1965: „Géomorphologie des Abruzzes adriatiques" Mém. etc. Doc. C. N. R. S.

KAYSER, K. 1934: „Morphologische Studien in Westmontenegro II". Zeitschr. Ges. f. Erdkunde Berlin.

LOUIS, H. 1956: „Die Entstehung der Poljen und ihre Stellung in der Karstabtragung, auf Grund von Beobachtungen im Taurus". Erdkunde 10.

MEURER, D. 1968: Das Valdarno. Diss. Universität Frankfurt am Main.

NICOD, J. 1967: „Recherches morphologiques en Basse-Provence calcaire". Th. L. Aix.

ROGLIC, J. 1954: „Korrosive Ebenen im Dinarischen Karst" Erdkunde 8.

ROGLIC, J. 1960: „Das Verhältnis der Flußerosion zum Karstprozeß". Zeitschrift für Geomorphologie 4.

ROGLIC, J. 1970: „Problèmes du karst dinarique". Actes de la Réunion Internationale Karstologie s. ob.

WUNDERLICH, H. G. 1966: „Wesen und Ursachen der Gebirgsbildung". Hochschultaschenbücher 339, 339a, 339b.

VERÖFFENTLICHUNGEN HERBERT LEHMANNS AUS DEM GEBIET DER KARSTMORPHOLOGIE

1. Morphologische Studien auf Java. Geogr. Abh., hrsg. v. N. Krebs, III. Reihe, Heft 9, 114 p., Stuttgart 1936.
2. Chinesische Landschaften aus der Vogelschau. Reichsanstalt für Film und Bild in Wissenschaft und Unterricht, Hochschulfilm C 356/1940. Erläuterungen.
3. Karstentwicklung in den Tropen. Die Umschau in Wissenschaft und Technik, Jg. 53, p. 559–562, Frankfurt a.M. 1953.
4. Der tropische Kegelkarst auf den Großen Antillen. Erdkunde, Bd. VIII, p. 130 bis 139, Bonn 1954.
5. Der tropische Kegelkarst in Westindien. In: Deutscher Geographentag Essen, 25.–30. Mai 1953, Tagungsbericht und wissenschaftliche Abhandlungen, p. 126–131, Wiesbaden 1955.
6. New Aspects of the Morphology of Western Cuba. XVIII. Congrès Intern. de Géographie, Brésil. Résumés des Communications, p. 35–36, Rio 1956.
7. Mit H. Krömmelbein, K. Lötschert: Karstmorphologische, geologische und botanische Studien in der Sierra de los Organos auf Cuba. Erdkunde, Bd. X, p. 185–204, Bonn 1956.
8. Der Einfluß des Klimas auf die morphologische Entwicklung des Karstes. In: Report of the Commission on Karst Phenomena s. Nr. 9, 1956, p. 3–7.
9. Anregungen für eine systematische Karstforschung. In: Report of the Commission on Karst Phenomena s. Nr. 9, p. 36–38, 1956.
10. Osservazioni sulle grotte e sui sistemi di cavità sotteranee nelle regioni tropicali – Extrait des Actes du Deuxième Congrès international de Spéléologie. T. 1, Section 1, Bari-Lecce-Salerno 5–12 Octobre 1958, p. 190–200.
11. Vergleichendes Vokabular für den Formenschatz des Karstes. Geogr. Taschenbuch 1958/59, p. 516–517, Wiesbaden 1958.
12. Studien über Poljen in den venezianischen Voralpen und im Hochapennin. Erdkunde, Bd. XIII, p. 258–289, Bonn 1959.
13. La terminologie classique du Karst sous l'aspect critique de la morphologie climatique moderne. Annales de l'Université de Lyon. Fasc. spécial II. L'Université de Délégation de l'Université de Francfort sur le Main 27–29 Avril 1959, Lyon.
14. Mit Sunartadirdja, M. A.: Der tropische Karst von Maros und Bone in SW-Celebes, Sulawesi. In: Internationale Beiträge zur Karstmorphologie. Z. f. Geomorph., Suppl. 2, p. 49–65, Berlin-Nikolassee 1960.

15. Mit Morandini, G.: Vorschlag für einen vergleichenden Karstatlas auf der Basis freier internationaler Zusammenarbeit, vorgelegt von der Karst-Kommission der IGU. In: Internationale Beiträge zur Karstmorphologie, Z. f. Geomorph., Suppl. 2, p. 103–107, Berlin-Nikolassee 1960.

16. Internationaler Karst-Atlas: Blatt 1, Sierra de los Organos, Cuba. Blatt 1a und 1b, Bilder und erläuternder Text. Z. f. Geomorph., Suppl. 2, Anhang, Berlin-Nikolassee 1960.

17. La terminologie classique du Karst sous l'aspect critique de la morphologie climatique moderne. Rev. de Géogr. de Lyon, Vol. 35, p. 1–6, Lyon 1960.

18. Karstmorphologie. In: Westermanns Lexikon der Geographie, Westermann, Braunschweig 1962.

19. State and Tasks of Research on Karst Phenomena. Report of the Symposium of the Karst. Commission of the I.G.U. in Stuttgart 1963. Erdkunde Bd. XVIII, p. 81–83, Bonn 1964.

20. Glanz und Elend der morphologischen Terminologie. Festvortrag anläßlich des 60. Geburtstages von Prof. Dr. J. Büdel, Würzburger Geographische Arbeiten, Heft 12, p. 11–22, Würzburg 1964.

21. Die Karstlandschaften der Erde in vergleichender Sicht. Mitt. d. Verb. Dt. Höhlen- und Karstforscher, 13. Jg., Nr. 1, München 1967, p. 21–24.

22. Diskussionsbemerkungen zu V. Panos und Stelcl: Zeitschrift für Geomorphologie, Neue Folge, Band 12, Heft 2, p. 171–173, Berlin 1968.

23. Morphologie der Mitchell-Plain und Pennyroyal-Plain in Indiana und Kentucky. –Tagungsberichte und Wissenschaftliche Abhandlungen, Dt. Geographentag, Bad Godesberg, 1967, p. 359–366, Wiesbaden 1969.

24. Kegelkarst und Tropengrenze. – Tübinger Geographische Studien, Heft 34 (Sonderband 3), p. 107–112, 1970.

25. Über „Verzauberte Städte in Karbonatgesteinen Südwesteuropas". – Sitzungsberichte der Wiss. Gesellschaft an der Joh.-Wolfgang-Goethe-Universität, Band 8, Jahrgang 1969, Nr. 2, 24 p., Wiesbaden 1970.

26. Karstphänomene im nordmediterranen Raum. In: Neue Ergebnisse der Karstforschung in den Tropen und im Mittelmeerraum. Erdkundliches Wissen, Heft 32, p. 71–74, Wiesbaden 1973.

27. Europa. Harms Erdkunde, Band II, 20. Aufl., darin Beiträge zur regionalen Karstmorphologie. München, Frankfurt, Berlin, Hamburg 1969.

Herausgeber:

1. Das Karstphänomen in den verschiedenen Klimazonen. Bericht von der Arbeitstagung der Internationalen Karstkommission in Frankfurt a.M., 20.–30. Dezember 1953, Erdkunde, Bd. VIII, p. 112–139, Bonn 1954.
2. Report of the Commission on Karst Phenomena. Intern. Geogr. Union IX. General Assembly, Rio de Janeiro, August 9–18, 38 p., New York 1956.
3. Internationale Beiträge zur Karstmorphologie. Z. f. Geomorph., Suppl. 2, Berlin-Nikolassee 1960.

692084